高等职业教育"十四五"规划教材
智慧农业专业群系列规划教材
高等职业教育农业农村部"十三五"规划教材

设施园艺
生产技术与装备

徐迪娟　王克磊　主编

中国农业大学出版社
·北京·

内容简介

本书以设施农业生产过程为主线，分为七个模块，分别介绍设施园艺相关的育苗技术与装备，嫁接、移栽技术与装备，病虫害防治技术与装备，农业设施环境及其调控，无土栽培技术与装备，智能物流栽培系统，收获设备、包装设备。本书可作为高等职业教育设施农业类专业教材，也可供从事设施农业生产管理的技术人员阅读。

图书在版编目(CIP)数据

设施园艺生产技术与装备 / 徐迪娟，王克磊主编. --北京：中国农业大学出版社，2024. 9. -- ISBN 978-7-5655-3307-5

Ⅰ. S62

中国国家版本馆 CIP 数据核字第 2024U2S482 号

书　名　设施园艺生产技术与装备
Sheshi Yuanyi Shengchan Jishu yu Zhuangbei

作　者　徐迪娟　王克磊　主编

策划编辑	张　玉	**责任编辑**	张　玉　徐孟瑶
封面设计	郑　川　李尘工作室		
出版发行	中国农业大学出版社		
社　址	北京市海淀区圆明园西路 2 号	**邮政编码**	100193
电　话	发行部 010-62733489，1190		读者服务部 010-62732336
	编辑部 010-62732617，2618		出　版　部 010-62733440
网　址	http://www.caupress.cn	**E-mail**	cbsszs@cau.edu.cn
经　销	新华书店		
印　刷	涿州市星河印刷有限公司		
版　次	2024 年 10 月第 1 版　　2024 年 10 月第 1 次印刷		
规　格	210 mm× 285 mm　　16 开本　　17.5 印张　　516 千字		
定　价	49.00 元		

编审人员

主　　编　徐迪娟（北京农业职业学院）

王克磊（温州科技职业学院）

副主编　杨学坤（北京农业职业学院）

王顺生（北京中农富通园艺有限公司）

王　妍（上海农林职业技术学院）

乔　军（辽宁农业职业技术学院）

参　　编　李新旭（北京翠湖农业科技有限公司）

姜　飞（北京华农农业工程技术有限公司）

张　瑜（北京华农农业工程技术有限公司）

徐　丹（北京极星农业有限公司）

主　　审　郭文忠（北京市农林科学院）

前言

党的二十大报告提出，强化农业科技和装备支撑。随着农业科技和信息化技术的快速发展，智慧农业成为加快农业现代化、推进乡村振兴的新方向。为此，北京农业职业学院联合多家高职院校和企业单位共同编写了智慧农业专业群系列规划教材。

随着设施园艺的不断发展，各种新技术、新装备、新规范不断应用于设施园艺生产，设施园艺已具备了技术成套、设施设备完善、生产技术规范、质量保证性强、产量稳定等特点，形成了集设施制造、环境调控、工业化生产为一体的多功能体系，并在向高层次、高科技以及自动化、智能化和网络化方向发展，实现了周年生产、均衡上市。

本书是农业农村部“十三五”规划教材，在编写过程中，力求实现工学结合特色，适应高等职业教育培养技能型人才的要求。本书以设施农业生产过程为主线，全书内容共分七个模块，并以设施农业生产的主要环节为导向，以项目驱动、任务导向为主要手段，通过对各个生产环节中主要技术和技能的学习和实践，学生掌握设施农业生产中必备的生产知识和技能，掌握各种生产装备的功能和原理，能够应用各种生产装备进行设施农业生产和管理，具备一定的从事设施农业生产、设备维护和管理的能力。

参加本书编写的有：北京农业职业学院徐迪娟（模块一 、模块五、模块六 ），温州科技职业学院王克磊（模块二、模块七）、北京农业职业学院杨学坤（绪论），北京中农富通园艺有限公司王顺生（提供企业生产资料），上海农林职业技术学院王妍（模块四），辽宁农业职业技术学院乔军（模块三），李新旭、姜飞、张瑜、徐丹为本书提供了部分图片和案例。本书由徐迪娟、王克磊任主编，杨学坤、王顺生、王妍、乔军任副主编，由北京市农林科学院郭文忠教授担任主审。本书在编写过程中还得到了华南农业大学辜松教授、北京华农农业工程技术有限公司蔡峰总经理等的帮助，他们提出了很多宝贵的意见，特在此表示衷心的感谢！本书可作为设施农业类高职教材，也可供从事设施农业生产管理的技术人员阅读。

由于编者水平有限，书中难免有疏漏和不妥之处，欢迎广大读者批评指正，以便我们后续不断完善。

编　者

2024 年 5 月

目录

绪论　走进设施园艺

模块一　设施园艺育苗技术与装备

模块二　设施园艺嫁接、移栽技术与装备

模块三　设施园艺病虫害防治技术与装备

模块四　农业设施环境及其调控

模块五　无土栽培技术与装备

模块六　设施园艺智能物流栽培系统

模块七　设施园艺收获、包装设备

绪论 走进设施园艺

一、概念

设施农业是利用现代园艺保护设施、环境调控技术和工业化生产方式，为园艺植物生育创造适宜的环境条件，根据人们的需要有计划地生产优质、高产的蔬菜、花卉、水果、中药材等园艺产品，以期获得理想经济效益的一种环境调控高效农业。它是高投入、高产出，资金、技术、劳动密集型产业，是利用人工建造的设施，使传统农业逐步摆脱自然的束缚，走向现代工厂化农业生产的必由之路。同时也是农产品打破传统农业的季节性限制，实现农产品的反季节上市，进一步满足多元化、多层次消费需求的有效方法。

随着工业化进程的加快，设施园艺的发展以生产优质产品为目标，其技术创新贯穿于相关的各个环节。设施园艺新技术日新月异，发展迅速。设施园艺生产技术已具备了技术成套、设施设备完善、生产技术规范、质量保证性强、产量稳定等特点，形成了集设施制造、环境调控、工业化生产为一体的多功能体系，并在向高层次、高科技以及自动化、智能化和网络化方向发展，实现了周年生产、均衡上市。设施园艺向自动化、无人化的方向发展的主要目的是提高控制及作业精度，提高作业效率，增加作业者的舒适性及安全性。遥测技术、网络技术已逐渐应用到温室的管理与控制中，温室网络管理体系可将环境调控、灌溉系统或营养液的供给系统作为一个整体来实现远程控制。

设施农业属于农业工程学科领域，是依靠科技形成的高新技术产业，是当今世界最具活力的产业之一，也是现代都市农业的具体体现，是21世纪我国政府重点发展的10个热点项目之一。

设施农业是一个工程问题，同时也是一个新的生产技术体系。这一整体效益必须由技术含量高的相关设备和器械作为载体才能够完成。因此，设施农业离不开农业设施和机械装备的同步发展。

二、设施农业装备的类型

设施农业装备的种类很多，一般可按设施的生产对象与功能来分类。

1. 按生产对象分类

可分为栽培设施装备和养殖设施装备。

栽培设施装备 应用于蔬菜、花卉、瓜果和食用菌等栽培生产的建筑设施及配套的环境调控设备和作物栽培的生产装备、植物工厂等。

养殖设施装备 应用于养殖畜、禽、水产和特种动物的设施装备，以及养殖生产全过程所涉及的各类生产、加工、贮藏和物流设备。

2. 按生产功能分类

可分为建筑设施、环境调控设备、监测及控制设备和生产设备与工具。

建筑设施 指各类温室、大棚等，构建相对独立、封闭、环境可调的生产空间。

环境调控设备 指对生产空间内光、温、湿、水、气等主要环境因素成分的调节设备。

监测及控制设备 指监测生产空间各个环境因素的仪器和综合环境控制设备。

生产设备与工具 包括植物栽培生产中各种培植系统，生产过程中的耕耘机械，播种、栽植和植保机具。动物养殖生产中饲养设备，供水、饲料以及畜产品采集、加工装备等。

三、设施农业的生产特点

1. 设施农业必须有一定的保护设施

保护设施能改善自然气候条件，其生产成本比一般露地生产高，其产量及产值也高于露地生产。

设施农业装备作为先进农业科技成果的载体，支撑着农业生产设施的建设，改变了传统农业的生产方式，极大地提高了农业劳动生产率。运用先进工程技术和工业化生产的装备进行农业生产，决定了设施农业高技术、高投入、高产出的生产特性。

2. 设施农业是一个综合系统

设施农业集生物工程、农业工程、环境工程为一体，是多学科综合的系统工程。通过选用恰当的动植物品种、合适的设施设备和管理技术，为动植物营造适宜的生长环境，达到适时成熟，是高产、优质、高效的集约化生产方式。

3. 设施农业是资金和技术密集型产业

设施农业与常规农业相比，资金与技术的投入较高。因此，要通过选择适宜的品种、栽培技术和茬口衔接等来提高单位面积的产量与产值，实现高投入、高产出的目标。

设施栽培作业包括耕耘、育苗、定植、灌溉、施肥、病虫害防治、收获、产品包装等环节，作业项目多，劳动强度大，需要机械化技术做支撑。同时，设施内高温、高湿、通风不良的作业环境非常需要发展自动控制技术（包括机械化育苗技术、机器人移栽、自动喷滴灌与自动施肥技术）。自动控制技术能充分发挥专家和工程技术人员的智慧。将人工智能、网络高新技术专家系统引入温室内可以用于复杂的管理、决策和咨询，有效地提高设施内智能化、自动化、科学化管理水平。

计算机智能化调控装置是采用不同功能的传感器探测头，准确采集设施内室温、叶温、地温、室内湿度、土壤含水量、溶液浓度、二氧化碳浓度、风向、风速及作物生育状况等参数，通过数字电路转换后传回计算机，对数据进行统计分析和智能化处理。计算机智能系统根据作物生长所需最佳条件发出指令，让有关系统、装置及设备有规律运作，将室内温、光、水、肥、气等诸因素综合协调到最佳状态，确保一切生产活动科学、有序、规范、持续地进行。计算机的记忆及查询功能、决策功能，可为种植者全天候 24 h 提供帮助。采用智能化温室综合环境控制系统可使运作有效节能，节水、节肥、节省农药，提高作物抗病性。

4. 设施农业可以克服不利于农业生产的自然环境

设施农业由于生产环境不受自然条件影响，可以在严寒、炎热、土质和水质不良等条件下进行农业生产，使得农产品实现工厂化的连续生产，成为植物工厂或动物工厂。这对国家的食品生产有重要的战略意义。

随着农业设施装备的不断开发和提高，农业生产已逐步从“靠天吃饭”向“可控农业”转变，打破了农业生产的季节性和地域局限，设施种养均已改变了传统农业的“时空观”，提高了资源的利用率。

5. 设施农业生产向工业化转变

设施农业装备为农业生产营造了相对独立、封闭的生产空间，提供了相对完善的生产系统。某些生产过程如育苗、播种等，可以实现流水作业。这种生产方式，使得设施农业生产具备工业化生产的特征。

6. 设施农业促进了农产品商品化的发展

农产品生产商品化是现代农业发展的必然趋势，生产的规模化和专业化是提高农产品商品率的主要途径。设施农业装备及其技术在农产品的产前、产中和产后各个生产过程形成各自的产业链是推进农业产业化经营进程的保障。

四、设施农业生产的环境条件

1. 照度低

用设施栽培或养殖时，光线需透过玻璃、塑料薄膜或硬质塑料等采光材料。阳光透过单层、双层或多层覆盖和由于采光材料的老化、尘土污染、水滴折射以及建筑物方位与太阳角度的变化，其入射率和入射量均比露地低。其中，紫外线和红外线的入射量受玻璃等影响透入很少或基本不透入。而紫外线对动植物许多病原菌有很强的抑制作用，对植物的果实有很好的促进作用，缺少紫外线对防御动植物各种病害和植物果实着色不利。缺少红外线影响棚室内温度升高，植物得不到足够的地温和气温，根系的吸收能力和地上部分物质的合成、运转、积累都会受到抑制。

2. 温差大

在设施的密闭条件下，空气中热容量小，建筑物内温度的上升及下降均很快。在比较暖和的晴天，中午前后密闭条件下的温室或塑料棚内的温度可高达40～50℃。天亮以前温度降至最低点，昼夜温差一般能达到20～30℃。昼夜之间适当的温差对植物增加光合作用、减少呼吸作用以及干物质的积累是有利的。但温差过大，超过动植物所能忍受的范围，对动植物也是不利的，尤其是养殖业昼夜温差更不能过大。

3. 湿差大

设施内空气的相对湿度随温度的变动而变化。中午前后气温高，空气相对湿度低；夜晚温度低，空气相对湿度高。在密闭的棚室内，晴天中午空气干燥，其程度与沙漠相仿。夜晚即使是晴天，其相对湿度也常达90%以上，而且持续8～9 h及以上，据测定，设施内空气的绝对湿度比外界空气的绝对湿度要高出5倍以上。空气湿度过大，不仅给植物病害的发展提供了有利条件，而且使动物体温下降，不利于动植物生长发育。

4. 气流缓慢

在密闭的设施内气流缓慢，气流的横向运动几乎为零，纵向运动也不如露地活跃。植物栽培时.如室内气流静止或缓慢运动，叶片长期处于同一位置，接受的光照量相对减少。气流静止或缓慢运动还会造成叶片密集区域严重缺乏CO_2，影响光合作用的进行。畜禽饲养时气流缓慢会造成CO_2积聚过多，导致畜禽粪便发酵等使棚室内空气混浊，影响畜禽健康。这种气流静止的现象如不通过开窗通风或强制通风缓解，对动植物的生长发育都会有不良的影响。

5. 土壤盐分高

设施农业尤其是棚室栽培或饲养，其环境相对密闭，设施内不受雨水淋洗冲刷，气温、地温均比露地高，土壤蒸发量大，盐分随土壤水分上升，造成土表盐分积累，土壤溶液盐分浓度显著高于露地，影响植物生长。

6. 易滋生病虫害

常年在棚室内栽培植物或饲养畜禽，其温湿度高于露地，适于作物及畜禽生长，也适于相应的病虫害滋生繁殖，应定时封闭、淋洗、杀菌消毒，否则设施内环境迅速恶化会影响设施的继续使用。

7. 要有适于设施栽培或饲养的动植物品种

目前绝大多数栽培或饲养的品种是在露地生长发育的条件下，通过自然淘汰和人工选择，一代代繁殖下来的。将这些品种移到相对密闭的设施条件下栽培或饲养，由于不能完全适应设施的环境，早熟、丰产、优质等都无法达到理想的境界。

因此，在设施栽培中应选育具有耐湿、耐低温、耐弱光、株型紧凑和早熟、丰产的品种。在设施饲养中应选育能适于圈养、笼养、占地少、生育期短、饲料转化率高的畜禽品种。

五、国外设施农业的基本情况

荷兰、日本、以色列、美国、韩国、西班牙、意大利、法国、加拿大、澳大利亚等国设施农业十分发达，其设施的标准化程度、种苗技术及规范化栽培技术、植物保护及采后加工商品化技术、新型覆盖材料开发与应用技术、设施综合环境调控及农业机械化技术等有较高的水平，基本形成完全摆脱自然影响的全新技术体系。

荷兰是土地资源非常紧缺的国家，国民靠围海造田等手段扩大耕地，依靠设施园艺高新技术和畜产品，使农业迅猛发展。设施园艺已成为其经济的支柱产业，从2020年开始荷兰农产品出品额连续保持全球亚军地位。荷兰的花卉产业十分发达，主要靠设施栽培，是世界第一大花卉出口国，是世界花卉贸易中心。从荷兰拍卖市场出口的鲜切花占世界贸易出口额的70%，其中荷兰自身生产的占60%，因此荷兰市场花卉的成交价被作为国际价格的风向标。该国大规模种植温室鲜花、蔬菜，温室全部由计算机控制操作。荷兰有5大温室制造公司，不仅在结构、机械化、自动化、产品采后处理方面设备技术水平高，而且在计算机智能化、温室环境调控方面也居世界领先地位，配套温室设施出口额占世界贸易额的80%。

日本、从20世纪60年代以来，高速发展蔬菜、花卉的设施园艺生产，实现了产品的高品质、多样化和周年均衡上市。到20世纪80年代基本达到日上市品种在14个以上。日本的栽培设施主要是塑料大棚和临时采暖的塑料温室，也有一些玻璃温室。其设施栽培主要是蔬菜和花卉，也有一些瓜果类，如网纹甜瓜、草莓、葡萄等。同时，积极研发了多种小型、轻便、多功能、高性能的设施园艺耕作机具、播种育苗装置、灌水施肥装置、自动开闭窗通风装置、温湿度调节装置、二氧化碳施肥装置及自动嫁接装置等。

以色列的设施栽培发展得很快，由于其干旱、沙漠气候和地理因素，其节水灌溉技术先进。利用其光热资源的优势和节水灌溉技术，冬季生产花卉、蔬菜，大量出口创汇，享有“冬季欧洲厨房”美称。它采用大型塑料温室，全自动控制，花卉生产温室1 800 hm^2，年产10.7亿支鲜切花，出口量占世界第三位。其温室结构先进，装有幕帘、天窗及遮阳网，可根据光照强度自动移动、调节温室温度、湿度，通风、施肥、灌水实行自动化、机械化控制。它开发的弥雾气候控制技术，使温室降温耗能很小。

在国外，机器人的研究、开发应用被广泛重视，并取得初步成果。日本、韩国研究开发了瓜类、茄果类蔬菜嫁接机器人。日本开发了育苗移栽机器人，有触觉和视觉，能将苗盘小苗孔中的幼苗移栽到大苗孔的苗盘中去，每1.2 s移栽1株，辨别力很强，能剔除坏苗。机器人能指挥灌溉，可根据光反射和折射原理准确测定出苗盘基质的含水量，根据需要适量灌溉，达到节水、防病、保持环境整洁的目的。日本研制了可行走的耕耘、施肥机器人，可完成多项作业的机器人，能在设施内完成各项作业的无人行走车，用于组织培养作业的机器人等。

植物工厂是在全封闭的设施内周年生产园艺作物的高度自动化控制生产体系，按生产对象不同，可分为“蔬菜工厂”“花卉工厂”“苗木工厂”等。植物工厂内以采用营养液栽培（无土栽培）和自动化综合环境调控为重要标志。为使植物工厂内栽培环境达到高度自动化调控，设备建造及运转费用很高。植物工厂能免受外界不良环境影响，实现高技术密集型省力化作业，叶类菜栽培期较露地缩短1/4～1/2时间，可一年多茬次连续生产。采用水栽培、立体栽培、多段化及移动床栽培可提高栽培面积效率2～4倍。灌水、施肥、温湿度管理自动化，播种、定植、采收作业全部由计算机控制，作业变得轻松舒适。

发达国家近些年无土栽培技术发展十分迅速，奥地利、丹麦、美国、英国、日本等国都先后建立了一批植物工厂，用于试验研究和示范，为工厂化农业的发展展现了美好前景。无土栽培不仅高产，而且可向人们提供健康、营养、无污染的有机食品，能够充分注意实现营养液循环利用、节省投资、保护生态环境。日本研究试验的无土栽培，单株番茄结果12 000个，根茎周长达到20 cm。单株黄瓜结果3 300条，单株甜瓜结瓜90个，表现了作物强大的生命力和巨大的增产潜力。

六、我国设施农业现状及发展趋势

(一)基本现状

我国设施栽培历史悠久,但现代设施栽培起步较晚。20 世纪 70 年代,在我国的一些大城市郊区开始兴建规模化设施养殖场。20 世纪 80 年代初开始进行以地膜覆盖、塑料拱棚和日光温室为主体的设施化作物栽培,面积不断扩大,适合各地特点的设施结构与品种不断涌现,且发展势头迅猛。至 1996 年,蔬菜、花卉设施栽培面积达到 1 000 万亩,成为世界第一,其中塑料中小拱棚 550 万亩、塑料大棚 200 万亩、各种温室 250 万亩(主要是日光温室)。人均占有设施栽培面积达到发达国家 20 世纪 80 年代的水平。设施农业生产取得了巨大进步,其中设施栽培具有重大贡献。特别是利用具有鲜明中国特色的日光温室技术,在北纬 40 度以上的寒冷地区,依靠简易设施,在冬、春寒冷季节,一般不加温也能生产出黄瓜、番茄等喜温果菜,令世人瞩目。

经过科技工作者多年的引进吸收、改进完善和自主创新,我国的设施农业科技水平稳步提高。20 世纪 80 年代初,农业农村部就陆续安排了塑料大棚及栽培技术等的单项技术研究,从“七五”期间开始,农业农村部把塑料大棚、玻璃温室、日光温室和配套栽培技术及专用品种等的综合研究,列入重点科研项目,逐步形成了发展设施农业的热潮。同时也较大规模地引进国外成套设施与栽培技术,突出地反映了国内对设施栽培成套技术的迫切需求。

由于设施农业的规模不断增加,目前设施农产品在满足为国民周年提供新鲜的菜、果、蛋、奶、肉等的需求,有效缓解我国人均耕地少、自然灾害多等不利于农业生产的矛盾的前提下,还出口到其他国家。

我国设施栽培虽然有了长足的进步,但与发达国家相比,还有较大的差距,主要表现在以下几个方面。

1. 总体水平特别是科技水平低

我国现代设施栽培起步晚、基础差,从设施设备到栽培技术和生产管理不配套,生产不规范,难于形成大规模商品生产。

2. 抵御自然灾害的能力差

目前只有钢管装配式塑料大棚和玻璃温室构件等有定点生产厂家,生产定型系列化产品,但仅占设施栽培面积的一小部分,尚有很大成分是结构简单、农民自行建造的塑料棚和日光温室,只能起一定的保温作用,根本谈不上对光、温、湿、气等环境因子的调控。覆盖材料抗老化性差,使用寿命短,成本较高。由于设施简陋、维护材料单一,多年来发生大风、大雪、大雨、寒流等灾害天气时,有倒塌、压垮、变形等情况发生,造成很大损失。

3. 机械化水平低

自动控制设备不配套、调控能力差,智能温室调控设备和仪器主要依靠进口。设施小型作业机具缺乏,除在大棚内采用小型拖拉机进行耕整地作业外,基本上作业主要靠人力。

4. 栽培技术水平低

缺乏设施栽培的专用品种,栽培技术不配套、不规范、量化指标少。栽培管理主要靠经验,致使产品产量低、品质差。设施栽培是不同于大田栽培的技术体系,应该形成从品种选育、栽培技术到市场管理等一套完整的规范化技术体系,但由于起步较晚,基础差,综合应用研究还不够深入,技术的综合性、配套性和规范化还有待于进一步完善。另外,国内温室管理和生物环境控制人员非常缺乏,使得设施的发展受到了很大的限制。

(二)发展趋势

我国设施农业发展总的趋势是在基本满足社会需求总量的前提下协调发展,着重于增加品种,提高质量，逐步实现规范化、标准化、系统化，形成具有我国特色的技术和设施体系。重视现有技术和新成果的推广应用，形成高新技术产业，实现大规模商品化生产。

农业科技创新要符合农业规模化、精准化、设施化等要求，加快开发多功能、智能化、经济型的农业装备设施，在田间作业、设施栽培、健康养殖、精深加工、储运保鲜等重点环节上取得突破。随着我国土地资源、水资源、能源资源以及人力资源的不断紧张，作为高效农业生产的设施园艺将围绕未来资源短缺和农村劳动力不断转移的新局面，以高产优质生产为目标，以区域优化为手段，不断创新工程技术，用现代园艺设施建造设计技术、信息技术、环境控制技术、生物技术和新材料武装设施园艺，实现设施园艺环境控制自动化，主要生产过程机械化，生产管理规范化，生产技术标准化，园艺产品品牌化，即实现设施园艺周年全天候现代化安全生产，使设施园艺产业成为解决我国耕地资源短缺、水资源短缺、农业能源短缺的有效途径之一，成为设施园艺优势地区增加农民收入、解决“三农”问题和建设新农村的支柱产业。

1. 重点研究设施小型作业机具，减轻劳动作业强度

主要包括以低成本、高性能、坚固耐用、便于操作为核心的适于小型温室应用的耕耘、灌溉、施肥、施药、田间农事操作、室内产品运输等配套机械装备研制与开发；以低成本、高性能为核心的适于工厂化生产的温室园艺作物无土栽培系统装备研制与开发。

2. 高产栽培模式

主要研究温室作物的高产栽培机理，培育设施种植的作物新品种，开发新型作物栽培基质，实现设施作物的安全高产栽培。

3. 温室节能与新能源利用

受能源供应的影响，未来温室将重点针对节能技术开展研究，充分开发太阳能利用技术，如地源热泵技术、相变储热技术等，有条件的地区将开发利用风能、生物质能等技术。

4. 信息化

随着信息技术的不断普及，温室生产的信息化技术将成为未来设施园艺的一个重要发展方向，包括作物生理信息的采集与利用、温室环境信息的检测与控制、作物灌溉与施肥技术的精准控制等。

模块一　设施园艺育苗技术与装备

学习目标

1. 了解设施园艺育苗特点及方式。
2. 熟悉常见基质种类及特点。
3. 熟悉常见的种子处理技术及其应用。
4. 掌握基质理化性质测试步骤及内容。
5. 掌握基质应用特点及其消毒与更换内容。
6. 掌握工厂化育苗基本流程及常用设备。

知识先导

育苗是指需要移植栽培的植物从播种到定植前在苗床中生长发育的全部过程。育苗是设施作物生产中的一个重要环节，为了使设施作物达到早熟、高产、优质、节省资源的目标，大约有半数以上的设施作物要进行育苗。育苗的实质是使设施作物提前生长发育，即由于气候或茬口等原因或为了增加复种茬次，而无法在定植的地块上按计划时间播种栽培的情况下，创造可以提前或按时栽培的条件，以达到能正常栽培或提早栽培的目的。设施育苗是指利用设施设备调控环境条件的一种作物育苗方法，一般采用无土育苗的方式。设施育苗区别于传统农业的育苗方式，是一种崭新的现代农业生产方式，它使得作物育苗部分或完全地摆脱了自然条件的束缚，改善了作物的生长发育环境，大幅度提高了资源利用率和劳动生产率，具有鲜明的现代农业特征。

一、设施育苗的意义

育苗是作物优质高效栽培的关键性环节，对于设施作物生产至关重要。秧苗质量决定设施作物生产的产量、品质和效益。培育和应用适龄壮苗，是获得早熟、优质、高产的农作物产品，满足市场需要、提高生产者经济效益的重要环节。其意义如下。

1. 延长作物生长季节

当外界条件不适合作物生长发育的情况下，利用保护地设施进行提早育苗，在外界地温、气温适合时，定植到露地，作物很快就开花、结果，这样就比露地直播的早熟高产，相对来讲延长了作物的生长期，促进作物早熟丰产，有效调节市场供应。

2. 提高土地利用率

由于育苗占用土地面积小，减少了生产田的使用，因而可以节省土地资源。当田间前茬没拉秧时提前育苗，拉秧后就可以及时定植第二茬，这样在同一块土地上就可以进行多茬次栽培，从而提高了土地利用率，增加复种指数。

3. 便于栽培管理

由于育苗场所集中，可以选拔优秀技术人员进行管理，既节省劳力，又可使育苗管理规范化，便于实现工厂化管理。另外，育苗集中管理有利于病虫害防治。

4. 降低成本

当前，许多种子价格昂贵，育苗可比直接播种节省种子用量 30％～50％。

5. 便于培育壮苗

设施育苗一般是在自然条件不适于幼苗生长的季节进行。这种情况下，可以人为创造适于幼苗的生长发育环境，并结合精细的水肥管理，培育出符合要求的壮苗。并且在分苗时可以选择优质壮苗，去掉弱苗、病苗，提高秧苗素质，把秧苗定植到田间，使其生长发育整齐一致，为丰产丰收打下了坚实的基础。

二、设施育苗优点

①能够为作物幼苗提供适宜的环境条件，降低育苗风险。②缩短苗龄，节省育苗时间。③减少病虫害发生，有助于培育壮苗。④降低成本，提高育苗生产效率。⑤以工厂化育苗为主要形式的设施育苗，有利于推广新技术，实现标准化育苗。

三、设施育苗的类别

根据不同的设施育苗方式可以划分不同的类别。

1. 根据育苗设施的形态

分为塑料中小拱棚育苗、塑料大棚育苗、日光温室育苗、现代化温室育苗、植物工厂育苗等类型。

2. 根据育苗采用的容器

分为纸钵育苗、营养钵育苗、塑料蜂窝筒育苗、穴盘育苗、试管育苗等类型。

3. 根据育苗基质

分为营养土育苗、有机基质育苗、无机基质育苗、基质块育苗、水培育苗、培养基育苗、气雾培育苗等类型。

4. 根据幼苗的集约化程度

分为分散育苗、工厂化育苗等类型。

5. 根据育苗的用途

分为自给性育苗和商品化育苗等类型。

需要指出的是，上述育苗方式的划分是基于不同角度，如穴盘育苗，可以采用上述设施来育苗，也可以采用营养土、有机基质、无机基质、营养液来进行育苗。可以采用分散育苗，也可以采用工厂化育苗等。

生产实践已经证实，设施育苗中的穴盘育苗因技术先进、实用，已成为规模化工厂育苗的主体技术和我国设施育苗的主要手段。因此，本书主要介绍穴盘育苗技术。

四、设施育苗的基本构成

设施育苗的基本构成有育苗设施、育苗容器、育苗基质和其他辅助设施。育苗设施主要是为育苗提供适宜的环境条件，如塑料棚室、日光温室、现代化温室、植物工厂等。育苗容器主要为育苗提供空间和养分等。

(一)育苗容器的种类

国内外研制、应用的育苗容器种类很多,表现在制作材料、形状和大小3个方面。

1. 制作材料方面

它分为可以和苗木一起栽植入土的容器和不能与苗木一同栽植入土的容器。第一类容器的制作材料要求能够在土壤中被水和植物根系分散,并为微生物分解。如用纸张制作的营养袋、营养杯;泥土制作的营养钵(杯)、营养砖;用竹黄(削取竹皮后余下的竹片)编制的营养篮(竹篓)等。第二类容器的制作材料要求不易被水和植物根系分散及微生物分解。如用无毒塑料薄膜制作的塑料营养袋;用硬塑料制作的塑料营养筒;用多孔聚苯乙烯(泡沫塑料)制作的营养砖等。第二类容器在栽植时要先将容器去掉,才能进行栽植。

2. 容器形状方面

容器分为六角形、四方形、圆形和圆锥形及单杯、多杯等有底和无底容器。其中以无底的六角形和四方形容器最为理想,因为这两种容器有利于作物根系舒展。而早期采用的圆筒状营养杯,易使根系在容器中盘旋成团,导致栽植后根系不易伸展。经过改良的圆筒状或圆锥状容器,其内壁表面附有2～6个垂直突起的棱状结构,便于根系向下延伸。

3. 容器规格方面

受苗木大小和经费开支的限制,目前在北美、北欧等温带地区多数是小型的容器。在亚热带和热带地区,为了战胜杂草,提高移栽质量,多用较大苗木移栽,故育苗容器亦较大。但随着容器体积的增大,育苗、移栽费用也急剧提高。当前各国仍在探索保证移栽成效的最小容器规格。

(二)常见的育苗容器

1. 育苗钵

育苗钵多为塑料制作,纸杯大小的多用于育苗,花盆大小的多用于温室种植(图1-1),育苗时根据作物种类、苗期长短和秧苗大小选用不同规格的钵。用育苗钵育苗方便集中培养和移栽,可以显著提高经济效益,广泛用于花卉、蔬菜、瓜果等作物育苗。用于蔬菜育苗的育苗钵常为多孔聚苯乙烯(泡沫塑料)营养钵,多孔硬质聚苯乙烯营养钵和塑料杯等。塑料钵在蔬菜育苗上应用十分广泛,种类、规格、型号很多。国内目前常用聚乙烯或聚氯乙烯制成的单个半软体育苗钵,有圆形和方形两种。其上口直径和高一般为8～14 cm,下口直径6～12 cm,底部有一个或多个渗水孔排水。

a.不同规格的育苗钵

b.育苗钵出苗情况

图1-1 育苗钵

2. 纸质营养钵和育苗蜂窝纸钵

纸质营养钵(图1-2)是日本创造的,这种容器可以与苗木一起栽入土中,经微生物分解而不阻碍根系向外伸展，大多为直径 4 cm、高 8 cm 的纸杯。

育苗蜂窝纸钵（图 1-3）以纸浆和合成纤维为原料，用不溶于水的胶黏合成无底六角形纸筒，展开时呈蜂窝状，不用时可折叠成册。为了使纸钵中的营养土不散开，要在纸钵下面垫板，垫板要厚度适当且不易被根穿透。垫板上要有多个透水孔，以便育苗时调节钵中的水分。

图 1-2　纸质营养钵

图 1-3　育苗蜂窝纸钵

3. 育苗穴盘

育苗穴盘（图 1-4）是一种培育幼苗的塑料制品。不论是花卉还是蔬菜，穴盘育苗是现代园艺最根本的一项变革，为快捷和大批量生产提供了保证。穴盘已经成为工厂化育苗生产工艺中的一个重要器具。

制造穴盘的材料一般有聚苯泡沫、聚苯乙烯、聚氯乙烯和聚丙烯等。制造方法有吹塑和注塑。一般的蔬菜和观赏类植物育苗穴盘用聚苯乙烯材料制成。标准穴盘的尺寸为 540 mm×280 mm，因穴孔直径大小不同，孔穴数在 18～800 个。栽培中、小型种苗，以 72～288 孔穴盘为宜。育苗穴盘的穴孔形状主要有方形和圆形，方形穴孔所含基质一般要比圆形穴孔多 30%左右，水分分布较均匀，种苗根系发育更加充分。

育苗穴盘的颜色会影响植物根部的温度。白色的聚苯泡沫盘反光性较好，多用于夏季和秋季提早育苗，以利反射光线，减少小苗根部热量积聚。而冬季和春季选择黑色育苗盘，吸光性好，对小苗根系发育有利。

使用穴盘苗的优点：①节省种子用量，降低生产成本。②出苗整齐，保持植物种苗生长的一致性。③能与各种手动及自动播种机配套使用，便于集中管理，提高工作效率。④移栽时不损伤根系，缓苗迅速，成活率高。

4. 育苗营养块

近年来，在蔬菜育苗时多采用育苗营养块，又称为泥炭育苗营养块（图 1-5）。一体化育苗营养基、压缩式育苗营养块等育苗，是用草本泥炭为主要原料，配加了植物生长所需要的各种营养成分，通过工业化手段将基质、营养、控病、调酸、容器五种功能集成为一体，使用前只需吸水膨胀，育苗块即可膨胀回弹至疏松多孔状态，再向孔穴内播入种子或分入小苗即可完成育苗操作。

图 1-4　育苗穴盘

图 1-5　育苗营养块

项目一　基质处理技术与装备

【知识目标】

掌握固体基质的作用、种类、选用原则、消毒方法和基质混合的原则与方法，理解固体基质的理化性质和常用基质的特性，了解基质更换要求与基质选用的发展趋势。

【技能目标】

掌握常见固体基质物理性质、化学性质的测定方法；能够区分常用的基质类型；能够根据不同植物要求，混合配制基质，并能进行基质消毒处理。

【学习提示】

结合生活实际，深入生产现场观察操作，并与有土栽培的土壤条件与要求对比学习本章内容。

任务一　基质的理化性质测试

任务描述

1. 基质物理性质测试；2. 基质化学性质测试。

任务分析

基质是无土栽培的基础，即使采用水培方式，育苗期间和定植时也需要少量基质来固定和支持作物。常用的基质有砂、石砾、珍珠岩、蛭石、岩棉、草炭、锯木屑、炭化稻壳、泡沫塑料和陶粒等，各种新型基质也在不断开发和使用。基质的理化性质直接影响植物的生长发育，在使用之前一定要对其理化性质进行测试。

知识链接

一、固体基质的作用

1. 支持和锚定植物

这是固体基质的基本作用。基质使植物保持直立，并给植物根系提供一个良好的生长环境。

2. 保持水分

视频学习:基质作用

固体基质都具有一定的保水能力，基质之间的持水能力差异很大。如珍珠岩能够吸收相当于本身重量3～4倍的水分；泥炭可以吸收相当于本身重量10倍以上的水分。基质具有一定的保水性，可以防止供液间歇期和突然断电时，植物吸收不到水分和养分而干枯死亡。

3. 透气

固体基质的孔隙存有空气，可以供给植物根系呼吸所需的氧气。固体基质的孔隙也是吸持水分的地方。因此，要求固体基质既具有一定量的大孔隙，又具有一定量的小孔隙，两者比例适当，可以同时满足植物根系对水分和氧气的双重需求，以利根系生长发育。

4. 缓冲作用

缓冲作用是指固体基质能够给植物根系的生长提供一个稳定环境的能力，即当根系生长过程中产生的有害物质或外加物质可能会危害到植物正常生长时，固体基质会通过其本身的一些理化性质将这些危害减轻甚至化解。具有物理化学吸收能力的固体基质（如草炭、蛭石等）都有缓冲作用，称为活性基质；而不具有缓冲能力或缓冲能力较弱的基质（如河沙、石砾、岩棉等）称为惰性基质。

5. 提供营养

泥炭、木屑、树皮等有机基质能为植物苗期或生长期提供一定的矿质营养。

视频学习：基质理化性质

二、基质的物理性质

基质的好坏首先取决于基质的物理性质。在水培中，基质一方面要起到固定植株的作用，另一方面为作物生长创造良好的水汽条件。基质栽培则要求基质具有良好的物理性质。反映基质物理性质的主要指标有：容重、总孔隙度、基质气水比、粒径（颗粒大小）等。

1. 容重

容重是指单位体积干基质的质量，一般用 g/L 或 g/cm^3 表示。测定容重的方法是：用一已知体积的容器装入待测基质，再将基质倒出后称其质量，以基质的质量除以容器的容积即可。

容重与比重不同，比重是单位体积固体基质的质量，不包括基质中的孔隙度，指基质本身的体积。基质的容重与基质粒径和总孔隙度有关，其大小反映了基质的松紧程度和持水透气能力。容重过大，说明基质过于紧实，不够疏松，虽然持水性较好，但通气性较差；容重过小，说明基质过于疏松，虽然通气性较好，有利于根系延伸生长，但持水性较差，固定植物的效果较差，根系易漂浮。

不同基质的容重差异很大（表 1-1），同一种基质由于压实程度、粒径大小不同，容重也存在差异。基质容重在 0.1～0.8 g/cm^3 植物栽培效果好。

2. 总孔隙度

总孔隙度是指基质中通气孔隙与持水孔隙的总和，以孔隙体积占基质总体积的百分比来表示。总孔隙度反映了基质的孔隙状况，总孔隙度大（如岩棉、蛭石的总孔隙度都在 95%以上），说明基质较轻、疏松，容纳空气和水的量大，有利于根系生长，但植物易漂浮，固定植物的效果较差；反之，则基质较重、坚实，水分和空气的容纳量小，不利于根系伸展，须增加供液次数。可见，基质的总孔隙度过大或过小都不利于植物的正常生长发育。

生产上常将粒径不同的基质混合使用，以改善基质的物理性能。基质的总孔隙度一般要求在 54%～96%。总孔隙度计算公式为：

$$总孔隙度=(1-容重/密度)\times 100\%$$

由于基质的密度测定较为麻烦，可按下列方法进行粗略估测：取一个已知体积（V）的容器，称其重量（W_1），在此容器中加满待测的基质，再称重（W_2），然后将装有基质的容器放在水中浸泡一昼夜，称重（W_3），注意加水浸泡时要让水位高于容器顶部，如果基质较轻，可在容器顶部用一块纱布包扎好，称重时把包扎的纱布去掉。然后通过下式来计算这种基质的总孔隙度。重量单位为 g，体积单位为 cm^3。

$$总孔隙度=[(W_3-W_1)-(W_2-W_1)]/V\times 100\%$$

3. 基质气水比

基质总孔隙度只能反映基质容纳空气和水分的空间总和，难以反映水、气的相对容纳空间。基质气水比（即大小孔隙比）是指在一定时间内，基质中容纳气、水的相对比值，通常以通气孔隙和持水孔隙之比表示。基质中直径在 0.1 mm 以上的孔隙，其中的水分在重力作用下很快流失，主要容纳空气，称为通气孔隙（大孔隙）；而直径在 0.001～0.100 mm 的孔隙，主要贮存水分，称为持水孔隙（小孔隙）。大小孔隙比能够反映基质中气、水间的状况，是衡量基质优劣的重要指标，与总孔隙度合在一起可全面反映基质中气和水的状态。如果大小孔隙比大，说明基质空气容量大，而持水量小，贮水力弱而通透性强；反之，空气容量小，而持水量大。一般来说，基质的大小孔隙比应保持在 1:(1.5 ～4.0)为宜。气水比的计算公式为：

$$基质气水比=通气孔隙(\%)/持水孔隙(\%)$$

要测定气水比就要先测定基质中通气孔隙和持水孔隙各自所占的比率，其测定方法是：取一已知体积(V)的容器，装入固体基质后按照上述方法测定其总孔隙度后，将容器上口用一已知重量的湿润纱布(W_4)包住，把容器倒置，让容器中的水分流出，放置 2 h，直至容器中没有水分渗出为止，称其重量(W_5)，通过下式计算通气孔隙和持水孔隙所占的比例（单位同总孔隙度测定）。

$$通气孔隙=[(W_3+W_4-W_5)/V]\times100\%$$

$$持水孔隙=[(W_5-W_4-W_2)/V]\times100\%$$

4. 粒径（颗粒大小）

粒径是指基质颗粒的直径大小，用毫米(mm)表示。基质的颗粒大小一般分为五级：小于 1 mm 的为一级；大于 1～5 mm 的为二级；大于 5～10 mm 为三级；大于 10～20 mm 为四级；大于 20～50 mm 为五级。基质的粒径直接影响基质的容重、总孔隙度和气水比。同一种基质粒径越大，容重越小，总孔隙度越大，气水比越大，通气性较好，但持水性较差，栽培时要增加浇水次数；反之，粒径越小，容重越大，总孔隙度越小，气水比越小，持水性较好，通气性较差，容易造成基质内通气不良、水分过多，影响根系呼吸，抑制根系生长。因此，选用基质时，要选择颗粒大小合适的材料。

几种常用基质的物理性状见表 1-1。

表 1-1　几种常见基质的物理性状

基质名称	容重/(g/cm^3)	总孔隙/%	通气孔隙/%	持水孔隙/%	气水比
菜园土	1.10	66.0	21.0	45.0	1 : 2.14
沙子	1.49	35.0	29.5	1.0	1 : 0.03
煤渣	0.70	54.7	21.7	33.0	1 : 1.52
蛭石	0.13	95.0	30.0	65.0	1 : 2.17
珍珠岩	0.16	93.2	53.0	40.2	1 : 0.76
岩棉	0.11	96.0	2.0	94.0	1 : 47.00
泥炭	0.21	84.4	7.1	77.3	1 : 10.89
锯末	0.19	78.3	34.5	43.8	1 : 1.27
碳化稻壳	0.15	82.5	57.5	25.0	1 : 0.43
棉籽壳	0.24	74.9	55.1	19.8	1 : 0.36

三、基质的化学性质

基质的化学性质主要有基质的化学组成及其稳定性、酸碱性、阳离子代换量、缓冲能力和电导率等。了解基质的化学性质及其作用,有助于在选择基质和配制、管理营养液的过程中增强针对性,提高栽培管理效果。

1. 基质化学组成及其稳定性

基质的化学组成是指其本身所含有的化学物质种类及其含量,包括植物可吸收利用的有机营养、矿质营养以及有毒有害物质。基质的化学稳定性是指基质发生化学变化的难易程度。有些容易发生化学变化的基质,在发生变化后产生一些有害物质,既伤害植物根系,又破坏营养液原有的化学平衡,影响根系对各种养分的有效吸收。因此,无土栽培中应选用稳定性较强的材料作为基质,这样可以减少对营养液的干扰,保持营养液的化学平衡,也便于对营养液的日常管理。

基质种类不同,化学组成不同(表 1-2),因而化学稳定性也不同。一般来说,主要由无机物质构成的基质,如河沙、石砾等,化学稳定性较高;而主要由有机物质构成的基质,如木屑、稻壳等,化学稳定性较差。但草炭的性质较为稳定,使用起来也最安全。

表 1-2　常见基质的营养元素含量

基质	全氮/%	全磷/%	速效磷/(mg/L)	速效钾/(mg/L)	代换钙/(mg/L)	代换镁/(mg/L)	速效铜/(mg/L)	速效锌/(mg/L)	速效铁/(mg/L)	速效硼/(mg/L)
菜园土	0.106	0.077	50.0	120.5	324.70	330.0	5.78	11.23	28.22	0.425
煤　渣	0.183	0.033	23.0	203.9	9247.5	200.0	4.00	66.42	14.44	20.3
蛭　石	0.011	0.063	3.0	501.6	2560.5	474.0	1.95	4.0	9.65	1.063
珍珠岩	0.005	0.082	2.5	162.2	694.5	65.0	3.50	18.19	5.68	—
岩　棉	0.084	0.228	—	1.338*	—	—	—	—	—	—
棉籽壳	2.20	0.210	—	0.17*	—	—	—	—	—	—
碳化稻壳	0.54	0.049	66.0	6625.5	884.5	175.0	1.36	31.30	4.58	1.290

注:* 为全钾百分数(%)。

2. 基质的酸碱性

基质本身有一定的酸碱性。基质过酸或过碱,都会影响到营养液的酸碱性,严重时会破坏营养液的化学平衡,阻止植物对养分的吸收。所以,选用基质之前,应对其酸碱性有一个大致的了解,以便采取相应的措施加以调节。检测基质酸碱度的简易方法是:取 1 份基质,加入其体积 5 倍的蒸馏水,充分搅拌后用试纸或酸度计测定 pH。

3. 基质的阳离子代换量(CEC)

基质的阳离子代换量是指在一定酸碱条件下,基质含有可代换性阳离子的数量。它反映基质代换吸收营养液中阳离子的能力。通常在 pH 为 7 时测定,以每 100 g 基质代换吸收营养液中阳离子的毫摩尔数(mmol/100 g 基质)表示。并非所有的基质都有阳离子代换量。部分基质的阳离子代换量见表 1-3。

表 1-3　几种基质的阳离子代换量

基质种类	阳离子代换量/(mmol/100 g)
高位泥炭	140～160

续表1-3

基质种类	阳离子代换量/(mmol/100 g)
中位泥炭	70～80
蛭　石	100～150
树　皮	70～80
砂、砾、岩棉等惰性基质	0.1～1.0

基质具有阳离子代换量会影响营养液的平衡，使人们难以监测和控制营养液的组分。但是也有有利的一面，它能暂时贮存营养、减少养分损失和对营养液的酸碱反应有缓冲作用，在供液间歇期也不影响植物根系对养分的吸收。

4. 基质的缓冲能力

指基质在加入酸碱物质后本身所具有的缓和酸碱变化的能力。缓冲能力大小主要是由阳离子代换量、基质中的弱酸及其盐类多少决定的。一般说，阳离子代换量大的，其缓冲能力也大；反之，则缓冲能力小。依基质缓冲能力的大小排序，有机基质＞无机基质＞惰性基质＞营养液。一般来说，植物基质如木屑、泥炭、木炭等都具有缓冲能力；而矿物基质除蛭石外，大多数没有或很少有缓冲能力。

5. 电导率

基质的电导率是指基质未加入营养液之前，本身具有的电导率，可用电导率仪测定。它表示基质内部已电离盐类的溶液浓度，反映基质可溶盐分含量，直接影响营养液的平衡。基质中可溶性盐含量不宜超过1 000 mg/kg，最好＜500 mg/kg。使用基质前应对其电导率进行测定，以便淡水淋洗或其他适当处理。

基质的电导率和硝态氮之间具有相关性，可由电导率值推断基质中氮素含量，判断是否需要施用氮肥。一般在花卉栽培时，当电导率小于0.37～0.50 ms/cm时(相当于自来水的电导率)，必须施肥。电导率达1.30～2.75 ms/cm时，一般不再施肥，并且最好淋洗盐分。栽培蔬菜作物时的电导率应大于1 ms/cm。

6. 碳氮比

指基质中碳和氮的相对比值。碳氮比高的基质，由于微生物生命活动对氮的争夺，会导致植物缺氮。碳氮比高的基质，即使采用了良好的栽培技术，也不易使植物正常生长发育。因此，木屑和蔗渣等有机基质，在配制混合基质时，用量不超过20%，或者每立方米加8 kg氮肥，堆积2～3个月后再使用。另外，大颗粒的有机基质由于其表面积小于其体积，分解速度较慢，而且其有效碳氮比小于细颗粒的有机基质。所以，要尽可能使用粗颗粒的基质，尤其是碳氮比低的基质。一般规定，碳氮比(20～50)∶1属中等，小于20∶1属低碳氮比，大于50∶1属高碳氮比。通常碳氮比宜中、低，不宜高。碳氮比30∶1左右较适合作物生长。

实训一　常见固体基质物理性状的测定

一、目的与要求

固体基质的使用在无土栽培生产中是一个非常重要的环节。基质的种类较多，根据作物的生长要求选配基质，首先必须了解各种基质的不同理化性质。本实验要求运用所学的理论知识，通过具体操作，掌握常见固体基质的物理性状(容重、孔隙度、大小孔隙度比等)的测定方法。

二、材料与用具

1. 材料：4 种复合基质。
2. 用具：天平、纱布、硬质塑料杯、量筒等。

三、方法与步骤

1. 容重(g/cm^3)

将自然状态下的基质放入一已知体积的硬质塑料杯后倒出称基质重，用重量除以体积，4 次重复，取平均值。

2. 总孔隙度

取一已知体积的硬质塑料杯，称其重量(W_1)，在此容器中加满待测的基质，再称重(W_2)，然后将装有基质的容器放在水中浸泡一昼夜(加水浸泡时要让水位高于容器顶部，如果基质较轻，可在容器顶部用一块纱布包扎好，称重时把包扎的纱布去掉)，称重(W_3)，然后通过下式计算这种基质的总孔隙度(重量以 g 为单位，体积以 cm^3 为单位)。

$$总孔隙度=\frac{(W_3-W_1)-(W_2-W_1)}{V}\times 100\%$$

3. 大小孔隙比

测定完总孔隙度后，将容器上口用一已知重量的温润纱布(W_4)包住，把容器倒置，让水流出，放置 2 h 左右，直至容器中没有水分渗出为止，称其重量(W_5)，通过下式计算通气孔隙和持水孔隙所占的比例(重量以 g 为单位，体积以 cm^3 为单位)。

$$通气孔隙=\frac{W_3+W_4-W_5}{V}\times 100\%$$

$$持水孔隙=\frac{W_5-W_2-W_4}{V}\times 100\%$$

大小孔隙比(基质气水比)＝通气孔隙/持水孔隙

实训二 常见固体基质化学性状的测定

一、目的与要求

通过具体操作，掌握基质常见的化学性质(pH、电导率等)测定方法。

二、材料与用具

1. 材料：无土栽培常用的 1～2 种固体基质。
2. 用具：pH 试纸、电导仪。

三、方法与步骤

1. pH 测定

(1)试纸法　取基质 10 g 左右放于杯中，加水 2～3 倍，搅拌后静置，沉淀后取上清液，用 pH 试纸一片浸入上清液中 1 s，取出后按其颜色与试纸上所标颜色对照。

(2)酸度计法　称风干基质 10 g 于 50 mL 烧杯中,加 25 mL 去离子水后振荡 5 min,再静置 30 min,然后过滤,最后用 pH 计或精密 pH 试纸检测基质浸提液。

知识拓展:常见基质的种类及特点

2. EC 测定

取风干基质 10 g,加入饱和 $CaCl_2$ 溶液 25 mL,振荡浸提 10 min 后过滤,取其滤液用电导率仪来测电导率。

任务评价

以学习小组为单位,按照项目、内容和标准进行评价,见表 1-4。

表 1-4　基质的理化性质测试评价标准

评价项目	评价内容	评价标准
基质物理性质	知识要点	正确理解、叙述基质各项物理性质
基质化学性质	知识要点	正确理解、叙述基质各项化学性质
基质物理性质测试	操作步骤及测试结果	操作步骤无误、测量结果准确
基质化学性质测试	操作步骤及测试结果	操作步骤无误、测量结果准确
常用基质类型及特点	知识要点	正确辨识各类常用基质

任务巩固

1. 基质的作用是什么?列出几种生产中常见的基质类型。
2. 何谓基质容重?在生产上有何意义?如何测定?
3. 基质的酸碱度对植物有何影响?如何测定基质酸碱度?
4. 基质电导率的定义?生产上的意义是什么?如何测定基质电导率?

任务二　基质的选用与混合

任务描述

根据基质的理化性质,结合种植植物需求,选配出合适的基质配方,并配制出混合基质。通过后期的育苗管理,记录出苗情况,通过试验数据统计情况,分析各种处理的优缺点。

任务分析

无土栽培要求基质不但能为植物根系提供良好的根际环境,而且为改善和提高管理措施提供方便条件。因此,基质的选用非常重要。基质选用在充分理解基质理化性质的基础上,还要考虑基质的经济性、市场性以及环保性等方面。

知识链接

一、基质的选用原则

(一)适用性

适用性是指选用的基质是否适合所要种植的植物。基质是否适用可从以下几方面考虑:

(1)总体要求　所选用基质的总孔隙度在60%左右,气水比在0.5左右,化学稳定性强,酸碱度适中,无有毒物质。

(2)可消除　如果基质的某些性状阻碍作物生长,但可以通过经济有效的措施予以消除的,则这些基质也是适用的。基质的适用性还依据具体情况而定,如泥炭的粒径较小,对于育苗是适用的,但在基质袋栽培时却因太细而不适用,必须与珍珠岩、蛭石等配制成复合基质后方可使用。

(3)栽培形式和设备条件　如设备和技术条件较差时,可采用槽培或钵栽,选用沙子或蛭石作为基质。如用袋栽、柱状栽培时,可选用木屑或草炭加沙的混合基质。在滴灌设备功能良好的情况下,可采用岩棉作基质。

(4)考虑植物根系要求　如气生根、肉质根需要很好的透气性,根系周围湿度要大。在空气湿度大的地区,透气性良好的基质如松针、锯末非常适合,北方水质呈碱性,选用泥炭混合基质的效果较好。另外,有针对性地进行栽培试验,可提高基质选择的准确性。

(5)立足本国实际　世界各国均应根据实际情况来选择无土栽培用的基质。如加拿大采用锯末栽培;西欧各国岩棉栽培居多;南非蛭石栽培居多。

知识窗

基质的发展趋势

进入20世纪90年代,有机基质栽培重新得到重视,特别是各种废弃物的利用使无土栽培进入了一个新的发展阶段,这主要源于经济和环境两方面的影响。随着产业化、工业化生产规模的提高,各种工农业副产品和废弃物的排放量日益增多,其中有许多可用于无土栽培生产。

很多学者认为,无土栽培选用基质的方向应以有机废弃物的利用为主,实现资源可循环利用,但同时也认为草炭是各种复合基质的基础,具有不可替代的作用。也有的科学家(如Y. Chen和Y. Hadar)认为有机废弃物的选用不一定要以草炭为基础,完全可根据废弃物理化性质进行配比。

基质发展的另一个趋势就是复合化,一方面是植物生长的需要,单一基质较难满足作物生长的各项要求。另一方面则由经济效益、市场对有机食品的要求及环境因素所决定。郑光华等用消毒鸡粪和蛭石混配的复合基质进行番茄、生菜和黄瓜的栽培,取得了良好的经济效益,并且这种配比的排出液中盐分及硝酸盐含量远低于营养液栽培。

因此,不论是从适用性、经济性的角度出发,还是从市场需要、环境要求的方面考虑,选择能够循环利用、不污染环境并且能够解决环境问题的有机—无机复合基质将是未来的主要发展方向,其中有机废弃物的合理使用是关键。

有机废弃物的利用是将来基质选料的一个主要发展方向,要明确研究的问题有:第一,各种有机废弃物做栽培基质的预处理如何进行。第二,有机废弃物是完全替代泥炭还是部分替代。第三,配比合理的有机基质能否完全满足作物生长的需要而不必补充营养液。在我国,对有机废弃物如鸡粪仅作为养分的供应源进行了一定研究,而没有把它作为栽培基质,有机废弃物做栽培基质还有待进一步深入研究。

（二）经济性

经济效益决定无土栽培发展的规模与速度。基质栽培技术简单，投资小，但各种基质的价格相差很大。应根据当地的资源状况，尽量选择廉价、优质、来源广泛、不污染环境、使用方便、可利用时间长、经济效益高的基质，最好能就地取材，从而降低无土栽培的成本，减少投入，体现经济性。

（三）市场性

目前市场上对绿色食品的需要量日益加大，市场前景好，销售价格也远高于普通食品。以无机营养液为基础的无土栽培方式只能生产出优质的无公害蔬菜，采用有机生态型无土栽培方式能生产出绿色食品蔬菜。而基质营养全面、不含生理毒素、不妨碍植物生长、具有较强的缓冲性能的以有机基质为主要成分的复合基质才能满足有机生态型无土栽培要求，从而生产出绿色食品蔬菜。

（四）环保性

随着无土栽培面积的日益扩大，所涉及的环境问题也逐渐引起人们的重视，这些环境问题主要有：环境法规的限制，草炭资源问题以及废弃物可能引起的重金属污染。

西方国家都制定了相应的制度法规，禁止多余或废弃的营养液排放到土壤或水中，避免造成土壤的次生污染和地区水体富营养化。荷兰是世界上无土栽培面积最大、技术最先进的国家，1989 年规定温室无土栽培应逐步改为封闭系统，不许造成土壤的次生污染，这就要求选用的基质具有良好的理化性质，具有较强的 pH、缓冲性能和合适的养分含量，但目前该国面积最大的岩棉栽培是不能满足此要求的。

草炭是世界上应用最广泛、效果较理想的一种栽培基质，同时也是一种短期内不可再生资源，不能无限制地开采，应尽量减少草炭的用量或寻找草炭替代品。

用有机废弃物作栽培基质不仅可解决废弃物对环境的污染问题，而且还可以利用有机物中丰富的养分供应植物生长所需，但应考虑到有机物的盐分含量、有无生理毒素和生物稳定性。而且必须对有机废弃物特别是城市生活垃圾及工业垃圾的重金属含量进行检测。

总之，如果仅从基质的理化性质、生物学性质的角度考虑的话，可用的基质材料很多，如果再考虑经济效益、市场需要、环境要求，则基质的选用范围大大缩小，各地应因地制宜地选择基质。

二、基质的选配

用于无土栽培的各种基质都有其自身的优缺点，单一基质栽培存在问题。混合基质由于各基质相互之间能够优势互补，使得基质的各个性能指标都比较理想。由两种或两种以上基质按一定的比例混合，即可配成复合基质（混合基质）。美国加州大学、康奈尔大学从 20 世纪 50 年代开始，用草炭、蛭石、沙、珍珠岩等为原料，制成复合基质出售。我国较少以商品形式出售复合基质，生产上根据作物种类和基质特性自行配制复合基质，这样也可降低栽培成本。

（一）基质选配（混合）的总原则

基质混合总的原则是容重适宜，增加孔隙度，提高水分和空气的含量，同时在栽培上要注意根据混合基质的特性，与作物营养液配方相结合，才有可能充分发挥其丰产、优质的潜能。理论上讲，混合的基质种类越多效果越好，生产实践上基质的混合使用以 2～3 种混合为宜。一般不同作物其复合基质组成不同，但比较好的混合基质应适用于各种作物，不能只适用于某一种作物。如 1∶1 的草炭、蛭石，1∶1 的草炭、锯末，1∶1∶1 的草炭、蛭石、锯末或 1∶1∶1 的草炭、蛭石、珍珠岩，以及 6∶4 的炉渣、草炭等混合基质，均在我国无土栽培生产上获得了较好的应用效果。

以下是国内外常用的一些混合基质配方：

配方1　1份草炭、1份珍珠岩、1份砂。

配方2　1份草炭、1份珍珠岩。

配方3　1份草炭、1份砂。

配方4　1份草炭、3份砂，或3份草炭、1份砂。

配方5　1份草炭、1份蛭石。

配方6　4份草炭、3份蛭石、3份珍珠岩。

配方7　2份草炭、2份火山岩、5份砂。

配方8　2份草炭、1份蛭石、5份珍珠岩，或3份草炭、1份珍珠岩。

配方9　1份草炭、1份珍珠岩、1份树皮。

配方10　1份刨花、1份炉渣。

配方11　2份草炭、1份树皮、1份刨花。

配方12　1份草炭、1份树皮。

配方13　3份玉米秸、2份炉渣，或3份向日葵秆、2份炉渣灰，或3份玉米芯、2份炉渣灰。

配方14　1份玉米秸、1份草炭、3份炉渣灰。

配方15　1份草炭、1份锯末。

配方16　1份草炭、1份蛭石、1份锯末，或4份草炭、1份蛭石、1份珍珠岩。

配方17　2份草炭、3份炉渣。

配方18　1份椰子壳、1份沙。

配方19　5份葵花秆、2份炉渣、3份锯末。

配方20　7份草炭、3份珍珠岩。

（二）基质的混合方法

混合基质用量小时，可在水泥地面上用铲子搅拌，用量大时，应用混凝土搅拌器。干的草炭一般不易弄湿，需提前一天喷水或加入非离子润湿剂，每40 L水中加50 g次氯酸钠配成溶液，能把1 m^3 的混合物弄湿，同时起到消毒的作用。注意混合时要将草炭块尽量弄碎，否则不利于植物根系生长。

另外，在配制混合基质时，可预先混入一定的肥料，肥料可用N、P、K三元复合肥（15-15-15）以0.25％比例加水混入，或按硫酸钾0.5 g/L、硝酸铵0.25 g/L、硫酸镁0.25 g/L的量加入，也可按其他营养液配方加入。

（三）育苗、盆栽混合基质

育苗基质中一般加入草炭，当植株从育苗钵（盘）取出时，植株根部的基质就不易散开。当混合基质中草炭含量低于50％时，植株根部的基质将易于脱落，因而在移植时，应小心操作以防损伤根系。如果用其他基质代替草炭，则混合基质中就不用添加石灰石，因为石灰石主要是用来提高基质pH的。为了使所育的苗长得壮实，育苗和盆栽基质在混合时应加入适量的氮、磷、钾养分。以下为常用的育苗和盆栽基质配方：

1. 加州大学混合基质

0.5 m^3 细沙（0.05～0.50 mm），0.5 m^3 粉碎草炭，145 g硝酸钾，4.5 kg白云石或石灰石，145 g硫酸钾，1.5 kg钙质石灰石，1.5 kg 20％过磷酸钙。

2. 康奈尔大学混合基质

0.5 m^3 粉碎草炭，0.5 m^3 蛭石或珍珠岩，3.0 kg石灰石（最好是白云石），1.2 kg过磷酸钙（20％五氧化二磷)，3.0 kg 复合肥(5-10-5)。

3. 中国农科院蔬菜花卉所无土栽培盆栽基质

0.75 m^3 草炭，0.13 m^3 蛭石，0.12 m^3 珍珠岩，3.0 kg 石灰石，1.0 kg 过磷酸钙(20%五氧化二磷)，1.5 kg 复合肥(5-15-15)，10.0 kg 消毒干鸡粪。

4. 草炭矿物质混合基质

0.5 m^3 草炭，700 g 过磷酸钙(20%五氧化二磷)，0.5 m^3 蛭石，3.5 kg 磨碎的石灰石或白云石，700 g 硝酸铵。

任务评价

以学习小组为单位，按照项目、内容和标准进行评价，见表 1-5。

表 1-5 基质的选用与混合评价表

评价项目	评价内容	评价标准
基质选用原则	知识要点	正确理解基质选用原则
基质选配	知识要点及选配结果	正确运用基质选用原则，选配合理

任务巩固

1. 实际生产中，选择基质时应考虑哪些方面？
2. 选择一个基质配方，分析其选配原则及适用性。

实训 基质选配混合

一、目的与要求

根据基质的物理化学性质，结合种植植物需求，选配出合适的基质配方，并配制出混合基质。通过后期的育苗管理，记录出苗情况，通过试验数据统计情况，分析各种处理的优缺点。

二、材料与用具

1. 无土栽培常用的固体基质。
2. 用具：pH 试纸、电导仪、天平。
3. 种子。

三、方法与步骤

1. 根据栽培植物需求，选择合适的基质配方。
2. 称量、配置混合基质。
3. 测试混合基质的物理、化学性质：容重、孔隙度、pH、电导率等。
4. 育苗及苗期管理。
5. 统计出芽率、苗高等数据，并进行对比分析。

四、数据记录

项目	数据记载			
基质配方				
基质理化性质				
出芽率				
苗高				

任务评价

以学习小组为单位，按照项目、内容和标准进行评价，见表 1-6。

表 1-6　基质的理化性质测试评价标准

评价项目	评价内容	评价标准
基质配方	知识要点及操作步骤	正确选配基质
理化性质测试	操作步骤及测试结果	操作步骤无误、测量结果准确
出芽率	实际出芽率	出芽情况
苗高	实际苗长势	苗长势

任务三　基质消毒与更换

任务描述

对所用基质进行化学药剂消毒和太阳能消毒。

任务分析

许多无土栽培基质在使用前可能含有一些病菌或虫卵。在长期使用后，尤其是连作的情况下，也会聚集病菌和虫卵，容易发生病虫害。因此，大部分基质在使用前或在每茬作物收获后基质下一次使用前需要对基质进行消毒，消灭任何可能存留的病菌和虫卵。

知识链接

一、基质的消毒

基质消毒常用的方法有蒸汽消毒、化学药剂消毒和太阳能消毒。

(一)蒸汽消毒

蒸汽消毒简便易行,安全可靠,但需要专用设备,成本高,操作不便。将基质装入柜(箱)内(容积 1～2 m^3),通入蒸汽进行密闭消毒。一般 70～90℃条件下消毒 0.5～1.0 h 就能杀死病菌。注意每次消毒的基质不可过多,否则内部基质中的病菌或虫卵不能完全杀灭。消毒时基质的含水量应控制在 35%～45%,过湿或过干都可能降低消毒效果。需消毒的基质量大时,可将基质堆成 20 cm 高,长度依地形而定,全部用防水防高温的布盖住,通入蒸汽,灭菌效果良好。

若用蒸汽锅炉供热的温室,可将蒸汽转换装置装在锅炉上,把蒸汽管直接通入每一个种植床,即可为基质消毒。如果表面通过蒸汽无效,可在床的底部装一永久性瓦管或其他有孔的硬质管,使蒸汽通过管道进入基质,达到消毒的目的。

(二)化学药剂消毒

化学药剂消毒操作简单,成本较低,但消毒效果不如蒸汽消毒,且对操作人员身体不利。常用的化学药剂有甲醛、高锰酸钾、氯化苦、威百亩和漂白剂等。

1. 40%甲醛(福尔马林)

甲醛是良好的杀菌剂,但杀虫效果较差。一般将 40%的原液稀释 50 倍,用喷壶将基质均匀喷湿,所需药液量一般为 20～40 L/m^3 基质。最后用塑料薄膜覆盖封闭 24～48 h 后揭膜,将基质摊开,风干 2 周或暴晒 2 天后,达到基质中无甲醛气味后方可使用。要求工作人员戴上口罩,做好防护工作。

2. 高锰酸钾

高锰酸钾是强氧化剂,一般用在石砾、粗沙等没有吸附能力且较容易用清水冲洗干净的惰性基质上消毒,而不能用于泥炭、木屑、岩棉、陶粒等有较大吸附能力的活性基质或者难以用清水冲洗干净的基质,因为这些基质会吸附高锰酸钾,直接毒害作物,或造成植物的锰中毒。基质消毒时,用 0.1%～1.0%的高锰酸钾溶液喷洒在固体基质上,并与基质混拌均匀,然后用塑料包埋基质 20～30 min 后,用清水冲洗干净即可。

3. 氯化苦

氯化苦是液体,需要用喷射器施用。氯化苦熏蒸时的适宜温度为 15～20℃。消毒前先把基质堆放成高 30 cm,长宽根据具体条件而定的基质堆。在基质上每隔 30 cm 打一个深为 10～15 cm 的孔,每孔注入氯化苦 5 mL,随即将孔堵住,第一层打孔放药后,再在其上堆同样的基质一层,打孔放药,总共 2～3 层,或者每立方米基质中施用 150 mL 药液,然后盖上塑料薄膜。熏蒸 7～10 天后,去掉塑料薄膜,晾 7～8 天后即可使用。氯化苦能有效地防治线虫、昆虫、一些草籽、轮枝菌和对其他消毒剂有抗性的真菌。氯化苦对活的植物组织和人有毒害作用,施用时要注意安全。

4. 威百亩

威百亩是一种水溶性熏蒸剂,能杀死杂草、大多数真菌和线虫,可以作为喷洒剂通过供液系统喷洒在基质的表面。也可把 1 L 威百亩加入 10～15 L 水中,均匀喷洒在 10 m^3 的基质表面。施药后将基质密封,2 周后可以使用。

5. 漂白剂

漂白剂包括漂白粉或次氯酸钠,尤其适于砾石、沙子消毒。施用方法是在水池中制成 0.3%～1.0%的药液(有效氯含量),浸泡基质 0.5 h 以上,然后用清水冲洗,以消除残留氯。一般要求不要用于具有较强吸附能力或难以用清水冲洗干净的基质上。

(三)太阳能消毒

蒸汽消毒比较安全但成本较高,药剂消毒成本较低,但安全性较差,并且会污染周围环境。太阳能消毒是近年来在温室栽培中应用较普遍的一种廉价、安全、简单实用的基质消毒方法。具体方法是:在夏季高温季节,在温室或大棚中把基质堆成 20～25 cm 高,长宽视具体情况而定的基质堆,堆放的同时喷湿基质,使其含水量超过 80%,然后覆盖塑料薄膜。如果是槽培,可在槽内直接浇水后上盖薄膜即可。密闭温室或大棚,暴晒 10～15 天,消毒效果好。

二、基质的更换

基质使用一段时间(1～3 年)后,各种病菌、作物根系分泌物和烂根大量积累,物理性状变差,特别是以有机残体为主体材料的基质,由于微生物的分解作用使得这些有机残体的纤维断裂,从而导致基质通气性下降,保水性过高,这些因素会影响作物生长,因而要更换基质。

基质栽培也提倡轮作,如前茬种植番茄,后茬就不应种茄子等茄科蔬菜,可改种瓜类蔬菜。消毒大多数情况下不能彻底杀灭病菌和虫卵,轮作或更换基质才是更保险的方法。

更换下来的旧基质可经过洗盐、灭菌、离子重新导入、氧化等方法再生处理后重新用于无土栽培,也可施到农田中作为改良土壤之用。难以分解的基质如岩棉、陶粒等可进行填埋处理,防止对环境二次污染。

实训一 基质化学药剂消毒

一、目的与要求

了解基质化学药剂消毒特点,并掌握基质化学药剂消毒内容与步骤,能够熟练对常用基质进行化学药剂消毒。

二、材料与用具

1. 材料与药剂

珍珠岩、蛭石、草炭、沙、石砾等常用的有机和无机基质若干,高锰酸钾,甲醛。

2. 仪器与用具

托盘天平、杆秤、喷壶、水桶、塑料盆、小铁铲、铁锹、乳胶手套、宽幅塑料等。

三、方法与步骤

(1)预先配好 1%高锰酸钾溶液和 40%甲醛 50 倍稀释液。

(2)将单一基质或复合基质置于塑料盆中或铺有塑料膜的水泥平地上,先用水预湿。

(3)边搅拌边用喷壶向基质喷洒消毒液,要求喷洒全面、彻底。采用高锰酸钾消毒时,喷完消毒液后 10～20 min,再喷水,最后装袋备用。

(4)采用甲醛消毒时,将消毒液按照 20～40 L/m^3 的药液量均匀喷施基质,用塑料薄膜覆盖封闭 12～24 h 之后再揭膜,待风干 2 周或暴晒 2 天后再使用。

实训二 基质太阳能消毒

一、目的与要求

了解基质太阳能消毒特点，并掌握基质太阳能消毒内容与步骤，能够熟练对常用基质进行太阳能消毒。

二、材料与用具

1. 材料

珍珠岩、蛭石、草炭、沙、石砾等常用的有机和无机基质若干。

2. 仪器与用具

喷壶、水桶、塑料盆、小铁铲、铁锹、乳胶手套、宽幅塑料等。

三、方法与步骤

(1)在温室内地面或室外铺有塑料薄膜的水泥平地上将基质堆成高 25 cm、宽 2 m 左右、长度不限的基质堆。在堆放的同时喷湿基质，使其含水量超过 80%，然后覆膜。如果是槽培，可在槽内直接浇水后覆膜。

(2)封闭棚室，暴晒 10～15 天，中间翻堆、摊晒 1 次。

(3)基质消毒后及时装袋备用。

任务评价

以学习小组为单位，按照项目、内容和标准进行评价，见表 1-7。

表 1-7 基质的理化性质测试评价标准

评价项目	评价内容	评价标准
基质的消毒	知识要点与操作过程	正确理解基质消毒，并正确操作
基质的更换	知识要点	正确理解基质更换时间、旧基质处理

任务巩固

1. 基质消毒的意义是什么？其消毒方法有哪些？如何对基质进行消毒？
2. 将下列基质填入表中

珍珠岩、岩棉、蛭石、炉渣、木屑、草炭、炭化稻壳、消毒鸡粪、草炭＋沙

基质划分	基质名称
无机基质	
有机基质	
天然基质	

续表

基质划分	基质名称
人工基质	
活动基质	
惰性基质	
单一基质	
复合基质	

项目二 种子处理技术与装备

【知识目标】

了解种子处理的目的与意义，理解种子处理常用技术与方法；了解几种常用种子处理装备。

【技能目标】

掌握温汤浸种操作步骤及技术要点；能够通过对播前种子进行处理，提高种子出苗率和降低病虫害发生。

【学习提示】

观察常见种子外形特点，并与处理后的种子进行对比，或者通过栽培对比试验，比较种子发芽情况。

知识先导

种子是植物生长的基础，要快速育成高质量的幼苗，就必须保证有高质量的种子。这就需要从种子生产到加工贮藏过程严格把关，并且为了使种子发芽更快、更好，使出苗整齐迅速，并预防由种子带菌而引起的苗期病害，应对种子进行播前处理。种子处理技术是播种前采用的物理、化学或生物处理措施的总称，包括精选、晒种、浸种、拌种、催芽等。目的是促使种子发芽快而整齐、幼苗生长健壮、预防病虫害和促使某些作物早熟。

传统的蔬菜育苗，一般是农户自育自用，设施、设备简单，规模较小，而且育苗所需时间较长，育苗品质也较差。工厂化育苗，所用的设施设备精良，规模较大，育成苗的品质也好。

我国早在两千多年前就开始使用某些原料对种子进行溲种、渍种和拌种。古埃及和罗马时期有使用洋葱的汁液进行种子处理的记载。在中世纪，氯化物的盐或粪肥被用于种子处理。自 17 世纪中叶，盐水处理种子被逐步采用。在 18 世纪中叶，第一个铜盐产品被引入。目前依然使用的热水消毒技术被认为在 1765 年起源于德国，种子在 45℃热水中浸泡 2 h，可以有效杀死种子表面的一些病原真菌。随着农业实践和研究的发展，种子处理技术一直在不断地完善。

种子处理的作用主要表现在以下几个方面。

1. 提高种子活力

种子活力是指种子健壮度，包括迅速、整齐萌发的发芽潜力和生产潜力。影响种子活力的因素包括内在遗传因子和外界环境因子，内在遗传因子决定种子活力实现的可能性，而外界环境因子决定活力程度表达的可能性。对于提高和保持种子活力的处理，应在种子形成和发育成熟过程、采前采后、贮藏过程、播种前这四个主要时期采取措施。

2. 病虫防治

将植物防护的重点从叶片等器官转至种子，可减少材料用量和费用，大大降低成本，减少对非目标生物的不利影响和天气变化等因素的影响。种子处理可使种子和幼苗免遭栖居土壤中的病原菌的侵袭，亦可控制种子表面携带的病菌。

3. 打破种子休眠

种子处理可打破两种形式的休眠：一是因种皮（或果皮）坚硬不能正常吸水而产生的休眠；二是因种子内部的生理状态所造成的休眠。

4. 促进种子发芽

通过种子处理可促进发芽，使其在较短的时间内达到最大的出苗率，主要采取水分、生长调节剂及种子丸粒化时加入营养物质等处理方法。

5. 机械化精播

大多数作物种子的大小与形状是缺少规律性的，这对机械化精播是不利的，特别是体积很小的种子。在处理时，通过丸粒化技术可以改变种子的形状和大小，做成整齐一致的小球状（即丸粒化），便可解决工厂化育苗的精量播种问题。

任务一 | 种子的物理处理

任务描述

温汤浸种、催芽处理。

任务分析

播种前对种子进行浸种、催芽处理，是一种简单有效的种子处理方式，能够使种子提前萌发，并发芽整齐，同时控制水温和浸种，能够杀死种子表面和潜伏在种子内部的病菌。

知识链接

物理方法处理是种子处理技术的重要组成部分，物理法处理种子包括晒种、温汤（水）浸种、高温杀菌、射线处理、低温冷冻处理等。下面介绍几种常见的种子物理处理技术。

一、浸种

浸种能使种子提前萌发，并发芽整齐。分为常温浸种、温汤浸种和热水烫种。

温汤浸种是利用种子的耐热能力常比病原菌强的特点，通过控制水温和时间来杀灭种子表面和潜伏在种子内部的病菌，同时还能保证种子吸足发芽所需水分，加速种子吸胀，促进萌发前的代谢过程，具有良好的催芽效果。温汤浸种应根据各种作物种子的生理特点，严格掌握浸种温度和时间。浸种后一般进行催芽处理。

（一）浸种

1. 常温浸种

用水温度同室温（22～30℃），比较简单方便，容易操作，但无杀菌作用，目的是使种子在短期内充分吸水，利于快速发芽。

浸种时要用非金属容器，防止有毒容器危害种子。如浸种时间超过 8 h，应每隔 5～8 h 换一次水。豆类蔬菜浸种时间不宜过长，见种子由皱缩变膨胀时应及时捞出，防止种子内养分渗出太多而影响发芽势与出苗力。

2. 温汤浸种

将种子放在盆内，慢慢倒入种子量5～6倍的水，水温50～55℃（约需两份开水兑一份冷水），边倒边搅动，10～15 min后，使水温降至25～28℃（喜温蔬菜如茄果类）或20～22℃（喜凉蔬菜如白菜类）。待种子充分吸水后再取出，洗净、吸干。

3. 热水烫种

用于难吸水的种子（冬瓜、苦瓜等）。先用冷水浸润种子，再倒入种子量的4～5倍的70～80℃的热水，边倒边搅动（或用两个容器来回倾倒）。待水温降至50～55℃时，静置7～8 min，以后步骤同温汤浸种。

（二）催芽

1. 催芽方法

催芽是将吸水膨胀的种子置于合适的温度下，促使种子萌芽，可在温箱、温床或温室中进行。一般少量种子时可以采用浸种后沥去种子表面多余水分，用洁净的白布包起，放在干净的容器里，盖上较厚的布以保温、保湿。也可将种子与清洁的河沙按1∶1比例混合装于盆中，要注意掌握温、湿度和通气条件。大量播种时，尤其是在工厂化育苗时，播种后将种盘放入催芽室进行催芽，具体见工厂化育苗项目。

2. 催芽期管理

催芽初期可使温度稍高，出芽后逐渐降温"蹲芽"，防止胚根徒长。催芽4～5 h后至破嘴前要经常翻动、淘洗种子，以便散发呼吸热，供给新鲜空气。有些耐寒性蔬菜（如芹菜）催芽时需要放到温度较低的地方。当70%左右的种子露白时停止催芽，准备播种。如不能及时播种，应将催完芽的种子放在冷凉处（5～10℃）抑制芽的生长。

二、变温处理

将萌动的种子先放到－5～－1℃处理12～18 h（喜温性蔬菜温度应取高限），再放到18～22℃处理6～12 h，如此经过1～10天或更长时间。经过变温处理后，胚根的原生质黏性增强，糖分增高，对低温的适应性增强。锻炼过程中种子要保持湿润，变温要缓慢，避免温度骤变。

三、射线处理

研究表明，用1～5 Gy剂量的X射线辐照甘草种子，发芽率比对照提高60%，1年后被照植株的根产量比对照提高100%。甜菜种子经激光照射后产量提高了20%，甜瓜则早熟15天，且糖分和维生素C含量显著提高。

四、电场处理

指用低频电流和静电对种子进行处理。

低频电流处理：将种子放在绝缘的容器中，以种子或浸种水为通电介质，容器两边各放一金属片作电极，通入低频电流。处理后的种子种皮透水性和酶活性均增强。

静电处理：将种子置于直流静电场中进行处理。正负电场对种子的活力影响不同。

五、磁场处理

指用磁场或磁化水对种子进行处理。研究表明，用50 mT磁场处理水稻种子，发芽势和发芽率分别增加14%和8%。用90 mT经1～2次磁场切割处理的水浸种，水稻种子发芽率可提高34%，小麦发芽率可提高58%～69%。

六、等离子体处理

等离子体包含磁场、臭氧、紫外光、离子等物理因子，对置于其中的种子均产生刺激效应。等离子体对小麦、番茄、大豆等作物种子具有明显的刺激效应。

实训 | 蔬菜种子浸种与催芽处理

一、目的与要求

了解种子处理的目的与意义，熟悉温汤浸种的操作步骤，掌握催芽技术要点与步骤，能够根据不同蔬菜种子正确选择浸种、催芽的方法。

二、材料与用具

蔬菜种子若干、塑料盆、水桶、纱布等。

三、方法与步骤

（一）一般浸种

（1）把种子放在洁净、无油的盆内，倒入清水。搓洗种皮上的果肉、果皮、黏液等，不断换水，除去瘪籽，直至洗净。

（2）用 25～30℃的清水浸泡种子。

（3）每 5～8 天换一次水，种子浸至不见干心时，捞出备用。

（二）温汤浸种

（1）将黄瓜、番茄或茄子、辣椒等种子放在洁净、无油的盆内，倒入种子量 5～6 倍的水，水温 55～60℃，不断搅拌，并随时补充温水，保持 55℃水温 10～15 min。

（2）加入凉水，使水温降至自然温度(25～30℃)。

（3）搓洗种皮上的果肉、果皮、黏液等，不断换水，除去瘪籽，直至洗净。

（4）每 5～8 h 换一次水，种子浸至不见干心时，捞出稍晾。

（三）热水烫种

（1）将冬瓜、西瓜或黑籽南瓜等种子，放入洁净、无油的盆内，倒入凉水浸润种子，然后倒出水。

（2）往盛有种子的容器内加入 75～85℃热水，迅速朝一个方向搅拌 1～2 min，使热气散发并提供氧气。

（3）水温降到 55℃时停止搅拌，并保持水温 7～8 min。

（4）搓洗种皮上的果肉、果皮、黏液等，不断换水，除去瘪籽，直至洗净。

（5）浸种后若不催芽，可洗净后使水分稍蒸发至互不黏结时即可播种，或加入一些细沙、草木灰以助分散。

（四）蔬菜种子催芽处理

（1）培养皿内铺双层滤纸，用清水浸润。将已浸种吸足水的种子均匀摆在培养皿中，盖好；或将吸足水分的种子包于湿润的双层纱布包中，外面裹湿毛巾保湿。

(2)把培养皿或种子袋放在适宜温度的培养箱内或温暖处，盖上湿布。

(3)每天用 20～30℃清水投洗种子 1～2 次，直至小粒种子芽长达种子长度的 1/3～1/2，大粒种子芽长不超过 1 cm 时，结束催芽。

(4)催芽期间每天翻动种子，洗纱布包，并记录种子发芽情况，计算发芽率。

任务评价

以学习小组为单位，按照项目、内容和标准进行评价，见表 1-8。

表 1-8 种子的物理处理评价表

评价项目	评价内容	评价标准
温汤浸种	知识要点与操作过程	正确理解温汤浸种内容，并正确操作
蔬菜种子催芽处理	知识要点与操作过程	正确理解蔬菜种子催芽处理过程，并正确操作

任务巩固

1. 种子处理的目的是什么？常用的处理方法有哪些？
2. 种子催芽处理时需要注意什么？

任务二 | 种子的化学处理

任务描述

对种子进行药剂浸种、肥料浸种等处理。

任务分析

播种前对种子进行药剂浸种处理与肥料浸种处理，能够有效杀死、杀灭种子表面和潜伏在种子内部的病菌，并预防苗期病虫害发生。

知识链接

种子的化学因素处理指播种前或在种子加工过程中使用各种化学药剂对种子进行处理，是目前应用最广泛的处理方法。利用化学药剂处理种子，可以诱发突变、打破休眠、促进发芽、增强抗性、消毒种子。

一、拌种处理

拌种是植物种子处理的一种方法，在实际应用中有狭义和广义两种意义上的拌种：狭义的拌种是指将种子与农药或微肥等在一起拌和，使种子表面均匀地沾上一层农药或微肥的方法。广义的拌种除上述内容外，还包括浸种、闷种、浸根、蘸根等种苗处理方法。用农药来防治病虫害，用菌肥作为种肥或接种剂。

（一）药剂浸种

为了提高种子的发芽率和发芽速度，可采用适当的化学药剂处理。不同作物的种子上所带病菌不同，处理时应合理选用药物，用药剂浸种或拌种防治病虫，严格掌握药剂浓度和处理时间。

药剂处理的方法主要有浸种、拌种、闷种、熏蒸、热化学法、湿拌法等。

常用的药剂使用方法及防治对象有：

1. 50%克菌丹可湿性粉剂拌种法

用药量为种子重量的 0.2%，可防治茄子黄萎病、枯萎病、褐纹病等。用药量为种子重量的 0.4%，可防治番茄枯萎病、叶霉病。

2. 双可湿性粉剂拌种法

用药量为种子重量的 0.2%，防治茄科蔬菜幼苗立枯病、白菜类猝倒病、冬瓜立枯病。用药量为种子重量的 0.3%，防治菜用大豆根腐病、甜瓜枯萎病等。

3. 30%甲霜灵种子处理剂拌种法

用药量为种子重量的 0.2%，防治菜用大豆、蚕豆、大葱、洋葱、十字花科蔬菜等的霜霉病。

4. 50%福美双可湿性粉剂拌种法

用药量为种子重量的 0.2%，防治萝卜黑腐病、大葱和洋葱黑粉病。用药量为种子重量的 0.25%，防治茄子、瓜类、甘蓝、花椰菜、莴苣等苗期立枯病、猝倒病。用药量为种子重量的 0.3%～0.4%，防治炭疽病、白斑病和霜霉病等。

5. 75%百菌清可湿性粉剂拌种法

用药量为种子重量的 0.2%，防治豌豆根腐病、白菜类猝倒病、胡萝卜黑斑病等。

6. 100～300 倍稀释的福尔马林法

浸种 15～30 min，防治瓜类枯萎病、炭疽病，茄子黄萎病和菜豆炭疽病等。

7. 多菌灵 600～800 倍稀释液法

浸种 10 min，可防治白菜白斑病、黑斑病，番茄早（晚）疫病，瓜类炭疽病和白粉病。

（二）肥料浸种与微量元素浸种

用硼酸、硫酸锰、硫酸锌、钼酸铵等含有微量元素的物质配成浓度为 500～700 μg/L 的溶液浸黄瓜和甜椒种子，用 700～1 000 μg/L 的溶液浸番茄和茄子种子。黄瓜浸种 12～18 h，番茄、辣椒、茄子浸种 24 h，均有促进根系生长、秧苗发育的效果，有利于培养壮苗。

二、种子包衣及丸粒化处理

种子包衣技术是随着农业现代化发展而出现的一项种子处理新技术（图 1-6）。其主要目的是使种子适于播种，并防病、防虫，提高其抗寒、抗旱、抗潮特性，促进出苗，增加产量和改善产品质量。

图 1-6　不同的种子包衣

薄膜包衣技术从 20 世纪 80 年代开始有了重大发展，所用包衣胶黏剂是水溶性可分散的多糖类及其衍生物（如藻酸盐、淀粉、半乳甘露聚糖及纤维素）或合成聚合物（如聚乙环氧乙烷、聚乙烯醇和聚乙烯吡啶烷酮），所以种子包衣对水和空气是可以渗透的。包衣处理的种子可以小至苋菜，大至蚕豆。杀虫剂、杀菌剂、除草剂、营养物质、根瘤菌或激素等都可以混入包衣剂中。种子包衣后在土壤中遇到水只能吸胀而几乎不被溶解，从而使药剂或营养物质等逐步释放，延长持效期，提高种子质量，节省药、肥，减少施药次数。

种子的丸粒化是一项综合性的新技术，是利用有利于种子萌发的药品、肥料以及对种子无副作用的辅助填料（主要包括泥、纤维素粉、石灰石、蛭石和泥炭等），经过充分搅拌之后，均匀地包裹在种子表面，使种子成为圆球形，以利于机械的精量播种。丸粒化时可加入胶黏剂、杀菌虫剂、生长促进剂等。制成的种子丸粒，具有一定的强度，在运输、播种过程中不会轻易破碎，而且播种后有利于种子吸水、萌发，增强对不良环境的抵抗能力。

实训　药剂浸种、药剂拌种

一、目的与要求

熟悉药剂浸种操作步骤，能够选择合适药剂对种子进行处理。

二、材料与用具

蔬菜种子若干、塑料盆、水桶、常用微量元素（硼酸、硫酸锰、硫酸锌、钼酸铵等）、常用药剂（福尔马林、多菌灵、福美双等）。

三、方法与步骤

（一）药剂浸种

（1）先将种子用常温清水浸泡，或先进行温汤浸种，浸种后捞出。

（2）把泡好的种子放入100倍稀释的福尔马林溶液中，浸泡15～30 min，然后取出熏蒸2～3 h，再用清水洗净后直接播种。

知识拓展：种子处理常用设备

（二）药剂拌种

（1）先将种子用常温清水浸泡，或先进行温汤浸种，浸种后捞出。

（2）将泡好的种子装入干净的容器内，再按照种子重量的0.3%～0.6%加入福美双、多菌灵等，使药剂均匀黏附在种子表面。

任务评价

以学习小组为单位，按照项目、内容和标准进行评价，见表1-9。

表1-9　种子的化学处理评价表

评价项目	评价内容	评价标准
药剂浸种	知识要点与操作过程	正确理解药剂浸种内容，并正确操作
药剂拌种	知识要点与操作过程	正确理解药剂拌种处理过程，并正确操作

任务巩固

1. 常用的种子化学处理有哪几种方式？主要目的是什么？

项目三　工厂化育苗技术

【知识目标】

了解工厂化育苗概念、特点及发展现状;熟悉工厂化育苗生产流程;掌握工厂化育苗技术要点及设备应用。

【技能目标】

掌握工厂化育苗步骤及技术要点;掌握常用工厂化育苗设备的操作应用;能够操作设备进行育苗及管理。

【学习提示】

通过工厂化育苗实践,熟悉工厂化育苗各环节技术要点,并掌握育苗设备工作原理及操作流程。

知识先导

一、工厂化育苗概念与特点

(一)概念

工厂化育苗是指在人工适宜条件下,采用标准化、机械化、自动化技术,进行规模化生产优质秧苗的一种先进育苗方式。

(二)特点

与常规育苗相比,工厂化育苗具有以下优点。

1. 提高秧苗质量

(1)苗齐苗壮,抗逆性增强。

(2)定植不伤根,缓苗快,成活率高。

2. 节省资源,降低成本

(1)节能　由分散育苗变成集中育苗,能够省电 2/3,苗龄缩短 10～20 天。

(2)省地　常规育苗 10 株/m^2,工厂化育苗能达到 500～1 000 株/m^2,育苗效率高。

(3)省工　常规育苗:人均管理 2.5 万株;穴盘育苗:20 万～40 万株/人。如番茄:常规育苗,2 000 株苗用工 25～30 个;工厂化育苗,用工 1～2 个。定植工作量只相当于常规育苗工作量的 1/10。

(4)省种　常规育苗:出苗率 60%～70%;工厂化育苗:出苗率 85%～95%。

(5)节本　劳动力成本降低 90%,总成本可降低 30%～50%。

3. 提高生产效率

工厂化育苗可以做到周年连续生产,生产效率提高 5～7 倍。

(1)播种效率提高 工厂化育苗播种可达到700～1 000盘/h。

(2)育苗周期缩短 工厂化育苗周期为10～20天。

4. 适于远距离运输

常规育苗,不适宜较远距离运输,运输半径一般在20 km以内。工厂化育苗,运输半径可达800 km(秧苗在规格统一的穴盘中生产,质量轻,便于统一包装。运输有专业盘架)。

5. 适于机械化作业

可实现从种苗生产到田间移栽的全程机械化。移栽效率提高4～5倍。

工厂化育苗的缺点:①初期投入大;②种子质量要求高;③技术难度较大。

工厂化育苗以其优质高产、省工省力的优势,显示出强大的生命力,将逐步在蔬菜、花卉生产上占据主导地位。

二、工厂化育苗的发展现状

(一)国外工厂化育苗现状

工厂化育苗技术起源于20世纪60年代。美国佛罗里达州Speedling公司(美国维生种苗公司)率先研制出播种机和硬塑穴盘,用于蔬菜育苗。工厂化育苗技术创立伊始,很快被世界各国如荷兰、意大利、加拿大、日本、韩国等引进。20世纪80年代,工厂化育苗技术逐渐趋于成熟,广泛用于蔬菜、观赏植物等育苗。

(二)国内工厂化育苗现状

1985年,我国从美国引进工厂化育苗技术与装备,包括硬塑料穴盘、精量播种设备,在北京郊区建立了第一个工厂化育苗厂。“八五”期间,在引进、消化国外穴盘精量播种机基础上,研制出国产化穴盘精量播种机。“九五”期间,建成了年产优质蔬菜、花卉种苗300万～1 500万株的工厂化育苗厂5个。目前,我国工厂化育苗还不够普及,其主要原因如下。

(1)市场原因 农户分散生产,规模化程度低。

(2)技术原因 我国蔬菜一般采用大苗(60天以上苗龄)定植,国外多采用小苗(30天苗龄)定植。

(3)资金原因 投入过大,一座中等规模的工厂化育苗中心(年产约1 500万株商品苗),至少需要温室1.5万～2.0万m^2;可移动式或固定式苗床1.2万m^2;温室环境自动化控制系统1套;灌溉施肥系统1套;塑料穴盘5万～7万只;精量播种系统1套;基质消毒机1台;商品苗专用运输车1～2台;人工育苗基质600 m^3。

任务一 | 工厂化育苗

任务描述

选择合适的设备进行工厂化育苗。

任务分析

要实现工厂化育苗,必须有相应的设施和设备,并且按照一定的程序进行,以保证整个育苗程序的顺利实施。

知识链接

蔬菜工厂化育苗技术是利用现代园艺设施,生物技术、环境调控技术、施肥灌溉技术、信息化管理技术以及农业产业化发展等技术,以现代化、企业化的模式组织种苗生产和经营,全天候定时定量低劳动强度地培养多种多样优质、廉价园艺种苗的一个全新型技术领域。

一、工厂化育苗方式

主要有穴盘育苗、容器育苗、水培育苗、营养土块育苗、试管育苗等。育苗方式不同,所需要的设施、设备及工艺流程有很大差异。

1. 穴盘育苗

一种以草炭、蛭石、珍珠岩等轻型基质材料为育苗基质,以不同规格的塑料穴盘为育苗容器,采用机械化自动精量播种生产线完成基质装填、压穴、播种、覆土、镇压和浇水等系列作业,然后在催芽室和温室等设施内进行有效的管理,并培育成苗的现代化育苗技术体系。

2. 水培育苗

深液流栽培、营养液膜栽培、浮板毛管栽培、深水漂浮栽培等水培过程中,常采用水培育苗。水培育苗又称营养液育苗,是利用成型的膨化聚苯乙烯格盘或泡沫为载体,利用泡沫块、海绵块等介质直接在营养液内培育秧苗。

3. 容器育苗

指将种子直接播入装有固体基质的容器内,培育成半成苗或成龄苗的方法。

4. 其他育苗方式

岩棉育种、扦插育苗、试管(组培)育苗等。

本任务重点介绍基质穴盘育苗技术。

二、工厂化育苗的生产流程及技术要点

(一)工厂化育苗的基本程序

包括准备、播种、催芽、成苗培育、出苗等阶段。如图 1-7 所示。

(二)育苗基质的选择及要求

穴盘育苗对基质的总体要求是有良好的物理性及稳定的化学性,尽可能使幼苗在水分、氧气、温度和养分供应方面得到满足。

工厂化育苗基质选材的原则如下:

①尽量选择当地资源丰富、价格低廉的物料。②育苗基质不带病菌、虫卵,不含有毒物质。③基质随幼苗植入生产田后不污染环境与食物链。④能具有与土壤相似的基本功能与种植效果。⑤有机物与无机材料复合基质为好。⑥比重小,便于运输。

(三)营养液的配置与管理

1. 选择合适的营养液配方

育苗过程中营养液的添加决定于基质成分和育苗时间,采用以草炭、生物有机肥料和复合肥合成的专用基质,育苗期间以浇水为主,适当补充一些大量元素。采用草炭、珍珠岩、蛭石为育苗基质,营养液

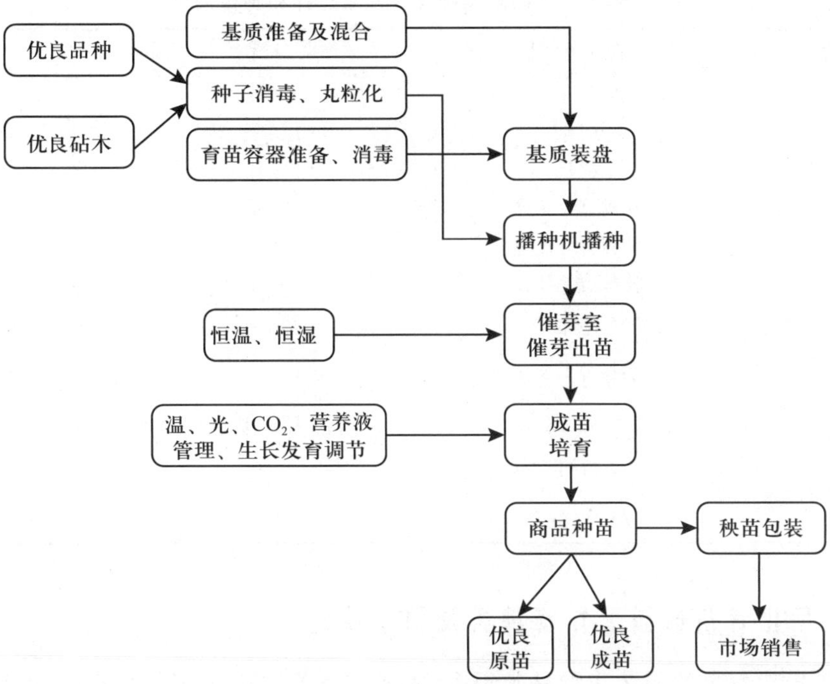

图 1-7 工厂化育苗流程图

配方和施肥量是决定种苗质量的重要因素。一般在育苗过程中,营养液以大量元素为主,微量元素由育苗基质提供。使用时注意浓度和调节 EC 和 pH(详细内容见无土栽培技术模块)。

2. 营养液的管理

工厂化育苗的营养液管理包括营养液的浓度、EC、pH 及供液的时间、次数等。一般情况下,育苗期的营养液浓度相当于成株浓度的 50%~70%,EC 在 0.8~1.3 ms/cm,配制时应注意当地的水质条件、温度及幼苗的大小。灌溉水的 EC 过高会影响离子的溶解度。温度较高时,应降低营养液浓度,较低时可考虑营养液浓度的上限。子叶期和真叶发生期以浇清水为主或取营养液浓度的低限,随着幼苗的生长逐渐增加营养液浓度。营养液的 pH 随着园艺作物种类的不同而稍有变化,苗期的适应范围在 pH5.5~7.0,适宜值为 pH6.0~6.5。营养液的使用时间及次数决定于基质的理化性质、天气状况及幼苗的生长状态,原则上掌握晴天多用,阴雨天少用或不用;气温高多用,气温低少用;大苗多用,小苗少用。工厂化育苗的肥水运筹和自动化控制,应建立在环境(光照、温度、湿度等)与幼苗生长的相关模型的基础上。

(四)穴盘选择

工厂化育苗为了适应精量播种的需要和提高苗床的利用率,选用规格化的穴盘,制盘材料主要有聚苯乙烯或聚氨酯泡沫塑料模塑和黑色聚氯乙烯吸塑两种。外形和孔穴的大小国际上已经实现了标准化。其规格宽 27.9 cm,长 54.4 cm,高 3.5~5.5 cm。孔穴数有 50 孔、72 孔、98 孔、128 孔、288 孔、392 孔、512 孔等多种规格。根据穴盘自身重量,有 130 g 的轻型穴盘,170 g 的普通型穴盘和 200 g 以上的重型穴盘 3 种,轻型穴盘的价格较重型穴盘低 30%左右,但后者的使用寿命是前者的 2 倍。

工厂化育苗是种苗的集约化生产,为提高单位面积的育苗数量,也为了提高种苗质量和成活率,生产中以培育小苗为主。我国目前工厂化育苗的主要作物为蔬菜,不同种类的蔬菜种苗的穴盘选择和种苗的大小见表 1-10。

表 1-10 不同蔬菜种类的穴盘选择和种苗大小

季节	蔬菜种类	穴盘选择	种苗大小
春季	茄子、番茄	72 孔	6～7 片真叶
	辣椒	128 孔	7～8 片真叶
	黄瓜	72 孔	3～4 片真叶
	花椰菜、甘蓝	392 孔	二叶一心
	花椰菜、甘蓝	128 孔	5～6 片真叶
	花椰菜、甘蓝	72 孔	6～7 片真叶
	芹菜	200 孔	5～6 片真叶
夏季	花椰菜、甘蓝	128 孔	4～5 片真叶
	生菜	128 孔	4～5 片真叶
	黄瓜	72 孔	二叶一心
	茄子、番茄	72 孔	4～5 片真叶

(五)适于工厂化育苗的园艺作物种类及种子精选

目前适用于工厂化育苗的园艺作物种类很多，主要的蔬菜和花卉种类见表 1-11。

表 1-11 工厂化育苗的主要蔬菜和花卉种类

蔬菜	茄果类	番茄、茄子、辣椒
	瓜类	黄瓜、南瓜、冬瓜、丝瓜、苦瓜、西瓜、甜瓜
	豆类	菜豆、豇豆、豌豆
	甘蓝类	甘蓝、花椰菜、羽衣甘蓝
	叶菜类	芹菜、大白菜、落葵、生菜、洋葱
	其他蔬菜	芦笋、甜玉米、香椿、莴苣
花卉	切花菊、非洲菊、万寿菊、银叶菊、黄晶菊、翠菊、康乃馨、丝石竹、郁金香、观赏南瓜、红豆杉、鸡冠花、一串红、百日草、矮牵牛、三色堇、紫薇、嫣萝红、天竺葵、丁香、鼠尾草、孔雀草、紫罗兰、荷包花	

(六)培育壮苗的环境调控

工厂化营养液育苗条件下，环境调控主要是指温度、光照、二氧化碳的调控。

1. 温度

温度是秧苗生长发育最基本的一个生态因子，控制适宜的温度是培育壮苗的重要技术环节之一。不同园艺作物种类及作物不同的生长阶段对温度有不同的要求。一些主要蔬菜的催芽温度和催芽时间见表 1-12。催芽室的空气湿度要保持在 90%以上。蔬菜或花卉幼苗生长期间的温度应控制在适合的范围内，见表 1-13。

表 1-12 部分蔬菜催芽室温度和催芽时间

蔬菜种类	催芽室温度/℃	催芽时间/天
茄子	28～30	5
辣椒	28～30	4

续表1-12

蔬菜种类	催芽室温度/℃	催芽时间/天
番茄	25～28	4
黄瓜	26～28	2
甜瓜	28～30	2
西瓜	28～30	2
生菜	20～22	3
甘蓝	22～25	2
花椰菜	20～22	3
芹菜	15～20	7～10

表 1-13 部分蔬菜幼苗生长期对温度的要求 ℃

蔬菜种类	白天温度	夜间温度
茄子	25～28	15～18
辣椒	25～28	15～18
番茄	22～25	13～15
黄瓜	22～25	13～16
甜瓜	23～26	15～18
西瓜	23～26	15～18
生菜	18～22	10～12
甘蓝	18～22	10～12
花椰菜	18～22	10～12
芹菜	20～25	15～20

2. 光照

在温室育苗条件下，由于采光屋面透光率低，秧苗所接受的光照强度往往是在光饱和点(40～70 klx)以下，随着光照强度的增加，光合产物也相应增加，尤其是在冬春寡照的地区，光照强度往往成为培育壮苗的限制因子。当光照强度降到光补偿点(2～4 klx)时，秧苗基本不生长，幼苗节间伸长，叶片薄，苗发黄，花芽分化延迟，花芽质量差。

增加苗期光照的主要途径：清洗温室采光面，提高透光率；延长光照时间；扩大秧苗营养面积；人工补光等。在光照不足的条件下，人工补光有显著效果，例如：番茄用光强 8 klx 灯光，每天夜间补光 7～8 h，补光 22 天，比对照早期产量增加 21.4%，总产量增加 18.3%。

通过秧苗质量与苗期营养面积相关分析，发现地上营养面积(光合营养面积)及地下营养面积(根系营养面积)对番茄、辣椒等果菜类秧苗生长及秧苗质量影响很大，成苗期秧苗的生长受营养面积的影响达 2/3 以上。试验指出，地上或地下营养面积的任何一方面的变化都能对秧苗的生长产生影响。例如，地下营养面积相同，加大地上营养面积以后，秧苗质量显著提高，番茄冠干重/株高增加一倍左右，黄瓜增加 50%左右，且冠干重/株高在不加大地上营养面积前与地下营养面积相关，加大地上营养面积后相关不显著。

3. 二氧化碳

秧苗营养包括矿质营养及碳素营养，碳素营养的主要来源是空气中的二氧化碳。国内外大量试验证明，苗期人工增施二氧化碳能显著提高秧苗的质量，表现为根系增多，叶面积增大，叶数增多，叶片增厚，秧苗根系活力增强；叶片叶绿素含量及气孔数增多；光合效率提高，生长速度加快，干鲜重增加；育苗期缩短。

施用浓度：果菜类蔬菜秧苗为 1 000～1 500 mL/L，叶菜类蔬菜一般为 600～1 000 mL/L。每日上午施用 2 h，连续施用 20～40 天。人工施用二氧化碳的方法及碳源有多种，从经济、方便、有效的角度出发，利用钢瓶二氧化碳压缩气体，通过有孔塑料管在覆盖的小拱棚内释放是可取的。

（七）苗期病虫害防治

瓜果类蔬菜及花卉育苗过程中都存在子叶内的贮存营养大部分消耗，而新根尚未完全发育、吸收能力很弱的断乳期，此时幼苗的自养能力较弱，抗病能力低，易感染各种病害。园艺作物幼苗期易感染的病害主要有猝倒病、立枯病、灰霉病、病毒病、霜霉病、菌核病、疫病等；由于环境因素引起的生理性病害主要有寒害、冻害、热害、旱害、盐害、沤根、有害气体毒害、药害等。对于以上各种病理性和生理性病害要以预防为主，做好综合防治工作，即提高秧苗素质，控制育苗环境，及时杜绝各种传染途径，做好穴盘、器具、基质、种子等的消毒工作，再辅以经常检查，尽早发现病害症状，及时进行适当的化学药剂防治。育苗期间常用的化学农药有 75％百菌清粉剂 600～800 倍液，可防治猝倒病、立枯病、霜霉病、白粉病等，50％多菌灵 800 倍液可防治猝倒病、立枯病、炭疽病、灰霉病等，以及 25％的瑞毒霉 1 000～1 200 倍液，70％的甲基托布津 1 000 倍液和 72％的普力克 400～600 倍液等对蔬菜瓜果的苗期病害防治都有良好的效果。

化学防治过程中应注意秧苗的大小和天气的变化，小苗用较低的浓度，大苗用较高的浓度。一次施药后如连续晴天可以间隔 10 天左右再用一次，如果连续阴雨天则间隔 5～7 天再用一次。用药时必须将药液直接喷洒到发病部位。为缩小育苗温室空间，降低基质湿度，打药时间以晴天上午为宜。对于猝倒病等发生于幼苗基部的病害，如基质及空气湿度大，则可以用药土覆盖方式防治，即用基质配成 400～500 倍多菌灵毒土，播撒于发病植株中心周围及幼苗基部，同时拔除病苗，清除出育苗温室，集中处理。对于环境因素引起的病害，应加强温、湿、光、水、肥的管理，严格检查，以预防为主，保证各项管理措施到位。

（八）定植前炼苗

秧苗在移出育苗室前必须进行炼苗，以适应定植地点的环境。如果幼苗定植于有加热设施的温室中，只需保持运输过程中的环境温度。幼苗若定植于没有加热设施的塑料大棚中，应提前 3～5 天降温、通风、炼苗。定植于露地无保护设施的秧苗，必须严格做好炼苗工作，定植前 7～10 天逐渐降温，使温室内的温度逐渐与露地相近，防止幼苗定植时因不适应环境而发生冷害。另外，幼苗移出育苗温室前 2～3 天应施一次肥水，并进行杀菌、杀虫剂的喷洒，做到带肥、带药出苗。

实训　工厂化育苗实践

一、目的与要求

熟悉工厂化育苗主要流程及各流程技术要点，掌握苗期管理、环境控制等技术。

二、材料与用具

蔬菜种子若干、穴盘、基质、育苗生产流水线、塑料薄膜、营养液。

三、方法与步骤

(1)选择基质配方并进行混合，同时加水搅拌均匀，混合好的基质填充进料斗。

(2)准备好穴盘，并放入育苗生产流水线传送带；种子放入种子盘。
(3)操作育苗设备，进行播种。
(4)转移穴盘，放入温室或催芽室。
(5)做好育苗环境控制与管理(光照、温度、湿度等)。
(6)随时观察出苗情况，并填好记录表。

任务评价

以学习小组为单位，按照项目、内容和标准进行评价，见表1-14。

表1-14 工厂化育苗实践评价表

评价项目	评价内容	评价标准
工厂化育苗步骤	知识要点与操作过程	正确理解工厂化育苗流程，并正确操作
工厂化育苗管理	知识要点与操作过程	正确理解工厂化育苗管理内容，并正确操作

任务巩固

1. 什么是工厂化育苗？有哪些特点？
2. 简述工厂化育苗流程。
3. 工厂化育苗管理内容有哪些？

任务二 工厂化育苗关键设备

任务描述

能够熟练操作和应用工厂化育苗设备及设施。

任务分析

工厂化育苗离不开相应的设施和设备，掌握各种设备类型和工作原理，并能够熟练操作和应用是实现工厂化育苗的关键环节。

知识链接

要实现工厂化育苗，必须有相应的设施和设备，以保证整个育苗程序的顺利实施。对工厂化育苗的设施、设备基本要求如下。

(1)保证工厂化育苗能达到要求的环境条件指标，特别是不应出现使秧苗受到伤害甚至灾害胁迫的环境。

(2)在不过多增加育苗生产成本并保证秧苗质量的前提下，提高育苗环境调控的自动化水平及生产操作的机械化水平。

(3)在保证秧苗正常生长发育速度达到要求的前提条件下，尽可能地降低设备、设施的一次性资金投入或单位产品均摊的设备、设施折旧费用。

(4)在充分利用自然光等自然资源，合理节约利用电、煤、气、油、水等资源的前提下，对设施、设备进行合理选择。

(5)依据育苗程序的要求,保证设施、设备配套,防止由于育苗程序及技术要求等软件与设施、设备等硬件条件不符而造成的育苗损失(图 1-8)。

图 1-8　种苗工厂生产装备

一、温室

温室是比较完善的一种世界性的保护地设施。在育苗生产中,温室已经成为不可或缺的育苗设施。

在欧洲国家如法国、英国、荷兰等,蔬菜及花卉工厂化育苗多采用双屋面连接式现代温室。这种温室的特点是:占地面积小,土地利用经济;室内面积大,便于机械化操作及环境自动化调控;温室内温度及光照比较均匀,容易培育出比较一致的秧苗。其不足之处是一次性投入较大;冬季保温性较差,加温耗能大,育苗成本较高;夏季自然通风降温较困难,需要机械通风及人工降温措施。这种类型的温室适合用于大规模工厂化育苗,特别是在冬季气候比较温和、夏季气候比较凉爽的地区进行应用。

目前我国北方地区普遍推广的节能型日光温室是一种采光和保温性能很好的温室,在温室结构优化及保温措施强化的条件下,冬季寒冷季节夜间达到最低温度时,不加温可以保持室内外温差 30℃左右。显然,在冬春严寒地区采用这种温室进行工厂化育苗,可以降低能耗及生产费用。但这种温室内部的温度及光照不够均匀,秧苗生产有较明显的趋光性,且单栋温室的面积及空间较小,不便于机械化操作和环境自动化调控。如果适当加大温室跨度及高度,或者吸取日光温室结构、保温的优点及建筑方位而形成适度规模的连栋温室,将可望成为我国北方寒冷地区工厂化育苗的首选温室类型。

塑料大棚也是一种日光温室,只不过结构简单,保温性能差,但是具有造价低,温度、光照比较均匀,室内面积及空间较大等优点,在冬春气候比较温和的长江流域以南地区,也是工厂化育苗的一种优选温室。

在现代育苗温室内应配备以下的主要设备。

(1)自动或半自动增温控温设备　大型双屋面连栋温室可设暖气加温设备,一般温室可用小锅炉热水加温或暖风炉加温,采光保温性能好的日光温室也应配有临时加温的小型热风炉。温室的通风系统应该完善,依据温室类型及面积大小选用排风扇、屋顶自动开窗放风、手动揭膜放风等设备。在无法进行自动控制的条件下,室内应备有高温、低温报警器。夏季应有湿帘、遮阳网或喷水降温等设备,防止高温危害。

(2)空气湿度控制设备　在空气湿度较高时,应开放顶窗或排湿风扇排湿;空气湿度过低时,可通过喷雾设备增高空气湿度。

(3)CO_2 发生及施放装置　依据秧苗生长的要求定时、定量地施放 CO_2。

(4)补光设备　在可能条件下安装补光设备，防止冬季光照不足、阴雪天光照过弱或日照时数不够而出现的弱光反应。

(5)育苗架　在采用穴盘无土育苗时，温室内应设有育苗架，并装配有与之相适应的营养液喷施装置，以降低劳动强度，提高工作效率，保证营养液供给的标准化。

二、催芽室

催芽室是专供种子催芽出苗用的一种自动控温、控湿的育苗设施。利用催芽室催芽出苗具有量大、节省资源、出苗迅速整齐等优点，是工厂化育苗的必备条件。

在我国北方工厂化育苗中，会在日光温室内设置催芽室，用于较小规模的专业化育苗。催芽室的体积根据育苗面积确定。在温室内设置催芽室的优点是节能、简易，可降低生产成本，缺点是需注意防止高温对出苗的危害，必要时采取遮阴、放风等措施。

在温室内的小型催芽室可以采用空气加温线加温，控温仪控温。控温仪的感温探头应放置在催芽室内具有代表性的位置。空气加温的功率密度与催芽室外接空气温度有关。

三、电热温床

在工厂化育苗中，电热温床的应用具有多方面的优点：①可有效地提高地温和近地表温度；②一次性投资少，折旧费用低；③设备体积小，易拆除，设备利用率高；④可按照育苗要求控制适宜温度，提高秧苗质量。

电加温线和控温仪是电热温床的两个主要设备。

1. 电加温线

电加温线是将电能转化为热能的器件。电加温线型号有多种，给土壤加温的为土壤电加温线；给空气加温的为空气电加温线。详细规格见表 1-15。

表 1-15　不同型号电加温线的主要参数

型号	用途	工作电压/V	功率/W	长度/m
DR208	土壤加温	220	800	100
DV20406	土壤加温	220	400	60
DV20608	土壤加温	220	600	80
DV21012	土壤加温	220	1000	120
DV22530	土壤加温	220	250	30
DV20810	土壤加温	220	800	100
DV21012	土壤加温	220	1000	120
F421022	空气加温	220	1000	22
KDV	空气加温	220	1000	60

2. 控温仪

控温仪是电热温床用以自动控温的仪器。使用控温仪可以节约 1/3 的耗电量，可以使温度不超过作物的适宜范围，并满足各种作物对不同温度的要求。控温仪的型号及参数见表 1-16。如果电加温线的功率超过控温仪的允许负载功率时，应外加交流接触器。

表 1-16　控温仪型号及参数

型号	控温范围/℃	负载电流/A	负载功率/kW	供电形式
BKW-5	10～50	5×2	2	单相
BKW	10～50	40×3	26	三相四线式
KWD	10～50	10	2	单相
WKQ-1	10～50	5×2	2	单相
WKQ-2	10～50	44×3	26	三相四线式
WK-1	10～50	5	1	单相
WK-2	10～50	5×2	2	单相
WK-3	10～50	15×3	10	三相四线式

3. 电热温床的应用

在工厂化育苗的成苗温室内，可将电加温线铺设在床架上。在增温值不超过 10℃的条件下可按照 100 W/m^2 的功率设计。如果温室内温度过低，应在电加温线下铺设隔热层，在床架上再加设小拱棚，强化夜间保温。这样不仅能保证育苗所需的温度，还能节约用电。

四、穴盘精量播种设备和生产流水线

穴盘精量播种设备是工厂化育苗的核心设备，包括以 40～300 盘/h 的播种速度完成拌料、育苗基质装盘、刮平、压穴、精量播种、覆盖、喷淋全过程的生产流水线(图 1-9)。穴盘精量播种技术包括种子精选、种子包衣、种子丸粒化和各种蔬菜种子的自动化精量播种技术。精量播种技术的应用可节省劳动力、降低成本、提高效益。

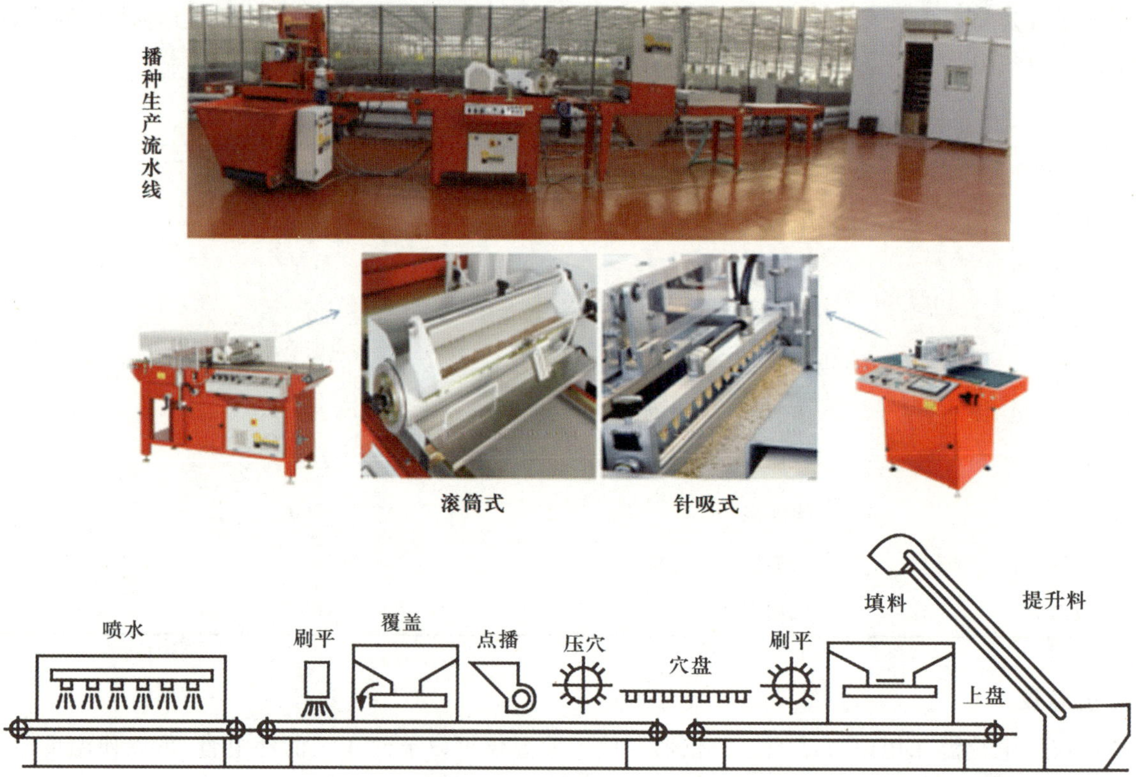

图 1-9　穴盘精量播种生产流水线

(一)基质处理

基质处理是穴盘育苗作业中的一个重要环节,直接影响基质填充和播种等作业质量以及后期种苗的生长发育。

1. 基质破碎提升机

基质破碎提升机用于将压缩型的专业种植基质破碎,而不改变其基本结构,然后放入装盆机或穴盘填土机的料仓内。基质破碎提升机如图 1-10 所示。

基质破碎提升机的工作特点:①手工调整方便;②柔和地松弛基质,不会破坏基质结构;③带有紧急停止开关,保护操作人员安全;④从入料到卸料过程效率高,快速简单,装载省力;⑤通用性强,可用于装盆机、穴盘填土机、基质搅拌机等供料。

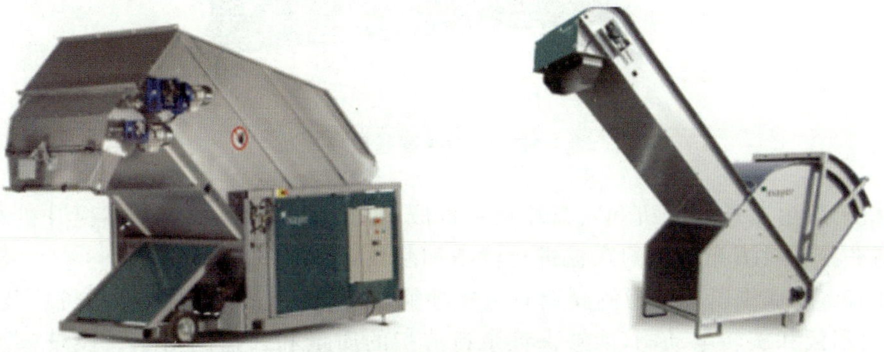

图 1-10　基质破碎提升机

2. 基质搅拌机

穴盘育苗基质通常由 2～3 种基质材料构成。基质搅拌的目的是使各种不同特性的基质材料均匀地混合在一起,最终使搅拌好的基质具有均匀良好的持水性、透气性、透水性、颗粒性、压实度等。基质搅拌机如图 1-11 所示。

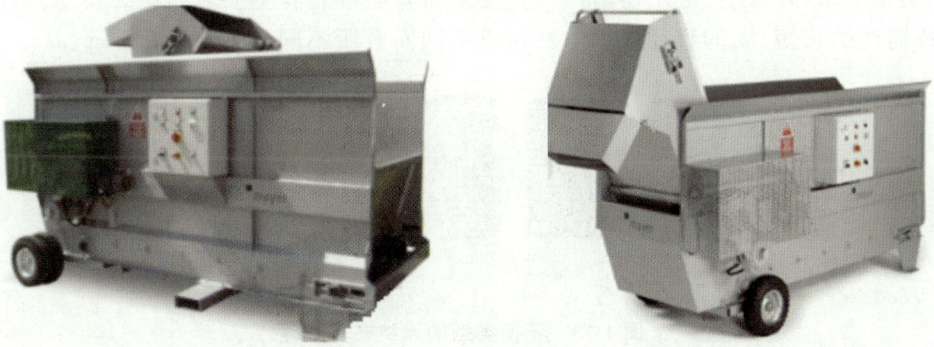

图 1-11　基质搅拌机

根据不同的分类方法基质搅拌机有不同的类别。根据动力分为机械式和人力式。在机械式搅拌机中还分为多种形式,根据搅动基质形式分为搅动式和搅拌式,前者利用两条输送带搅动基质达到混合基质的目的,后者利用搅动叶片在基质中进行搅拌。一般基质搅拌机多采用后者。

一般搅拌机具有的功能:①可破碎加搅拌,高效快捷;②具有定时功能,精细可控;③配有淋水设备,可调整基质湿度;④有保护开关,上料盖打开时,搅拌机自动停机;⑤可反向运作,自动清空基质仓。

3. 基质填充机

基质搅拌后,须在播种前将基质填充到穴盘内。基质填充作业劳动强度较大,考虑到人工费用不断上涨，蔬菜种苗生产企业多采用基质填充机来向穴盘或营养钵填充基质。基质填充机如图 1-12 所示。

图 1-12　TL700 型基质填充机

基质填充机一般由基质提升机和穴盘输送带构成，填充速度通过调整基质提升机的转速实现。通常配有毛刷、刮平器等对填充基质的穴盘进行清扫和基质表面抚平。

下面以 TL700 型基质填充机为例介绍其主要性能和工作特点。该机料斗内可填装各种基质，配备了可调节的电动刮板和旋转电动刷，能够保证余料清扫的质量和穴盘的清洁。该设备可利用手柄调节电动刮板和旋转电动刷的高度，以及穴盘导向架的宽度，调好后即可开机，其填料速率可高达 200 盘/h。

性能特点：①电子无级调速的穴盘传输装置，满足 50～200 盘/h 的穴盘填充需求；②可方便调节高低位置的刮料及刷料装置，使得填料更均匀、穴盘更干净；③穴盘振动装置的使用，使基质填充更密实，保证后续播种及淋水的需要。④填料速度高、操作简单，适应不同生产需求。

4. 无纺布基质钵

近年，无纺布基质钵在欧美应用逐渐广泛。无纺布基质钵是将基质装入由无纺布做成的筒中，再根据要求切割成需要的长短，筒的直径根据培育对象不同而有所不同，如图 1-13 所示。

图 1-13　不同类型的无纺布基质钵

种苗自动化生产中经常需要分级和移栽等作业，这对基质坨强度要求较高，如果种苗盘根不饱满经常导致基质坨破碎，种苗根系外露影响自身生长和成活。使用无纺布基质钵具有的优势：①分级和移栽作业中可保护基质坨不破碎，使种苗根系始终处于理想生长状态；②种苗成苗运输时可脱离穴盘装箱，使运输空间利用率得到提高；③使用无纺布基质钵有利于分级与移栽作业；④无纺布可降解。

图 1-14 所示为意大利 Techmek 公司开发的 Pot Pro 型无纺布基质钵生产设备，主要工作原理是：无纺布以卷筒形式上到机器上，自动进入无纺布成筒装置形成圆筒形式，基质由基质料斗通过基质导管向形成的无纺布圆筒内灌装基质，无纺布基质圆筒到达热合装置处被热合成一个封闭的基质圆筒，接着进入切断装置内，在这里基质圆筒根据设定长度通过一把圆盘切刀切断，切刀完成一次切断动作后即刻

进行一次打磨，以保证刀刃锋利，满足切割质量要求。无纺布基质钵直径可在 18～60 mm 范围内选择，长度可以根据需要设定，生产效率可达 10 000 钵/h。完成切断的无纺布基质钵靠重力落入包装箱或人工放入穴盘。另外，Techmek 公司还开发出与无纺布基质钵生产设备对接，可自动将基质钵装入穴盘的 I-Pot Inserter 型无纺布基质钵填装机。

图 1-14 无纺布基质钵

(二)自动精量播种装备

精量播种设备是蔬菜工厂化育苗的关键装置，播种效果直接影响蔬菜秧苗的质量。精量播种机在穴盘中播种经过包衣的种子或裸种子，每穴一粒，出苗后幼苗各占一穴，互不干涉，不需要分苗，其优点是省工、省力、效率高、成本低，便于优良品种推广和规范育苗管理；成苗便于远距离运输和机械化移栽，定植后根系活力好、缓苗快，对实施蔬菜生产机械化、规模化及持续高效发展具有重要意义。

比较常见的播种装置有机械式和气吸式，机械式穴盘播种装置排种精度不高，容易损伤种子、种芽；气吸式穴盘播种装置具有排种精度高，不伤种芽等优点，且生产效率高。因此，国内外工厂化育苗生产广泛采用气吸式播种装置。气吸式播种装置以针式、滚筒式和平板式较为常见。

1. 针式

针式播种装置主要由真空气泵、针式吸嘴、落种导管和种盒等部分组成，如图 1-15 所示。其工作原理为：针式吸嘴从落种导管正上方移到种盒上方，在此过程中，吸嘴内部处于正压状态，随着压力进一步增加，吸嘴内部的杂物被清除，为下次播种作业做准备；随后在气泵及其控制机构的作用下，吸嘴内部转为负压状态，吸嘴下移到种盒内的种子上方，在振动器的作用下种盒内种子达到沸腾状态，这样有利于种子的吸附，通过吸嘴内外压差吸附种子，然后吸嘴向上运动，离开种子盒并转到落种导管上方，这时在气泵的作用下，吸嘴内部的压力从负压状态转为正压状态，种子在吸嘴正压和重力作用下，沿落种导管落入穴盘内，完成一次播种过程。

针式播种机发展较早，应用范围广，播种精度高，单粒播种精度最高可达 99%。根据驱动方式不同，针式播种机播种速率为 100～200 盘/h。采用不同孔径吸针，可实现对尺寸极小种子（如秋海棠种子）直至大粒种子（如南瓜种子）的精量播种。

2. 滚筒式

滚筒式播种机如图 1-16 所示，主要由滚筒、种箱、吸气机构、封闭增压泵和电机等组成。滚筒内部是一个完全密封的真空负压腔，滚筒表面精确地开设有吸孔（吸孔直径根据种子大小确定），吸孔与穴盘穴孔相对应，且与真空室相通。吸气机构抽出滚筒内腔的空气，内腔产生负压，使吸孔内外产生压差，滚

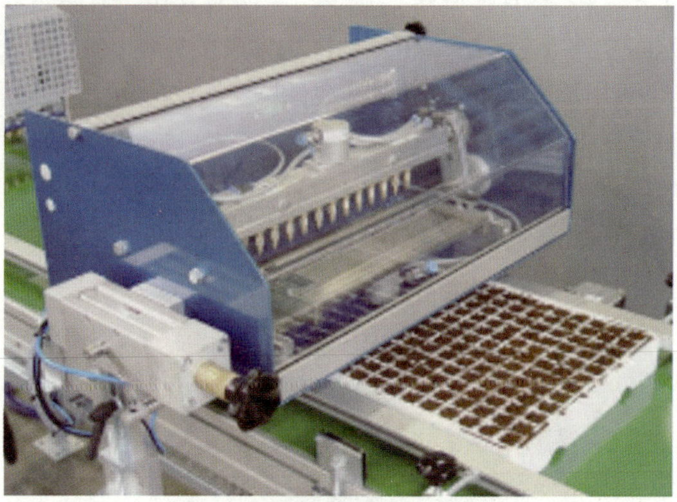

图 1-15 针式播种机

筒绕固定轴转动，经过种箱时，种子在压差作用下被吸附在吸孔上，并随滚筒一起转动，当滚筒上吸孔与滚筒下方同步传送装置上送来的穴盘孔正对瞬间，吸孔内端达到增压室处，负压被切断并处于增压状态，吸孔上的种子在自重及正压作用下落入穴盘穴内。随后滚筒上的吸孔立即被高压气流冲洗干净，吸孔上的杂质被清除，从而防止吸孔堵塞。滚筒和穴盘在同步传送装置带动下步进，实现滚筒上的吸孔与穴盘穴孔一一对应，滚筒连续转动，穴盘连续步进，实现连续播种。

图 1-16 滚筒式播种机

3. 平板式

平板式较为简单，如图 1-17 所示，利用负压平板吸附种子，种子在平板内滚动并被吸附到吸种孔上，负压平板开孔与播种对象的穴盘尺寸和穴位相对应，一次性吸附种子，然后翻转负压吸种板，覆盖在穴盘上，卸掉负压，吸种孔上的种子靠重力落入穴盘的各个穴中。

(三)运苗车

运苗车包括穴盘转移车和成苗转移车(图 1-18)。穴盘转移车将播种完毕的穴盘运往催芽室，车的高度和宽度根据穴盘的尺寸、催芽室的空间和育苗的数量决定。成苗转移车一般采用多层结构，根据商品苗的高度确定放置架的高度。

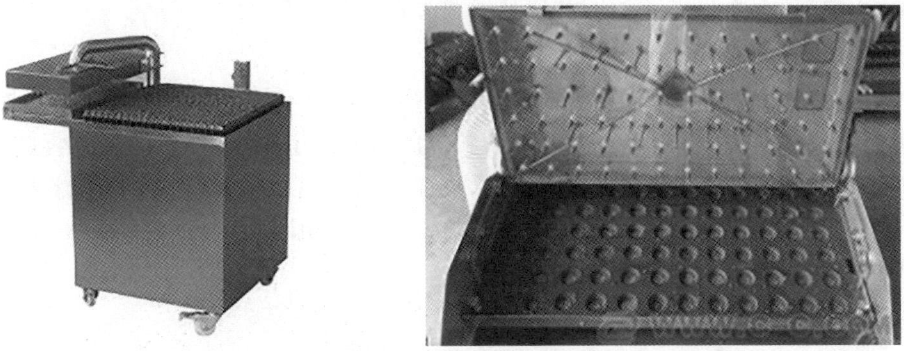

图 1-17　平板式播种机

图 1-18　运苗车

实训　工厂化育苗关键设备操作

一、目的与要求

熟悉育苗生产线工作流程，熟练操作育苗流水线进行育苗作业。

二、材料与用具

蔬菜种子若干、穴盘、基质、育苗流水线。

三、方法与步骤

目前蔬菜工厂化播种育苗作业，普遍采用播种生产线来完成，播种生产线一般由穴盘供给装置、基质填充装置、基质镇压装置、精量播种装置、覆土装置及淋水装置等组成。具体作业过程如下。

1. 穴盘供给

将育苗穴盘重叠装载到穴盘供给装置上，机器自动按照设定的速度，把育苗穴盘逐一放到传送带上，传送带将穴盘送入下一步工序，进行基质填充作业。

2. 基质填充

育苗穴盘被传送到基质填充装置下方，打开穴盘上方基质箱的控制开关，基质自动落到穴盘上，均匀地填满每个穴，随后，刮土板将多余的基质从穴盘上刮掉并扫平。

3. 基质压穴

装满基质的育苗穴盘，在送往精量播种器之前先经过压穴装置。压穴装置一般有圆筒式和平板式两种结构。圆筒式镇压装置，是在圆筒表面径向和轴向布置镇压脚，每排镇压脚的数量与穴盘短边穴数相同，通过旋转转轮将行进中穴盘内的基质压实，且在穴内压出浅坑，播种时种子落入浅坑中。平板式镇压装置，在平板表面布置镇压脚，镇压脚的数量与穴盘穴数相同，且与穴盘孔一一对应，通过平板上下往复运动完成压穴作业。

4. 精量播种

穴盘经过精量播种机时，种子在负压作用下被吸到针孔处，随后负压消失，种子落入穴盘中。播种数量可根据需要进行调节。

5. 覆土

完成穴盘播种之后，对育苗穴盘进行覆土作业。覆土装置将储存在料箱内的基质以一薄层覆盖在穴盘上面，为种子遮挡阳光、保持水分，利于其生长。

6. 淋水

淋水装置分为固定式淋水和移动式淋水两种形式。覆盖好基质的育苗穴盘被送到淋水装置下，移动式淋水是按照设定的水量，在穴盘行进过程中将水均匀地喷淋到穴盘基质上。固定式淋水是当育苗穴盘行至淋水装置下方时穴盘停留，然后淋水装置将整个穴盘内基质一次浇足水。

以上工序完成后，将育完种的穴盘送入催芽室，然后移入温室育苗。

任务评价

以学习小组为单位，按照项目、内容和标准进行评价，见表 1-17。

表 1-17 工厂化育苗实践评价表

评价项目	评价内容	评价标准
工厂化育苗设备类型及工作原理	知识要点	熟悉工厂化育苗设备，正确理解工厂化育苗设备工作原理
工厂化育苗设备操作	操作使用工厂化育苗设备	能够正确操作各项设备

任务巩固

1. 工厂化育苗设备有哪些类型？
2. 简述工厂化育苗流水线工序和内容。

模块二　设施园艺嫁接、移栽技术与装备

学习目标

1. 认知嫁接育苗的作用与意义。
2. 能正确应用各类嫁接方法进行茄果类与瓜类蔬菜的嫁接。
3. 掌握嫁接后的苗期管理。
4. 认知各类嫁接育苗机械。
5. 熟悉各类嫁接育苗机械的工作原理及设计思路。
6. 知晓各类嫁接育苗机械的主要嫁接方法。
7. 熟悉做畦的基本要求。
8. 熟悉定植密度的确定方法。
9. 掌握定植技术的主要方法。

知识先导

将一个植物体的芽或枝条接到另一植物体的适当部位，使两者接合成一个新的完整的植株体的过程称为嫁接。嫁接用的芽或枝条称为接穗，承受接穗的植物体称为砧木。嫁接在园艺植物生产中是一种非常重要的技术措施和手段。园艺植物嫁接育苗的意义和作用主要体现在以下几个方面。

一、嫁接育苗的作用与意义

1. 保持品种的优良性状

嫁接是一种无性繁殖的手段。异花授粉植物若用种子繁殖，其后代会出现大量变异，不能保持原来亲本的优良性状。由于嫁接的接穗多取自遗传稳定的栽培品种，嫁接后其遗传组成没有改变，仍保持原来的性状。

2. 增强植株抗病虫能力

嫁接利用砧木的抗性可减少土壤病原菌、害虫对植株的侵染和危害。减轻和避免土传病害，克服连作障碍是蔬菜嫁接栽培的主要目的。瓜类枯萎病病原菌在土壤中存活的时间很长，重茬种植危害重，而药物防治成本高、难度大，容易对环境造成污染，嫁接则可以很好地达到防病目的。

3. 提高植株抗逆性

多数砧木来自野生或半野生植物，抗逆性强，用其嫁接可以提高接穗的抗逆性和环境适应能力，表

现耐寒、耐热、耐盐、耐旱、耐湿等特点，并能扩大品种的栽培区域。柑橘和抗寒砧木嫁接，抗寒能力增强，适栽区域明显北移，结果提早。

4. 促进植株生长发育

嫁接利用砧木发达的根系增强植株吸收水分和养分的能力，增加根部物质的合成，提高地上部代谢活性和抗性，使生育旺盛，为早熟丰产奠定基础。砧木的耐低温特性使嫁接植株在较低温度下也能生长，可以提早定植，提前开花坐果，延长生育期和采收期。

5. 实现特定的栽培或观赏目的

嫁接可以改变或控制株型和性别。矮化密植栽培已成为当前国内外果树发展的趋势，利用矮化砧、矮化中间砧控制树冠发育，使树体矮小紧凑，不仅便于果园管理和采收，而且有利于提早结果，改进果实品质，并经济利用土地。

二、影响嫁接成活的主要因素

1. 砧穗亲和力

亲和力是指砧木和接穗嫁接后正常愈合和生长发育的能力，是嫁接成活的决定性因素。亲和力高，嫁接成活率高；反之，则成活率低或不成活。亲和力高低反映了砧木、接穗在细胞组织结构、生理和遗传上的差异性，主要取决于两者的亲缘关系远近。亲缘关系远者亲和力较弱，甚至不亲和。但是，亲和力大小并不完全受植物分类的限制，有些植物亲缘关系虽远，但亲和力较高。

2. 砧穗生活力及生长习性

砧穗生活力是影响嫁接成活的直接因素，选择和培育生活力旺盛的砧木和接穗对提高嫁接成活率十分重要。愈伤组织形成和分化需要一定的物质和能量。砧穗生长健壮，生命力强，体内贮藏营养物质多，嫁接后容易成活，成活后生育状况也好；病弱苗、徒长苗生活力弱，嫁接后不易成活。一般在树木生长旺盛期，形成层细胞分裂活跃，嫁接容易成活。用作接穗的枝条失水过多，或在高温高湿条件下贮藏芽不萌发，皮色变褐，嫁接后不易成活。

砧木和接穗的生长习性也影响嫁接成活。砧、穗物候期相同或相近，嫁接容易成活；反之不易成活。当砧木的萌动期较接穗早、根压较接穗高时往往成活率较高，这是因为接穗萌动需要的水分、养分由砧木供给。

3. 嫁接技术和方法

嫁接成活过程受嫁接时期、方法和操作熟练程度的影响。嫁接时期影响形成层的活动，适时嫁接有利于促进形成层活动和愈伤组织形成。不同嫁接方法由于接口方式、切口位置和切面大小不同而影响嫁接成活率。瓜类插接的嫁接部位紧靠砧木子叶节，细胞分裂旺盛，维管束集中，愈合能力强，成活速度比劈接和靠接快。嫁接操作过程中，要求刀口锋利，动作快速、准确，切面平直、干净，砧穗接合面宽大且两者形成层密接，有利于愈伤组织形成和嫁接成活。

4. 嫁接后的环境条件

温度、湿度、空气和光照均是影响嫁接成活的重要因素。嫁接及其以后的管理过程中温度太低、湿度太小、遮光太重均影响愈伤组织形成和嫁接愈合，从而降低成活率。嫁接通常在晴天无风时进行，避免阳光直射，温度 20～25℃、相对湿度 90%以上为宜。愈伤组织生长的适宜温度因植物而异，木本植物多为 18～25℃。

项目一　设施园艺嫁接技术与装备

【知识目标】

掌握常用嫁接方法的嫁接步骤。

【技能目标】

能熟练使用靠接法、插接法、劈接法、贴接法和套管嫁接法进行瓜类蔬菜、茄果类蔬菜嫁接。

【学习提示】

结合农业生产实际，深入合作社与育苗企业观察嫁接的手法，熟练掌握各种嫁接方法的操作要领。

任务一　常用嫁接方法与关键技术

任务描述

学习常用蔬菜嫁接方法。

任务分析

蔬菜嫁接育苗的主要目的是增强植株对土壤传播病害的抵抗能力，解决连作障碍问题。同时，嫁接育苗能充分发挥砧木苗的抗逆性，增强栽培作物对不良环境条件的抵抗能力，并能延长生长期和采收期，增加蔬菜产量。因此在生产中嫁接方法的掌握非常重要。

知识链接

嫁接方法因蔬菜种类、砧木类型、嫁接的操作熟练程度以及嫁接机械的适用性而异。目前在蔬菜上比较适宜的嫁接作物以瓜类和茄果类蔬菜为主。综合目前国内外的情况，瓜类蔬菜嫁接通常在子叶苗的下胚轴进行，主要采用插接、靠接、断根嫁接等方法；茄果类蔬菜嫁接在幼苗的上胚轴或幼茎上进行，主要采用劈接法、针接法、套管嫁接法等。

视频学习:嫁接概述

1. 靠接法

靠接法适用于黄瓜、甜瓜、西瓜、西葫芦、苦瓜等蔬菜，尤其是应用于胚轴较细的砧木嫁接，以黄瓜、甜瓜应用较多。瓜类蔬菜嫁接适期为砧木子叶全展、第一片真叶显露，接穗第一片真叶始露至展开；茄果类蔬菜为砧、穗均长至3～4片真叶。

(1)瓜类蔬菜嫁接步骤

嫁接时先用刀片或竹签剔掉砧木的生长点，在子叶下方1.0 cm处呈30°～45°角向下斜切一刀，切口长度0.5 cm左右，深度要达到下胚轴粗度的1/2左右，切面平滑。接穗的削法与砧木相反，在距离生长点1.0～1.5 cm处向上斜

视频学习:嫁接方法

切,深度为下胚轴粗度的3/5～2/3,切口平滑,切口长度0.5～0.6 cm,切口不可过长。将接穗切口插入砧木下胚轴的切口,使二者紧密结合,从接穗的一端入夹,用嫁接夹将接口固定(图2-1)。

(2)茄果类蔬菜嫁接步骤

砧木和接穗切口选在第一片与第二片真叶之间,或者子叶与第一片真叶之间,去除砧木的顶梢。方法同上。

嫁接后把接穗、砧木同时栽入基质中,相距约1 cm,以便嫁接伤口愈合完成,嫁接苗成活后切除接穗的根,接口距土面约3 cm,避免接穗在切口处产生自生根。

(3)靠接法特点

靠接法苗易管理,成活率高,生长整齐,操作简易。但此法嫁接速度慢,接口需要固定物,增加了成活后断茎去根工序;接口位置低,易受土壤污染和发生不定根,幼苗搬运和田间管理时接口部位易脱离。

图2-1 黄瓜靠接示意图

2. 插接法

插接法适用于西瓜、黄瓜、甜瓜等蔬菜嫁接,尤其适用于胚轴较粗的砧木种类。瓜类蔬菜嫁接适期为接穗子叶全展,砧木子叶展平、第一片真叶显露至初展;茄果类蔬菜为砧木4～5片真叶,接穗2叶1心。

(1)瓜类蔬菜嫁接步骤

嫁接时先用竹签剔除砧木的真叶和生长点,要求干净彻底,减少再次萌发,并注意不要损伤子叶。左手轻捏砧木苗子叶节,右手持一根宽度与接穗下胚轴粗细相近、前端削尖略扁的光滑竹签,紧贴砧木一片子叶基部内侧向另一片子叶下方斜插,深度0.5～0.8 cm,竹签尖端在子叶节下0.3～0.5 cm出现,但不要穿破胚轴表皮,以手指能感觉到其尖端压力为度。插孔时要避开砧木胚轴的中心空腔,插入迅速准确,竹签暂不拔出。然后用左手拇指和无名指将接穗2片子叶合拢捏住,食指和中指夹住其根部,右手持刀片在子叶节以下0.5 cm处成30°角向前斜切,切口长度0.5～0.8 cm,接着从背面再切一刀,角度小于前者,以划破胚轴表皮、切除根部为目的,使下胚轴呈不对称楔形。切削接穗时速度要快,刀口要平、直,并且切口方向与子叶伸展方向平行。拔出砧木上的竹签,将削好的接穗插入砧木小孔中,使两者密接。砧穗子叶伸展方向呈"十"字形,利于见光(图2-2)。

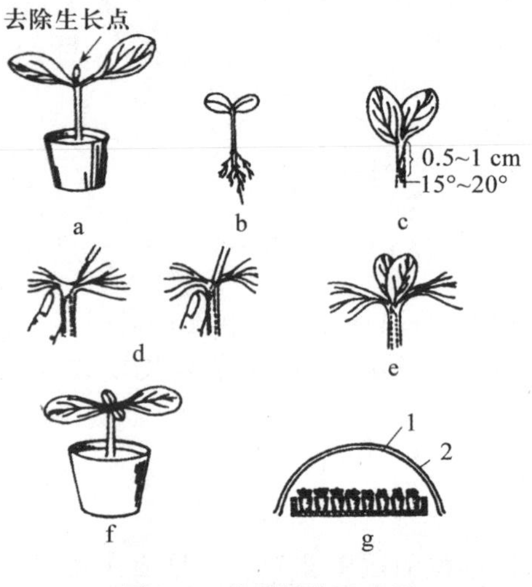

图2-2 黄瓜插接示意图

a. 砧木苗 b. 接穗苗 c. 削成的接穗苗 d. 插入竹签 e. 插入砧木 f. 嫁接苗 g. 苗床 1. 小拱棚 2. 遮阳网

(2)茄果类蔬菜嫁接步骤

在砧木第一片或第二片真叶上方横切,去除腋芽,然后用竹签从切口处或叶腋部位向下斜插,以尖端不扎破表皮为度;将接穗在子叶或第一片真叶下切成楔形,插入砧木小孔。

(3)插接法特点

插接法砧木苗无须取出,减少了嫁接苗移栽和嫁接夹使用等工序,也不用断茎去根,嫁接速度快,操作方便,省工省力;嫁接部位紧靠子叶节,细胞分裂旺盛,维管束集中,愈合速度快,接口牢固,砧穗不易脱裂折断,成活率高;接口位置高,不易再度污染和感染,防病效果好。但插接对嫁接操作熟练程度、嫁接苗龄、成活期管理水平要求严格,技术不熟练时嫁接成活率低,后期生长不良。

3. 劈接法

采用劈接法嫁接育苗的蔬菜作物主要有茄子、番茄、西瓜等。劈接法嫁接比靠接法接触面积大，愈合好，操作简单，并且可以协调砧木较大和接穗较小的差异，但必须严格控制嫁接的适宜期。瓜类蔬菜嫁接适期为接穗子叶充分展开，砧木第一片真叶出现；茄果类蔬菜为砧木 5～6 片叶，茎粗 0.4～0.5 cm，接穗 4～5 片真叶。

(1)瓜类蔬菜嫁接步骤

将砧木心叶摘除，用刀片在两片子叶中间下胚轴中央或侧面垂直下切，长度 1.0～1.5 cm。将接穗下胚轴削成楔形，削面长度与砧木切口长度对应。将接穗插入砧木切口，使两者密接并用嫁接夹固定。

(2)茄子、番茄嫁接步骤

保留砧木基部 1～2 片真叶，将上部茎切除，从切口部位垂直纵切长度 1～2 cm。保留接穗上部 2～3 片真叶切断，将其基部削成楔形后插入，使两者密接并用嫁接夹固定(图 2-3)。

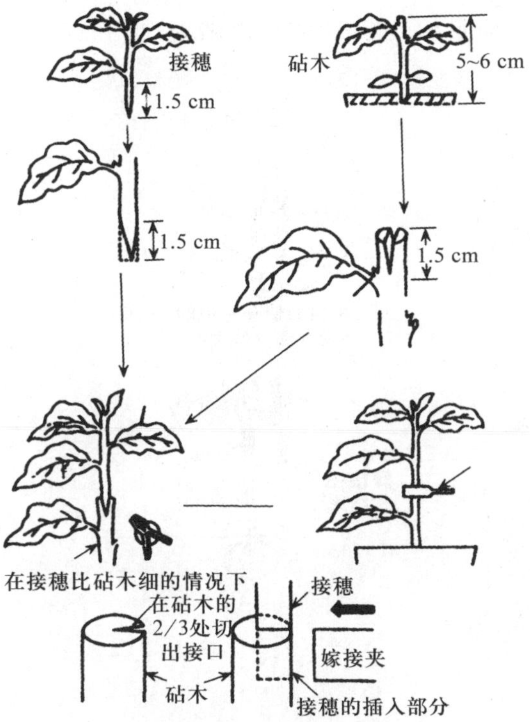

图 2-3 茄子劈接示意图

(3)劈接法特点

劈接法优点是砧穗结合面较大且结合紧密，成活率高，后期发育良好；缺点是砧木维管束在一侧发育好，另一侧发育较差，容易裂开，嫁接工效不高。

4. 贴接法

嫁接适期为瓜类蔬菜砧木、接穗子叶充分展平，真叶显露；茄果类蔬菜长至 4～6 片真叶。

(1)瓜类蔬菜嫁接步骤

将砧木的一片子叶连同生长点斜切掉，切面长度 0.5～1.0 cm。在接穗与子叶平行方向的胚轴上距子叶 0.5～1.0 cm 处削成相应切面，将砧穗切口对齐，用嫁接夹固定(图 2-4)。

(2)茄果类蔬菜嫁接步骤

在砧木第 1 片或第 2 片真叶上方成 30°斜切，去掉顶部，切面长度 1.0～1.5 cm。将接穗拔出，保留顶部 2～3 片真叶，切除下端，斜面与砧木对应。将砧穗切面对齐，用嫁接夹固定。

(3)贴接法特点

贴接法操作简单，速度快，效率高，适于大批量嫁接，但不如劈接法愈合牢固。

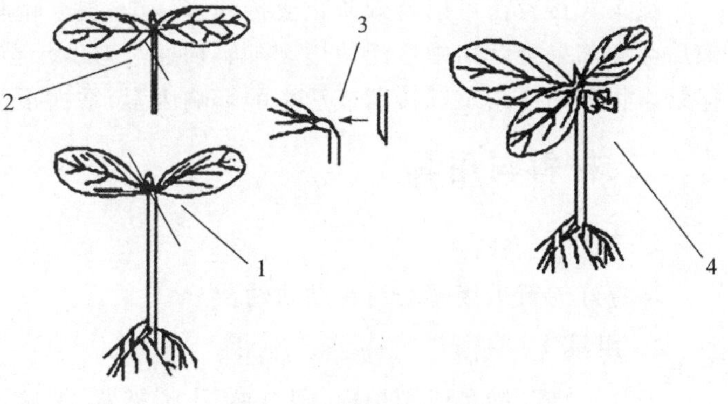

图 2-4 贴接法嫁接示意图

1. 切除砧木生长点和 1 片子叶 2. 切削接穗
3. 砧穗贴合 4. 完成的嫁接苗

5. 套管嫁接法

套管嫁接法采用具有良好扩张弹性的橡胶或塑料软管作为嫁接接合材料，嫁接苗伤口保湿性好。嫁接适期为瓜类蔬菜砧穗子叶刚刚展开，下胚轴长度 4～5 cm；茄果类蔬菜砧穗 2～3 片真叶。

(1)嫁接步骤

嫁接时,在瓜类砧木的下胚轴,茄果类砧木的子叶或第 1 片真叶上方沿其伸长方向成 25°～30°切断,套上专用支持套管,其上端斜面与砧木斜面方向一致。在瓜类接穗下胚轴上部,茄果类接穗子叶或第 1 片真叶上方,按同样角度斜切。沿着与套管斜面相一致的方向将接穗插入,在不折断、损伤接穗的前提下,尽量用力向下插入接穗,使砧穗切面很好地接合在一起(图 2-5)。

(2)嫁接特点

该操作方法嫁接效率高,驯化管理方便,成活率及幼苗质量均较好,无须取出砧木,便于运输,适合规模化手工嫁接,也适于机械化作业。

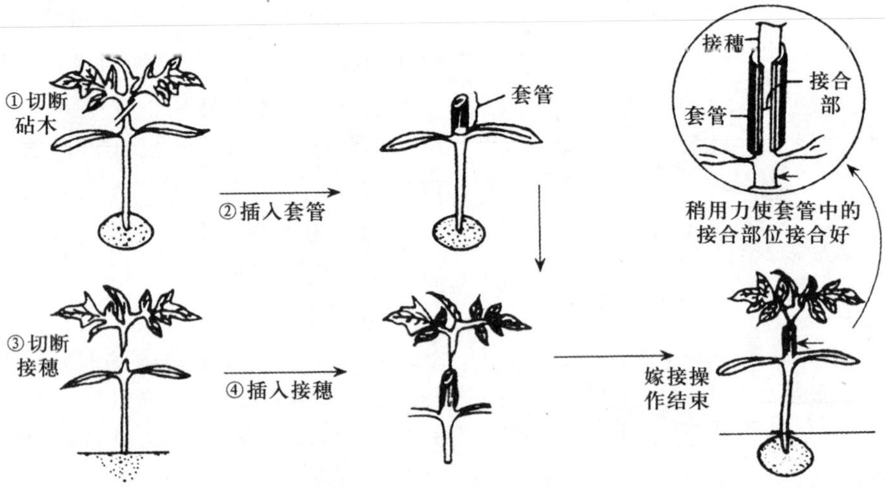

图 2-5　番茄套管嫁接示意图

实训　黄瓜嫁接育苗实训

一、目的与要求

蔬菜嫁接育苗可以有效防止土传病害侵染,提高植株抗性,是现代设施园艺的一项主要技术,在设施瓜类和茄果类栽培中广泛使用。本实训通过对黄瓜苗的嫁接操作和嫁接苗的培育,了解嫁接技术在蔬菜作物上的应用及嫁接苗成活率的影响因素,掌握瓜类蔬菜常用的嫁接方法。

二、材料与用具

1. 材料

培育好的黄瓜接穗幼苗和砧木幼苗。

2. 用具

刀片、竹签、纱布或酒精棉、塑料夹、小喷雾器、嫁接台等。嫁接场所没有阳光直射,空气相对湿度 80%以上。

视频学习:嫁接苗管理

三、方法与步骤

1. 嫁接前的准备

(1)接穗和砧木苗的准备

黄瓜嫁接苗一般以黑籽南瓜为砧木。不同的嫁接方法，接穗和砧木苗的播种期有差别，插接法砧木比接穗早播 3～5 天，靠接法砧木比接穗迟播 3～5 天。种子处理的方法、播种方法和管理等与常规做法一样，具体要求：插接法嫁接，砧木要求下胚轴粗壮，接穗在第一片真叶展开前较适宜；靠接法嫁接，接穗比砧木的下胚轴要稍长。

(2)嫁接苗床准备

采用保湿性能较好的温床或小棚，嫁接前一天浇足底水备用。

2. 嫁接方法

嫁接顺序：砧木处理，接穗处理，砧木与接穗接合(靠接法要用嫁接夹固定)栽于营养钵内并用小喷雾器对子叶进行喷雾，马上放于嫁接苗床内。不同嫁接方法在砧木处理和接穗处理上有如下差别。

(1)插接法

砧木处理：去生长点和真叶，用竹签从子叶一侧斜插向另一侧，深达 0.5～0.6 cm，注意不要插穿胚轴表皮。

接穗处理：在子叶下 0.5 cm 处宽面(两子叶正下方是窄面，另外两侧是宽面)向下斜切，把胚轴切断，刀口长 0.5～0.6 cm。

(2)靠接法

砧木处理：去生长点和真叶，在子叶下 0.5 cm 处宽面下刀，向下斜切，深达胚轴横径 1/2 左右处(不超过 1/3)，刀口处 0.7～1.0 cm。

接穗处理：在子叶下 1.5～2.0 cm 处窄面下刀，向上斜切，深达胚轴横径 3/5～2/3 处，刀口长 0.7～1.0 cm。

3. 注意事项

(1)嫁接苗的 4 片子叶必须呈十字交叉。

(2)嫁接苗不能栽得过深，以防嫁接口长根。嫁接苗定植时，使砧木根系处于营养钵中心，栽好后再把接穗根系置于边上并稍加覆土即可。

(3)手和嫁接工具注意经常消毒。

任务评价

以学习小组为单位，按照项目、内容和标准进行评价，见表 2-1。

表 2-1　常用嫁接方法与关键技术评价标准

评价项目	评价内容	评价标准
嫁接的概念	知识要点	正确理解、叙述嫁接的概念
嫁接育苗的作用	知识要点	正确理解、叙述嫁接育苗的作用
影响嫁接的因素	知识要点	正确理解、叙述影响嫁接的因素
各种嫁接方法的操作	操作步骤及测试结果	操作规范、嫁接动作熟练

任务巩固

1. 何谓嫁接？嫁接在农业生产上有何意义？
2. 影响嫁接的因素有哪些？
3. 常见的嫁接方法有哪些？列举几种主要的嫁接方法，并详述嫁接步骤。

任务二 嫁接设备认知

任务描述

本任务通过对国内外嫁接育苗机械的学习，进一步熟悉各类嫁接育苗机械的工作原理、工作方法、基本构造、设计方式，了解育苗嫁接机械在生产中的应用。

任务分析

随着我国设施园艺的快速发展，对蔬菜嫁接育苗的需求量也逐年增加，传统的人工嫁接方式已不能满足蔬菜生产发展的需要，且工人劳动强度大，生产效率低，苗木成活率不高，不适应种植业季节性强的特点，难以实现育苗的工厂化生产。自动嫁接机的成功研制和推广是解决上述问题的主要途径之一，自动嫁接机技术是一种集机械、自动控制与园艺技术于一体的高新技术。该技术在极短的时间内，把砧木和接穗嫁接为一体，大幅度提高嫁接速度，减轻劳动强度和提高生产效率，被誉为嫁接育苗的一场革命。

知识链接

嫁接机根据嫁接方法、自动化程度、尺寸大小等进行分类。根据嫁接方法的不同分为贴接式、靠接式和插接式嫁接机；根据嫁接机的自动化程度不同分为全自动、半自动和手动嫁接机；根据嫁接机的尺寸大小不同分为大型、中型和小型嫁接机。

一、国内外主要蔬菜嫁接机类型

（一）SZBT-TJ800 型蔬菜自动嫁接机

1. 基本结构

SZBT-TJ800 型蔬菜自动嫁接机可完成瓜类（如西瓜、黄瓜、甜瓜等）、茄果类（如番茄、茄子、辣椒等）蔬菜作物的自动嫁接。该机主要的技术优点是解决了秧苗快速切削和精准对接，以及嫁接夹自动排序与供给等问题。

SZBT-TJ800 型蔬菜自动嫁接机结构包括接穗搬运机构、接穗供苗台、接穗切断机构、秧苗输送带、电器控制柜、自动上夹机构、嫁接夹供应装置、砧木搬运机构、砧木供苗台、砧木切断机构（图 2-6）。

该机嫁接速度是人工作业的 6～7 倍，适合工厂化的嫁接育苗生产，技术参数详见表 2-2。

视频学习：半自动嫁接机结构组成

视频学习：半自动嫁接机操作

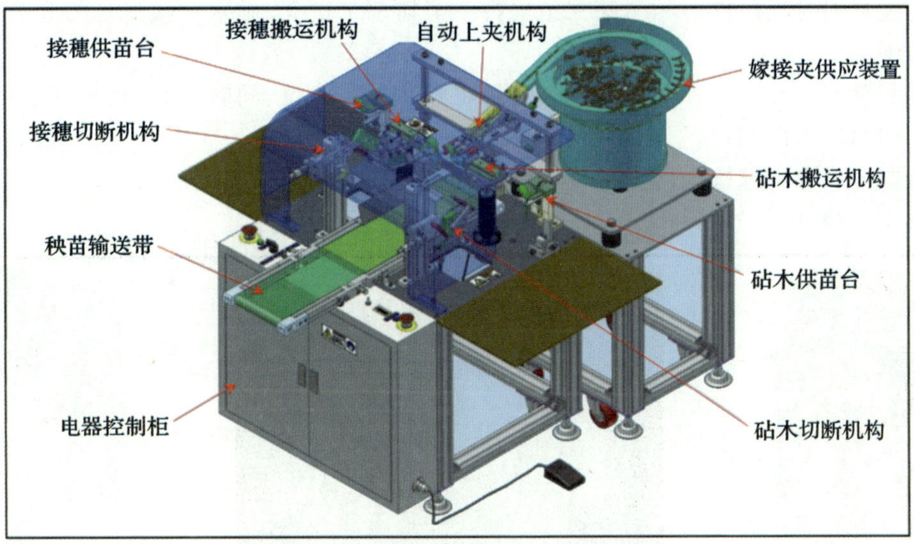

图 2-6 SZBT-TJ800 型蔬菜自动嫁接机结构

表 2-2 SZBT-TJ800 型蔬菜自动嫁接机技术参数

名称	技术参数
嫁接效率	800 株/h(两人操作)
规格	1500 mm×1200 mm×1000 mm
重量	80 kg
使用电压	嫁接机　单相,220 VAC,60 Hz 夹子供应机　单相,220 VAC,60 Hz
使用气压	4.0±0.5 kg/cm^2(水分及油的含量控制在最低点)
使用高度	海拔 1 000 m 以下

2. 工作过程

整机布局设计:砧木和接穗的搬运装置分别设有 2 组夹持手,采用水平对称式分双夹持手的旋转臂结构,并以 2 组搬运装置为基准分别设置上苗工位、切削工位和对接工位。砧木和接穗搬运装置的初始位置设为水平 0°,在操作台两侧分别设置相应上苗工位;两搬运装置相向旋转 90°,分别设置 2 组砧木和接穗的切削工位;两搬运装置相向旋转 180°,设置为砧木和接穗对接工位。

工作过程如下。

①将砧木 1 和接穗 1 分别放入砧木和接穗的上苗机构中。

②踩下砧木和接穗的上苗踏板,砧木和接穗的搬运装置的第一组夹持手伸出,夹持住砧木 1 和接穗 1 并缩回,两搬运装置相向旋转 90°至切削工位Ⅰ。

③砧木和接穗切刀Ⅰ分别对砧木 1 和接穗 1 进行切削。

④两搬运装置继续相向旋转 90°至对接工位,第一组夹持手再次同时伸出,使砧木 1 和接穗 1 的两切削面刚好贴合在一起。

⑤送夹装置推出嫁接夹,夹持住砧木 1 和接穗 1 的贴合部位,第一组夹持手松开嫁接苗并缩回,嫁接苗落到输苗带上并输出,完成一株苗嫁接。

⑥同时,第二组夹持手处于上苗工位,伸出,对砧木 2 和接穗 2 进行取苗。

⑦两搬运装置同时反向旋转 90°，第二组夹持手至切削工位Ⅱ，砧木和接穗切刀Ⅱ分别对砧木 2 和接穗 2 进行切削。

⑧两搬运装置继续反向旋转 90°，第二组夹持手到达对接工位，同时，第二组夹持手再次伸出，使砧木 2 和接穗 2 的两切削面贴合。

⑨送夹装置再次推出嫁接夹，完成 2 株苗嫁接，依次循环操作。

秧苗的供应、切断过程如图 2-7、图 2-8 所示。

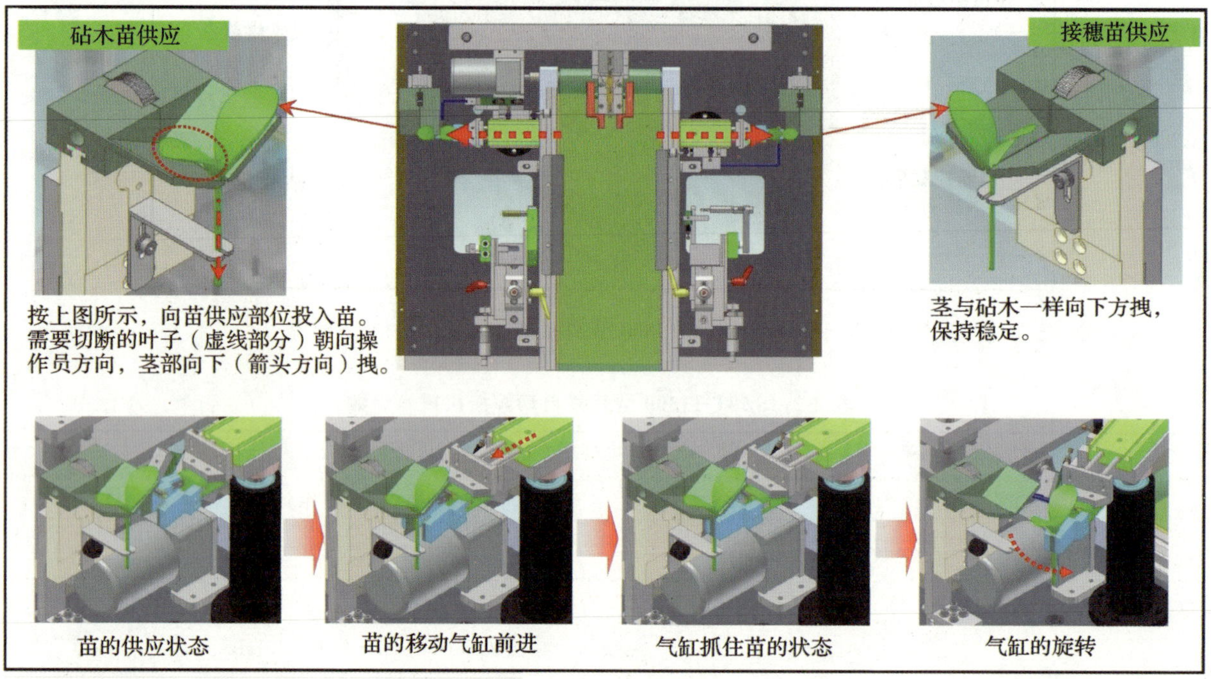

图 2-7　秧苗的供应过程

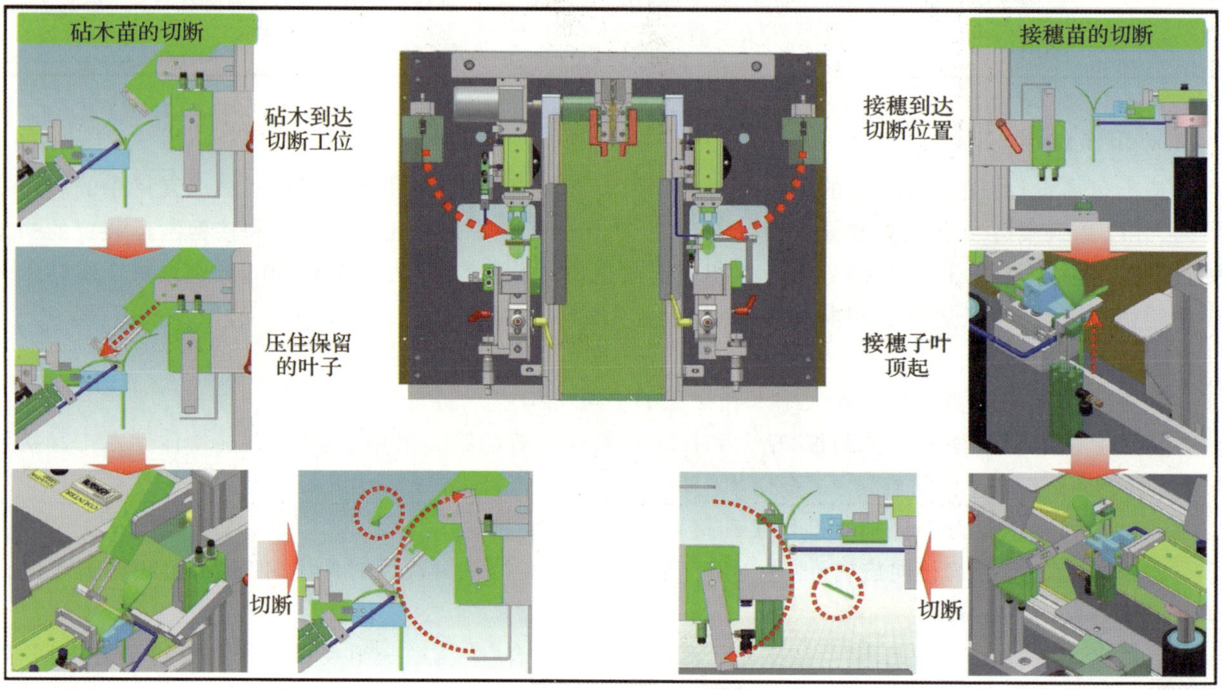

图 2-8　秧苗的切断过程

夹子供应及嫁接过程如图 2-9 所示。嫁接苗完成后，从嫁接机中排出，如图 2-10 所示。

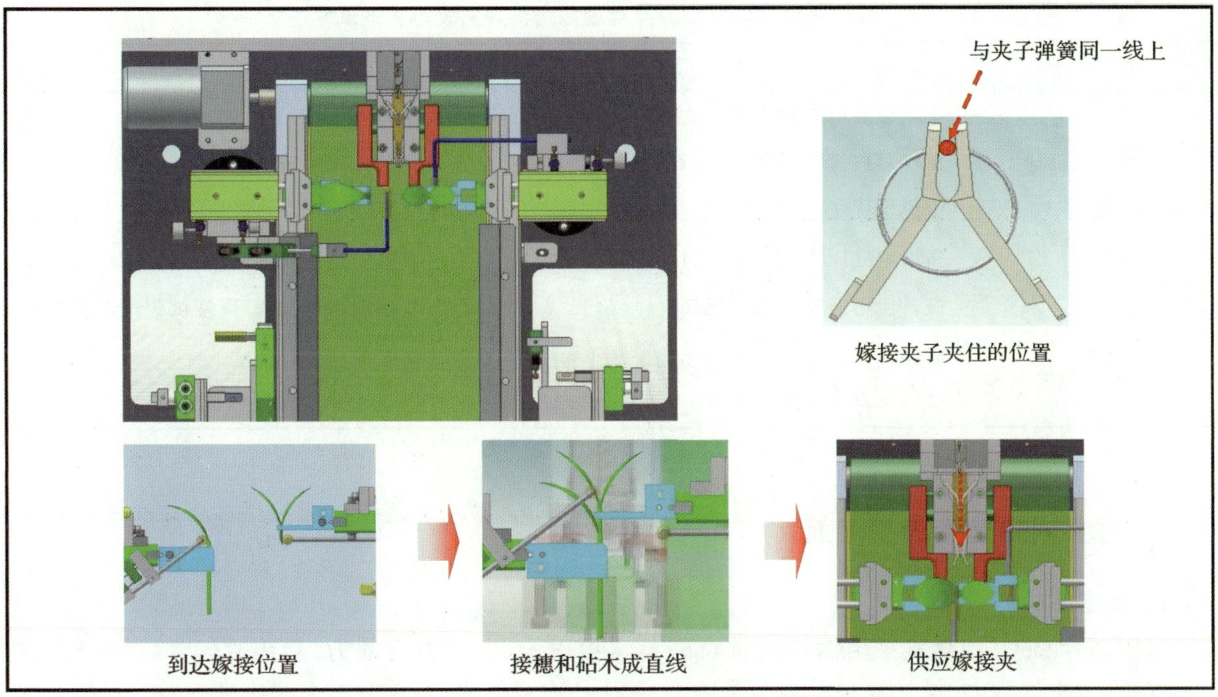

图 2-9 夹子供应及嫁接过程

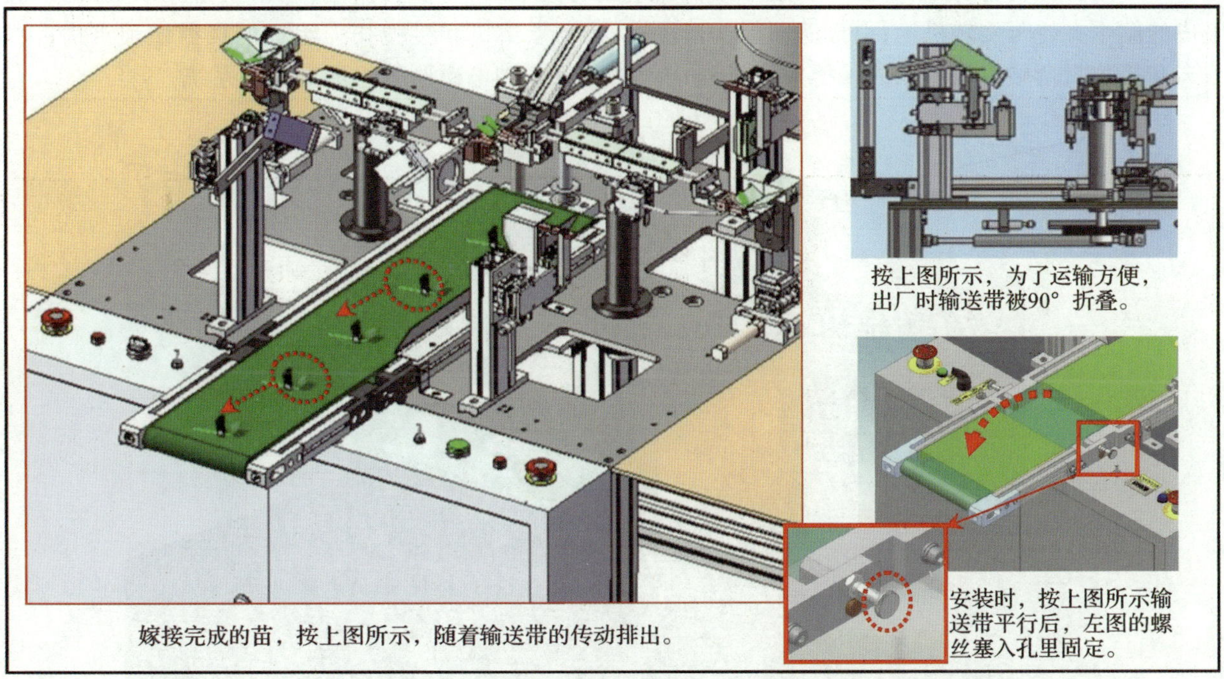

图 2-10 嫁接苗的排出

该机型常见故障及排除方法如表 2-3 所示。

表 2-3　SZBT-TJ800 型蔬菜自动嫁接机常见故障及排除方法

故障现象	原因分析	排除方法
设备不运转或不正常运转	无电源或电线没连接	连接电源或电线
	无气源或气管折断	连接气源或更换折断的气管
	没供应规定电压及频率	检查电压
	压缩空气压力比规定压力低或强弱不稳定	空压机的容量不足或故障，须检修或更换
空压机器里有水分	设备使用前没有清理气阀	设备使用前清理气阀，保证供应干净的空气
设备的振动和噪声大	回转或启动部件里有异物或者灰尘多	设备使用前后保持清洁
	空气压力比规定压力大	空气压力调整为规定压力

(二)2JC-450 型旋转嫁接机

1. 基本结构

2JC-450 型旋转嫁接机采用插接法进行断根嫁接作业，以气力为动力，利用旋转气缸、针形气缸、Y 形气爪、双缸气缸、三位气缸和霍尔传感器以及 PLC 控制系统，来实现整个嫁接过程中砧木的断根与打孔、接穗切削以及接穗与砧木的插接式嫁接过程，其主要结构(图 2-11)包括由插签和插签调节机构组成的砧木打孔机构；由砧木切刀和砧木上苗口组成的砧木断根机构；由砧木夹、压苗片以及旋转气缸组成的砧木夹持与旋转机构；由接穗切削调整机构、接穗上苗口和接穗切刀组成的接穗切削机构；由接穗夹和接穗夹调整机构组成的接穗夹持机构；由电源、PLC 和电磁阀等组成的控制系统。

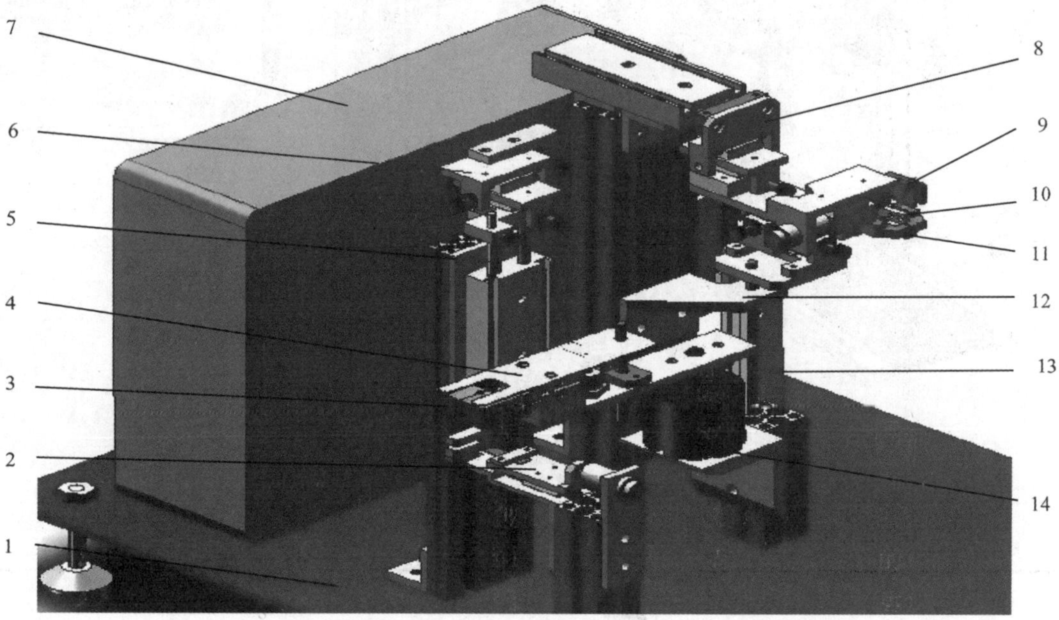

1. 底座　2. 砧木切刀　3. 砧木夹　4. 压苗片　5. 插签　6. 插签调节机构
7. 控制盒　8. 接穗切刀调整机构　9. 接穗上苗口　10. 接穗切刀
11. 接穗夹　12. 接穗夹调整机构　13. 三位气缸　14. 旋转气缸

图 2-11　2JC-450 型旋转嫁接机结构

技术参数详见表 2-4。

表 2-4 2JC-450 型旋转嫁接机技术参数

名称	技术参数
嫁接效率	450 株/h
嫁接对象	西瓜、黄瓜等瓜类蔬菜
自动化程度	半自动式,人工上砧木、接穗苗和卸取嫁接苗
规格	500 mm×400 mm×330 mm
质量	20 kg
使用气压	采用气力为动力,气源压力为 0.3 MPa

2. 工作过程

①嫁接开始时,首先按下复位开关,使嫁接机处于准备工作的状态。此时,砧木夹张开,压苗片上移,砧木打孔机构处于最上端,同时接穗夹张开,三位汽缸处于中位,接穗切削机构缩回。

②按下启动开关,嫁接机开始工作,先在砧木夹与接穗夹两端同时上苗。当砧木完成上苗后,砧木夹闭合,对砧木进行夹持,压苗片下压,保证砧木子叶的展平;同时砧木打孔机构下压,带动插签对砧木进行打孔,砧木断根切刀伸出对砧木进行断根切削。在完成砧木打孔和断根切削后,砧木打孔机构和砧木断根机构恢复到初始状态;当接穗完成上苗后,接穗夹闭合,对接穗进行夹持,同时接穗切刀伸出,对接穗进行切削。

③接穗完成切削后,接穗切削机构伸出,三位气缸上移,带动接穗夹持机构移动到最上端,同时旋转气缸旋转。当感应到霍尔传感器后停止转动,使砧木苗处于接穗夹的下方,准备嫁接。

④砧木位于接穗下方后,三位气缸带动接穗夹持机构下行,完成接穗与砧木的插接结合。

⑤插接嫁接完成后,接穗夹张开,三位气缸带动接穗夹持机构上移至三位气缸中位,同时压苗片上升,砧木夹张开,形成卸苗状态。

⑥人工卸苗后,旋转气缸旋回,接穗切削机构缩回,整个机器回到最初的复位状态,从而完成一个嫁接循环过程。

(三)JS-6 型一组六株蔬菜自动嫁接机

1. 基本结构

该机型的结构由苗盘输送机构、砧木平切机构、砧木劈切机构、接穗推切机构、砧木插接机构、振动排序供夹装置、持送上夹机构、PLC 控制单元及气动系统等组成(图 2-12)。其中苗盘输送机构由 86 步进电机驱动,最大扭矩 8.5 N·m;其他机构由气缸驱动,气源最高压力 0.8 MPa,排气量不低于 60 L/min。

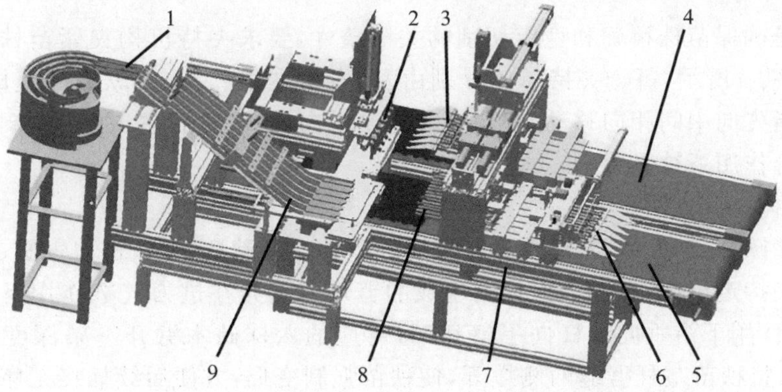

1. 振动排序供夹装置 2. 持送上夹机构 3. 接穗推切机构 4. 接穗苗盘输送带
5. 砧木苗盘输送带 6. 砧木平切机构 7. 机架 8. 砧木劈切机构 9. 嫁接夹输送滑道

图 2-12 JS-6 型一组六株蔬菜自动嫁接机整机结构

工作中，装有砧木与接穗的穴盘分别通过两路穴盘苗输送带按相对方向进给喂入，由砧木与接穗夹持切削机构依次对穴盘内一排六株嫁接苗夹持固定后切削。其中砧木苗需要平切和劈切两刀形成劈缝，接穗苗则由 V 形刀推切一次形成楔形切面。切割后的接穗被移至砧木苗劈缝位置进行精准插接，与此同时，嫁接夹在振动排序供夹装置的作用下完成排序，排好序的六路夹子由持送上夹机构持送到插接好的砧接穗木接口处上夹固定。之后穴盘前进一排，再进行下一排六株苗嫁接，直至完成整盘蔬菜嫁接。整个工作流程形成了“三分路，一结合”的同步运行路线，“三分路”是指砧木、接穗和夹子的三路处理工序，“一结合”是指三分路汇集后通过插接和夹持固定结合为一体。

2. 关键机构设计

(1)砧木平切机构

主要由导引喂入板、限位杆、夹持定位机构、平切刀、平切气缸、横纵向夹持气缸以及输送导向板组成(图 2-13)。苗盘喂入后，六株蔬菜苗经导引喂入板进入到六路输送通道，当苗株到达限位杆处时，夹持定位机构将六株嫁接苗夹持固定，然后平切刀在平切气缸的作用下一次将六株苗平切完成，之后，夹持定位机构松开，苗盘前进，下一排六株苗到达限位杆后再进行夹持与平切，如此循环，直至整盘苗切割完成后，再进行劈切。

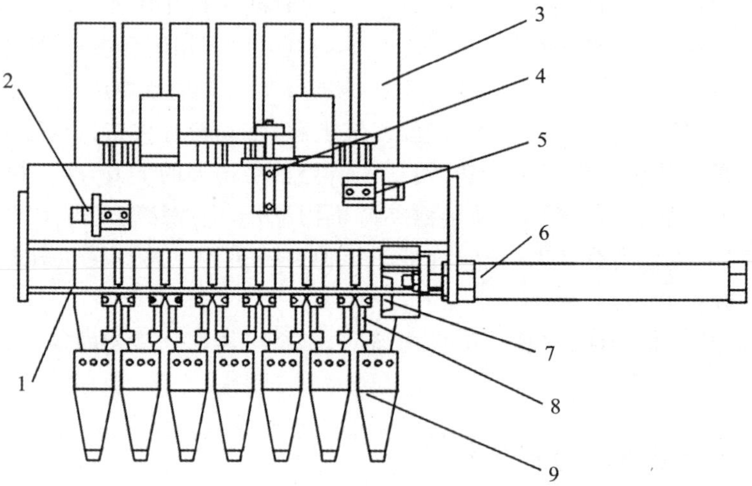

1. 限位杆　2. 左横向夹持气缸　3. 输送导向板　4. 纵向夹持气缸　5. 右横向夹持气缸
6. 平切气缸　7. 平切刀　8. 夹持定位机构　9. 导引喂入板

图 2-13　砧木平切机构

(2)夹持机构

苗株夹持固定是确保苗株精确和稳定切削的关键条件，要求夹持机构夹紧苗株，同时不损伤苗茎。夹持单体结构如图 2-14 所示，每个夹持单体分别由左、右横夹指和左、右纵滑指组成，当苗株到达指定位置后，左、右横夹指先向中间相向移动，将苗株推送到纵向中线，之后左、右纵滑指同时沿纵向滑移，苗株在四指斜面的联合作用下被夹紧。

(3)砧木劈切机构

砧木劈切机构如图 2-15 所示，主要由夹持机构、劈切刀组、劈切气缸、进刀气缸、劈切刀架组成。六株平切后的砧木被夹持定位后，由 6 个劈切刀组成的劈切刀组先在进刀气缸作用下沿进刀导轨向前进刀，然后在劈切气缸作用下沿垂向导杆向下劈切，将对应的六株砧木劈开一条深度为 15 mm 的缝隙。劈切刀采用 V 形刀，将秧苗茎秆劈缝两侧撑开，使秧苗强制变形，方便后续插接工序进行。

(4)接穗推切机构

接穗推切要求将苗株切为高 10 mm 的楔形切面。传统切削需要通过两次斜切完成，为减少机构复

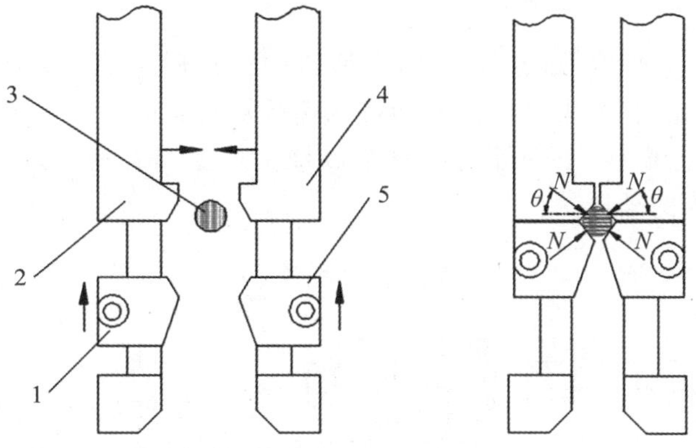

1. 左纵滑指　2. 左横夹指　3. 苗株　4. 右横夹指　5. 右纵滑指

图 2-14　夹持单体结构

杂度，将接穗切削简化为刀刃在一侧的 V 形刀推切接穗，一次完成切削。切削机构如图 2-16 所示，主要由推切气缸、推切刀组和上、下夹持机构等组成。当接穗苗株进入切削位置后，分别由上、下夹持机构将苗株固定，V 形推切刀在推切气缸的作用下将接穗切断，上夹持机构将切成楔形断面的接穗移至砧木上端进行插接。

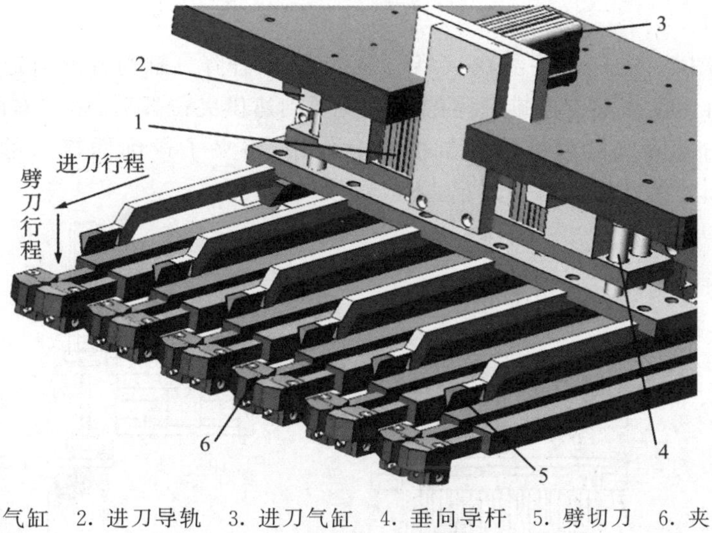

1. 劈切气缸　2. 进刀导轨　3. 进刀气缸　4. 垂向导杆　5. 劈切刀　6. 夹持机构

图 2-15　砧木劈切机构

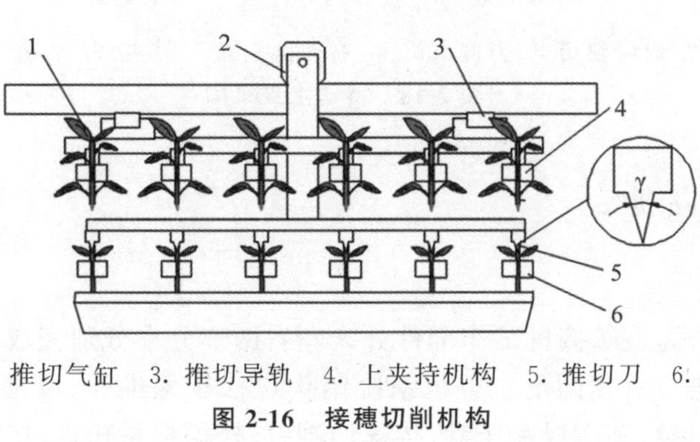

1. 接穗　2. 推切气缸　3. 推切导轨　4. 上夹持机构　5. 推切刀　6. 下夹持机构

图 2-16　接穗切削机构

(5)砧木插接机构

砧木插接机构如图 2-17 所示,砧木劈切后,夹持机构仍保持夹紧状态,劈切位即为插接位,不需要再次夹持定位。接穗切削完成后,则由上夹机构将六株接穗切削苗分别在升降气缸、横移气缸的联合作用下,由接穗推切位经起升、横移、下降等动作移至插接位正上端后垂直插入砧木劈切口,V 形劈接刀后撤退刀,完成接穗与砧木的插接。

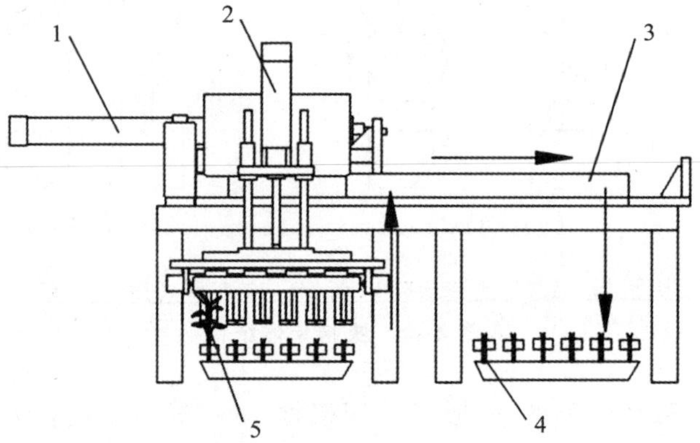

1. 横移气缸 2. 升降气缸 3. 横移导轨 4. 砧木 5. 接穗

图 2-17 砧木插接机构

(6)持送上夹机构

持送上夹机构如图 2-18 所示,主要由夹指与夹指气缸、升降气缸与升降轨道、推送气缸与推送轨道等组成,可实现 3 个自由度运动。当排好序的六路夹子到达供夹位置后,由左右两个夹持气缸控制六组夹指将夹子夹起,再由升降气缸与推送气缸的联合作用,将夹子送到插接好的六株砧穗木的插接位置,夹指气缸松开后夹子将砧穗木夹持固定,完成嫁接动作。

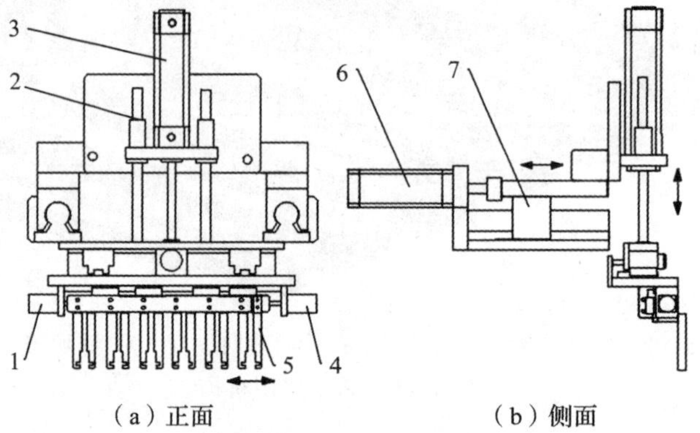

(a) 正面 (b) 侧面

1. 左夹指气缸 2. 升降轨道 3. 升降气缸 4. 右夹指气缸 5. 夹指 6. 推送气缸 7. 推送轨道

图 2-18 持送上夹机构

(四)卧式蔬菜苗嫁接机

1. 基本结构

采用双向切割对接技术,将嫁接机工作部件分为左右两部分来分别完成砧木和接穗的夹持、切削动作,然后将其推送至中间进行对齐固定。整机系统结构包括接穗推杆、接穗割刀、砧木夹子、砧木切割台、砧木割刀、砧木推杆、机架、砧木根系托盘、接穗切割台、接穗根系托盘、接穗夹子(图 2-19)。

嫁接机采用半自动作业方式,需要人工将秧苗按照特定姿态放置于操作台上,然后触发传感器来启动后续夹持、切削、推送等工序。具体工作步骤：操作员确定砧木切割部位，将其平放在砧木操作台的光电开关卡槽里以触发开关，之后用夹子夹持砧木苗，割刀垂直完成切割，推杆将砧木向前推送。以同样的工序完成接穗苗的放置、夹持、切割，然后用推杆向前推送接穗苗，使其与砧木进行对接贴合。最后，人工使用夹子完成砧木-接穗固定，然后夹子松开，操作员取走嫁接苗，割刀、推杆全部复位，等待下一次嫁接操作。

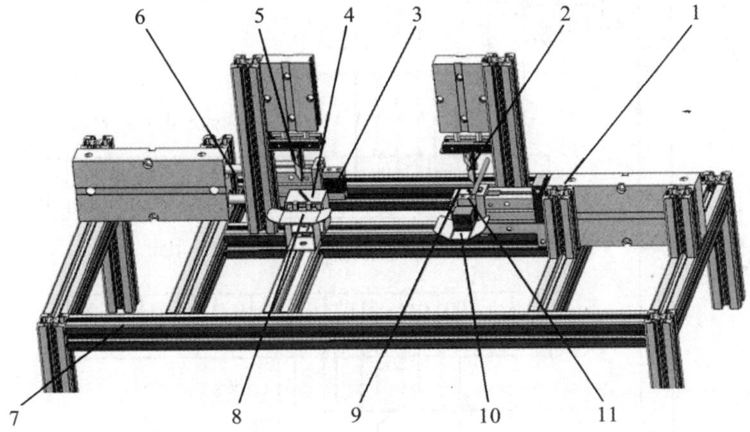

1. 接穗推杆　2. 接穗割刀　3. 砧木夹子　4. 砧木切割台　5. 砧木割刀　6. 砧木推杆
7. 机架　8. 砧木根系托盘　9. 接穗切割台　10. 接穗根系托盘　11. 接穗夹子

图 2-19　卧式蔬菜苗嫁接机系统结构

2. 控制系统设计

(1)硬件设计

动力系统方面，本机设计采用气动驱动方式。与电动推杆、丝杆等元器件相比，气动系统具有动作迅速、平稳等优势，且控制简单。气动系统需要 4 个双杆气缸和 2 个气动夹，其中气动夹用于夹持秧苗，夹持力 42 N；气缸用于砧木、接穗切削和推送对接，其中推送气缸推力为 196 N，割刀气缸推力为 82 N。每个气动元器件装有 2 个单向节流阀，用于调节气缸伸缩速度。为了实现嫁接机的自动化作业，使用 6 个二位五通电磁阀对气缸进行控制。气动系统原理如图 2-20 所示，根据各个气动元件的工作气压要求，以及不同气压下的气缸工作效果，确定系统的额定工作气压为 0.60～0.65 MPa。

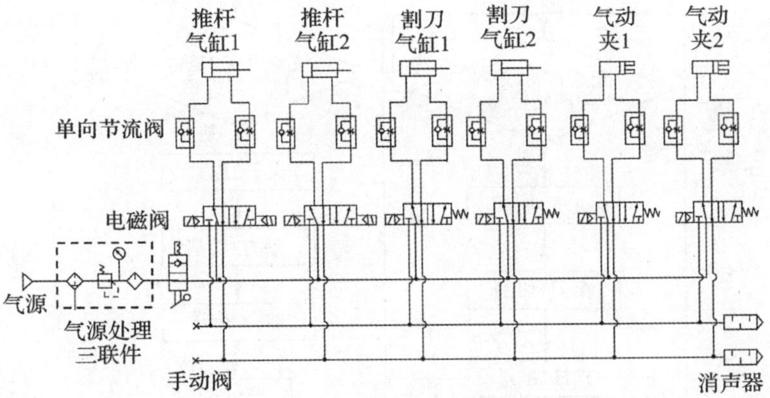

图 2-20　气动系统原理

控制系统设计方面，需要根据信号输入，按照作业流程进行指令输出，以驱动继电器和电磁阀开闭，从而实现气动元件按预定时序动作。控制系统硬件包括中央控制单元、输入模块、输出模块和电路保护元件 4 部分。电路设计如图 2-21 所示，220 V 电源经过断路器后给 PLC 控制器供电，并通过变压器降压为 24 V 后为其他元器件供电。PLC 输入端与输入模块连接，主要采用光电开关、磁性开关及按钮，传感器工作电压为 24 V。输出端与输出模块连接，包括工况指示灯、中间继电器和电磁阀。中间继电器与电磁阀连接，发挥远程开关作用，基于 PLC 通断信号控制电磁阀的开闭。

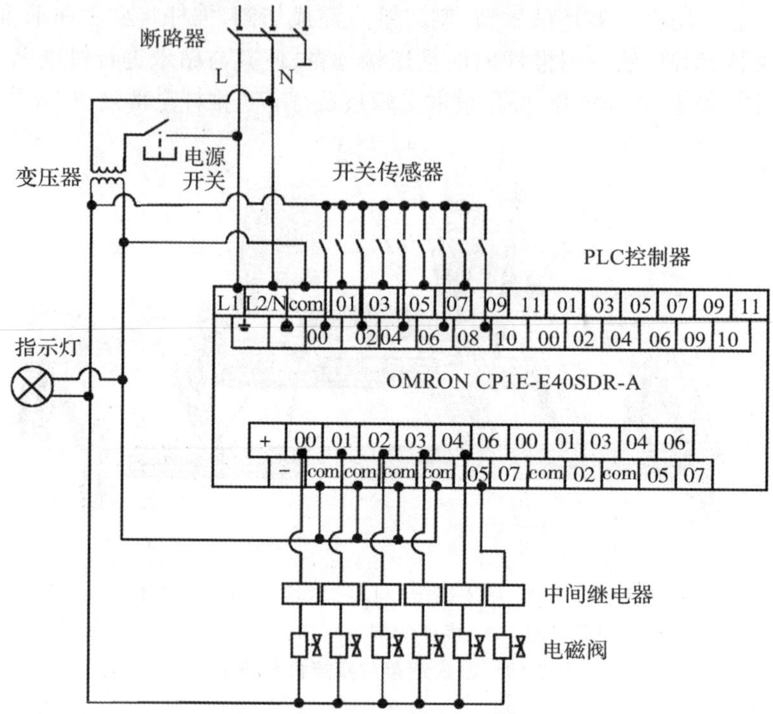

图 2-21　电路设计接线示意图

(2)软件设计

控制系统采用梯形图编译程序，使用 CX-Programmer 软件编写、调试和下载程序模块。根据检测内容需求和系统工作运行要求，程序编写采用模块化设计。嫁接机控制流程程序设计如图 2-22 所示。

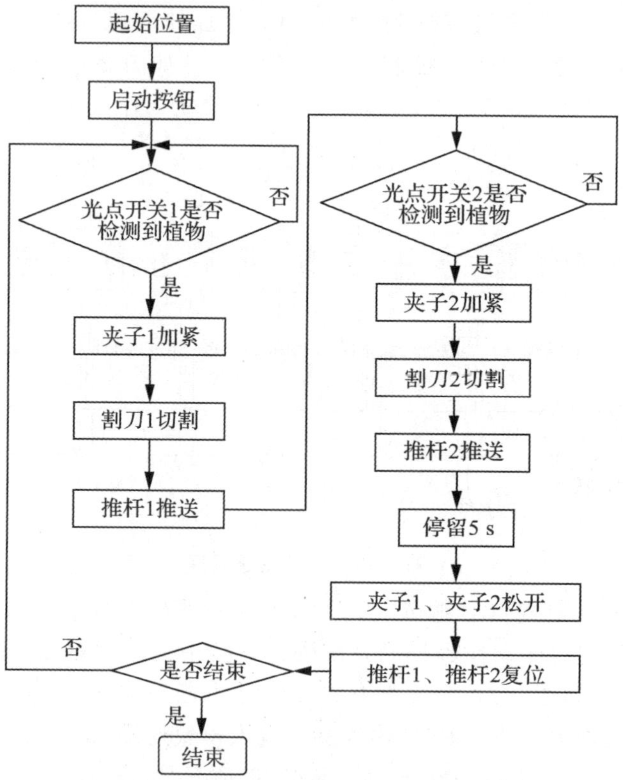

图 2-22　嫁接机程序设计流程图

工作时打开启动按钮，U 型槽光电开关 1 开始检测卡槽处是否有接穗苗，若没有接穗苗则重复进行检测，若有接穗苗则输出控制信号接通中间继电器，进而控制电磁阀使气动夹 1 闭合。闭合动作触发割刀磁性开关，以相同原理驱动割刀 1 气缸垂直向下伸出进行剪切后立即缩回。剪切动作继而触发推送气缸磁性开关，推杆气缸 1 伸出将切削好的秧苗推向中间。此时，U 型槽光电开关 2 检测卡槽处是否有砧木苗，按照同样的流程控制气动夹 2 闭合，割刀气缸 2 和推杆气缸 2 伸出。在推杆气缸 1 和推杆气缸 2 均伸出时系统开始计时 5 s，等待人工固定；定时器时间到，夹子 1 和夹子 2 张开，推杆 1、推杆 2 缩回，嫁接流程完毕，系统全部复位，进行下一轮检测。

任务评价

以学习小组为单位，按照项目、内容和标准进行评价，见表 2-5。

表 2-5　嫁接设备的认知评价标准

评价项目	评价内容	评价标准
嫁接机的不同分类	知识要点	正确理解、叙述嫁接机的不同分类方法
常用的嫁接机种类	知识要点	正确理解、叙述常用嫁接机的种类
各类嫁接机的运作原理	知识要点	正确理解、叙述各类嫁接机的运作原理

任务巩固

1. 国内外常见的嫁接机有哪些种类？列举几种主要嫁接机类型。
2. 常见嫁接机的工作原理有哪些？
3. 比较分析人工嫁接与机器嫁接的异同点。

项目二　设施园艺移栽定植技术与装备

【知识目标】

了解菜地选择的基本原则，掌握菜地规划的主要内容；熟悉做畦的基本要求；熟悉定植密度如何确定，掌握定植技术的主要方法；熟悉栽植机械的种类；了解各类栽植机械的工作原理。

【技能目标】

能熟练进行作物栽培畦的制作；能熟练进行作物的定植；能进行移栽机的基本操作和作物定植。

【学习提示】

结合农业生产实际，深入田间了解栽培畦的特点，熟练掌握定植方法与技术要求。

任务一　设施园艺菜地的规划

任务描述

了解菜地规划的基本原则与基本方法，熟悉菜地规划的基本内容。

任务分析

菜地规划是指对蔬菜生产基地中的生产用地、防护林、道路和灌溉排水工程等进行全面统一规划，使田、沟、渠、路、林配套。菜地规划的目的是便于机械化耕作，系统轮作，对排灌进行统一安排，合理配置田间道路和农田防护林带，便于采后保鲜，净菜上市，就地批发与运销。平地和坡地的菜地规划应有所不同。

知识链接

一、菜地规划

1. 菜地区划

菜地一般由田间道路、固定渠道或地埂分割形成。规模较大的蔬菜生产基地应进行菜地区划，根据蔬菜生产特点和排灌运输等机械化要求，结合水利建设、道路改造来平田整地，将大小不一、高低不平的田块平整化，实现菜地的园田化。园田化是蔬菜生产基地建设的重要方向，便于适应机械化作业和统一安排田间排灌渠道及田间道路。

同一田区内应土地平整，坡度一致。田区多为长方形，长宽比为(2～5)∶1，有利于农机具沿长边作业，山地和丘陵地的小区长边必须与等高线平行；面积与耕作机械相适应，一般为 1.0～1.5 hm^2，江南在以小型拖拉机为运输工具的条件下，多采用 50 m×100 m、50 m×50 m 的规格。坡度较大的丘陵区必须修成梯田，以利于保水、保肥、保土。菜地道路应尽量利用现有的交通干线，有利于产品和生产资料的运输。

2. 道路系统

大中型蔬菜生产基地的道路系统由干路、支路和小路组成，干路外接公路、内连全园，通常设置在各大区之间，一般宽 6～8 m，以并行两辆汽车为宜。支路一般宽 4～6 m，连接干路和小路。小路以人行为主或能过小型拖拉机，一般宽 2～3 m。

3. 排灌系统

蔬菜既需勤灌，又怕涝渍，因此其排灌系统设计标准比大田高，要求日降水量 300 mm 能及时排出，百日无雨需保证灌溉，地下水位在 1.0～1.5 m 以下。排灌系统的规划应充分考虑灌溉方式，如沟灌、喷灌、滴灌、地下渗灌等。为了节约用地和用水，目前排灌系统向地下沟灌、地面喷灌及滴灌等节水灌溉发展。

沟灌的输水干线尽量埋设地下水泥管道，喷灌和滴灌则应考虑天然降水的排水问题。灌水包括水源和灌水系统两部分。排水系统应与当地的地形、地貌、水文地质条件相适应。排水系统的总出路应充分利用自然的排水河流，排水沟渠应考虑地面坡度、地下水径流情况、地下水矿化度等。为确保排灌适时，应保证机、电设备配套，建立机械扬水站或电力排灌站，形成能排能灌的菜地排灌系统，增强蔬菜生产抗御自然灾害的能力。

4. 保护林带

风沙较大的菜地必须建立防护林带，以降低风速、削弱风力，保持良好的菜地小气候，改善蔬菜生产环境条件。规划防护林带时，主林带与风向垂直，副林带与主林带垂直。另外，建立防护林时，应当把一些生产、生活建筑与林带有机结合，统筹安排。

5. 其他附属设施

现代大中型蔬菜生产基地，为了适应现代化蔬菜生产管理的需要，还要进行相应的配套设施的规划，包括办公室、堆料场、农具库、车库、供电系统、采后包装保鲜车间及其他附属设施等。

实训　菜地规划

一、目的与要求

通过对蔬菜批发市场或集贸市场的调查，了解上市蔬菜种类、来源、价格、销售量等情况。通过对当地蔬菜生产基地的调查，掌握菜地建设时应考虑的环境因素，了解菜地环境的基本情况，并能给予科学合理的评价，同时能为蔬菜生产基地规划、生产计划制定提供参考。

二、材料与用具

记录本、笔、计算机等。

三、实施过程

1. 布置任务

布置菜地规划及生产计划任务(具体任务要求参考任务描述，各地根据实际条件调整)，小组协作完成，每小组 3～4 人。

2. 调查蔬菜市场

选择就近的蔬菜批发市场、农贸市场、生鲜超市，进行蔬菜市场实地调查，了解当地蔬菜市场供需情况,包括上市蔬菜种类、来源、价格、销售量等情况。

3. 调查菜地环境

采取实地调查与查阅文献资料相结合的方式,对当地的某一蔬菜生产基地生产条件进行调查,调查内容主要包括菜地的地理交通位置、气候条件、土壤状况、水体环境条件、排灌条件等。

4. 撰写调查报告

对调查资料进行整理分析,撰写调查报告。调查报告应对所调查的蔬菜市场、菜地环境条件进行总体介绍,并给出科学合理的评价,一般包括调查的目的、意义、调查情况以及结论等。

5. 蔬菜生产基地规划

依据该生产基地的功能定位,结合实际环境条件和投资条件,确定基地功能分区,在此基础上进行种植用地区划,设计安排道路系统、排灌系统、防护林带及其他辅助设施。

任务评价

以学习小组为单位,按照项目、内容和标准进行评价,见表 2-6。

表 2-6 设施园艺菜地的规划

评价项目	评价内容	评价标准
菜地规划的概念	知识要点	正确理解、叙述菜地规划的概念
菜地规划的基本原则	知识要点	正确理解、叙述菜地规划的基本原则
菜地规划的基本方法	知识要点	正确理解、叙述菜地规划的基本方法

任务巩固

1. 什么是菜地规划?
2. 菜地规划的基本原则与方法有哪些?
3. 若需对一块菜田进行规划,请简述规划方式。

任务二 | 设施园艺菜地做畦技术

任务描述

学习设施园艺菜地的做畦方法与基本操作。

任务分析

完成上述任务,需要熟悉菜地土壤耕作的时间和方法,掌握土壤耕作的操作要点及定植前的整地做畦技术。根据蔬菜种类、当地气候条件、土壤条件、栽培管理水平等综合因素选择适宜的菜畦类型。

知识链接

一、土壤耕作的任务

1. 改善耕层物理性质

土壤耕作可使土壤耕层疏松，土壤总孔隙和非毛细管孔隙增加，提高土壤的透水性、通气性和保水性。还可以提高土壤温度，促进土壤微生物活动，加速土壤有机物分解，提高土壤中有机养分含量，改变耕作层土壤的气、液、固三相比例，调节土壤的水肥气热等状况。

2. 保持耕层团粒结构

团粒结构是土壤肥力的基础，它能协调土壤中水分、空气和营养物质之间的关系，改善土壤理化性质。土壤耕作既可以打破土壤板结，又可以使耕层上层丧失结构性的土壤和下层具有较好结构的土壤交换，从而使耕层团粒结构得以保持。

3. 正确翻压绿肥和有机肥

土壤耕作过程中，正确翻压绿肥、有机肥以及无机肥，创造肥、土相融的耕层，促进其分解转化，可以减少肥料的损失，增加土壤肥效，改良土壤的理化性质。

4. 清除田间枯枝败叶

结合土壤耕作，可以清除田间残根、杂草、残株落叶等，消灭多年生杂草的再生能力。

5. 掩埋带菌体及虫卵

深翻可以掩埋带菌体及虫卵，改变其生活环境，减轻蔬菜病虫害，保持田间清洁。

6. 平整土地与压紧表面

通过土壤耕作，平整土地与压紧表面，为蔬菜播种、种子发芽、幼苗定植等创造"上松下实"的优良生长环境条件。

二、做畦技术

土壤翻耕之后，还要进行整地做畦，主要目的是控制土壤中的含水量，便于灌溉和排水，另外对土壤温度、空气条件也有一定改善，还可以减轻病虫害发生。结合整地做畦，施入基肥（主要是有机肥）是生产中常采用的方式。

（一）菜畦主要类型

1. 平畦

畦面与田间通道相平，地面平整后不特别筑成畦沟和畦埂。适宜排水良好、雨量均匀、不需经常灌溉的地区。采用喷灌、滴灌、渗灌等现代灌溉方式时也可采用平畦。平畦的主要优点是减少畦沟所占面积，提高土地利用率。南方雨水多、地下水位高的平地不宜采用。

2. 高畦

畦面高于田间通道。在降水多、地下水位高或排水不良的地方，为了减少土壤水分，多采用高畦，如成都平原地区。但是，畦面过高，灌水时不易渗到畦中心，容易造成畦内干旱；畦面过宽不利于排水；畦面过窄则增加畦沟数目，减少土地利用面积。南方多雨地区或地下水位高、排水不良的地区多采用深沟宽高畦，一般畦面宽 1.8～2.0 m，沟深 23～26 cm、宽约 40 cm。北方干旱，多采用深沟窄畦，一般畦面高 10～15 cm、宽 60～80 cm。

高畦的主要优点：一是加厚耕层；二是排水良好，土壤透气性好，有利于根系发育；三是灌水不超过畦面，可减轻通过流水传播的病害蔓延；四是提高地温，有利于早春蔬菜及茄果类、瓜类、豆类等喜温蔬菜生产；五是南方夏季采用深沟高畦，沟内存水可降低地温。

3. 低畦

畦面低于地面，田间通道高于畦面。适宜于地下水位低、排水良好、雨量较少的地区或季节，如秦岭淮河以北地区。栽培密度大且需经常灌溉的绿叶蔬菜、小型根菜栽培畦及蔬菜育苗畦等，也多用低畦。低畦的主要优点是有利于蓄水和灌溉；缺点是灌水后地面容易板结影响土壤透气，从而阻碍蔬菜生长，也容易传播病害。

4. 垄

垄是一种较窄的高畦，表现为底宽上窄，垄面呈弧形，一般垄底宽 60～70 cm，顶部稍窄，高约 15 cm。我国北方多用垄栽培行距较大又适于单行种植的蔬菜，如大白菜、结球甘蓝、瓜类、豆类等。用于春季栽培时，地温容易升高，利于蔬菜生长；用于秋季蔬菜生长时，有利于雨季排水，且灌水时不直接浸泡植株，可减轻病害传播。灌水时水分从垄的两侧渗入，土壤湿度较高，畦灌水充足而均匀。

（二）做畦技术

做畦一般跟土壤耕作结合进行，在土壤耕翻后，根据栽培需要确定合理的菜畦类型及走向，按照栽培畦的基本要求做畦。

1. 畦的走向要求

畦的走向直接影响植株的受光、光在冠层内的分布和通风情况、热量、地表水分等，应根据地形、地势及气候条件确定合理的畦向。在风力较大的地区，畦的方向应与风向平行，利于畦间通风及减少台风危害；地势倾斜的地块，应以有利于保持土壤水分和防止土壤冲刷为原则来确定畦向。当植株的行向与栽培畦的走向平行时，南方地区蔬菜栽培则多采用南北走向做畦，可使植株接受更多的阳光和热量。

2. 畦的基本要求

第一，土壤要细碎。整地做畦时，保持畦内无坷垃、石砾、薄膜等各种杂物，土壤必须细碎，这样有利于土壤毛细管的形成和根系吸收。

第二，畦面应平坦。平畦、高畦、低畦的畦面要平整，否则浇水或雨后湿度不均匀，导致植株生长不整齐，且低洼处易积水。垄的高度要均匀一致。

第三，土壤松紧适度。为了保证良好的保水保肥性及通气状况，做畦后应保持土壤疏松透气，但在耕翻和做畦过程中也需适当镇压，避免土壤过松，大孔隙较多会导致浇水时出现塌陷，从而使畦面高低不平，影响浇水和蔬菜生长。

实训 | 整地做畦

一、目的与任务

掌握整地做畦的技术要求；掌握中耕（松土）、除草、培土、地面覆盖等土壤管理方法。

二、材料与用具

各种生长期的蔬菜、肥料、地膜、土壤耕作机具等。

三、实施过程

（一）整地做畦

（1）学生分组进行土壤翻耕，翻耕过程中施入基肥，翻耕后将地块耙细整平。
（2）根据待定植的蔬菜秧苗种类及栽培季节，选择适宜的菜畦类型，确定适宜的菜畦走向。
（3）按照菜畦的基本要求和所选菜畦的具体要求做畦。

（二）土壤管理

分成若干个小组，每小组3～4人，根据实际情况各组安排一种以上蔬菜，按照下列步骤完成中耕、除草、培土、地面覆盖等土壤管理工作。

1. 中耕

每个小组对相应蔬菜进行中耕，注意中耕的深度应根据蔬菜根系的分布特点和再生能力决定，如黄瓜、葱蒜类根系较浅，再生能力弱，应进行浅耕；番茄、南瓜根系较深，再生能力强，宜深耕。

2. 除草

除草的方式主要有三种，即人工除草、机械除草和化学除草。应根据蔬菜种类和实际的生产条件选择恰当的除草方式。

3. 培土

培土对不同种类的蔬菜有不同的作用。操作过程中，注意培土的厚度、挖沟的深度。

4. 地面覆盖

分别采用稻草、地膜覆盖土壤。注意覆盖后，需要用一定量的泥土压紧、压实。

任务评价

以学习小组为单位，按照项目、内容和标准进行评价，见表2-7。

表2-7　设施园艺菜地的做畦技术

评价项目	评价内容	评价标准
土壤耕作的任务	知识要点	正确理解、叙述土壤耕作的任务
畦的规划与设计	知识要点	正确理解、叙述畦的种类
做畦技术	操作步骤及测试结果	操作正确，畦面平整

任务巩固

1. 土壤耕作的任务有哪些？
2. 菜畦主要类型有哪些？简述做畦的基本要求？
3. 给定一种蔬菜，请阐述如何根据蔬菜的特点做畦。

任务三 设施园艺定植技术

任务描述

掌握设施园艺的定植技术。

任务分析

在设施培育的蔬菜幼苗长到一定大小后，将其从苗床中移植到菜地的过程，称为定植。科学合理的定植技术能促进幼苗定植后迅速缓苗，保证蔬菜良好的生长，为优质、高产打下基础。

知识链接

一、定植前的准备

在定植前应该做好土地和秧苗的准备工作。整地做畦后定植前，按照确定的行株距开沟或挖定植穴，施入适量腐熟的有机肥和复合肥，与土拌匀后覆层细土，避免定植后秧苗根系与肥料直接接触。选择适龄幼苗定植，苗过小不易操作，过大则伤根严重，缓苗期长。一般叶菜类以幼苗具5～6片真叶为宜；瓜类、豆类根系再生能力弱，定植宜早，瓜类多在5片真叶时定植，豆类在具2片对称子叶，真叶未出时定植；茄果类根系再生能力强，可带花或带果定植，但缓苗期长。定植前对秧苗进行蹲苗(适当控制浇水)锻炼，可提高其对定植后环境条件的适应，减少缓苗期。

二、定植时期

由于各地气候条件不同，蔬菜种类繁多，各地应根据气候与土壤条件、蔬菜种类、产品上市时间及栽培方式等来确定适宜的播种与定植时期。设施栽培的定植时期主要依据产品上市的时间、幼苗大小、土地情况及设施保温性能而定。

三、定植密度

定植密度因蔬菜的株型、开展度以及栽培管理水平、环境条件等不同而异。合理密植就是在保证蔬菜正常生长发育前提下，尽量增加定植密度，充分利用光、温、水、土、气、肥等环境条件，提高蔬菜产量及品质。在同等气候及土壤条件下，爬地生长的蔓生蔬菜定植密度应小，搭架栽培密度则应大；丛生的叶菜类和根菜类定植密度宜小；早熟品种或栽培条件不良时，定植密度宜大，而晚熟品种或适宜条件下栽培的蔬菜定植密度应小。

四、定植方法

在适宜的定植时期，根据定植密度，选择适宜的时间进行定植，定植方法有明水定植法与暗水定植法。

(1)明水定植法

先按行、株距挖穴或开沟栽苗，栽完苗后及时浇定根水，这种定植方法称为明水定植法。该法浇水量大，地温降低明显，适用于高温季节。

(2)暗水定植法

分为座水法和水稳苗法两种。

①座水法　按株行距开穴或开沟后先浇足水，将幼苗土坨或根部置于泥水中，水渗下后再覆土。该

定植法速度快，还可保持土壤良好的透气性，促进幼苗发根和缓苗等，成活率较高。

②水稳苗法　按株行距开穴或开沟栽苗，栽苗后先少量覆土并适当压紧、浇水，待水全部渗下后，再覆盖干土。该法既能保证土壤湿度要求，又能增加地温，利于根系生长，适合于冬春季定植，一般秧苗、带土移栽及各种容器苗定植多采用此法。

实训 | 蔬菜定植操作

一、目的与任务

熟悉蔬菜定植的技术要点，掌握蔬菜定植的时期及方法。

二、材料与用具

待定植的蔬菜秧苗、肥料、地膜、农具等。

三、实施过程

1. 定植前准备工作

（1）根据实际生产任务中规定的蔬菜种类、生产季节、土地面积选择适宜的定植时间、菜畦类型、走向及做畦规格，并确定定植蔬菜的株行距，计算所需种苗数量，购买或提前培育菜苗，准备其他农资及工具。

（2）学生分组完成定植前的整地做畦工作，结合土壤翻耕施入基肥，翻耕后将地块耙细整平，按照做畦的基本要求和选择菜畦的具体要求进行做畦，根据气候情况选择是否覆盖地膜及地膜种类。

2. 定植过程

（1）按照定植蔬菜的种类、生产季节等选择适宜的定植方法。

（2）根据待定植蔬菜的定植密度，按株行距挖定植穴，取秧苗定植，定植后再浇水。

3. 定植后管理

定植完毕后，进行定植后的管理。

任务评价

以学习小组为单位，按照项目、内容和标准进行评价，见表 2-8。

表 2-8　设施园艺的定植技术

评价项目	评价内容	评价标准
定植的概念	知识要点	正确理解、叙述定植的概念
定植前的准备	知识要点	正确理解、叙述定植前的准备
定植的方法	操作步骤及测试结果	操作正确，定植效率高

任务巩固

1. 简述定植的概念。

2. 定植前要做哪些准备工作?
3. 给定一种蔬菜,请简述如何根据蔬菜的特点进行定植。

任务四 | 种苗栽植机械认知

任务描述

了解国内外种苗栽植机械的主要类型,了解种苗栽植机械的设计思路。

任务分析

随着机械化不断地发展,通过机械移栽可以大大提高移栽效率,降低劳动力成本。研究蔬菜钵苗高速移植装备的低损耗机理及关键技术,实现蔬菜的机械化和自动化,是我国蔬菜产业发展的迫切需要,对我国蔬菜大规模生产具有重要的现实意义。

知识链接

栽植机的种类很多,按秧苗的种类可分为裸苗栽植机和钵苗栽植机;按自动化程度可分为人力栽植机、半机械化栽植机和全自动栽植机;按栽植器的形式又可分为链夹式、钳夹式、挠性圆盘式、吊篮式、导苗管式和带式等栽植机。目前国内外广泛使用的栽植机绝大多数是人力栽植机和半自动化栽植机。

一、栽植机工作原理

栽植机工作原理主要分为以下几种。

1. 钳夹式移栽机的工作原理

人工将秧苗夹在转动的钳夹上,秧苗随着栽植盘运动,当到达栽植位置时,苗夹由控制机构打开,使秧苗落入苗沟中,然后覆土,完成移栽作业。主要工作部件有栽植盘、摆指、转指、扭转弹簧、凸轮和橡胶弹性秧爪。

2. 挠性圆盘式移栽机的工作原理

由两片可变形的挠性圆盘夹持秧苗,人工将秧苗喂入植苗输送带的槽内,输送带将秧苗喂入栽植器中,当栽植器运动到栽植位置时,把秧苗栽入开沟器开出的沟中。主要工作部件有电子监测器、植苗输送带和植苗挠性圆盘。

3. 吊篮式移栽机的工作原理

人工将秧苗放入旋转到上方的吊篮内,栽植器随偏心圆盘转动到最低点时,固定滑道使栽植器下部打开,钵苗落入沟内,随后覆土,完成移栽作业。主要工作部件有吊篮式喂苗机构和偏心圆盘等。

4. 导苗管式移栽机的工作原理

由喂苗机构间歇向导苗管投苗,秧苗在苗管内做自由落体运动,进入开沟器开出的苗沟中,并覆土完成移栽。主要工作部件有导苗管。

5. 鸭嘴式移栽机的工作原理

由喂苗盘将秧苗喂入鸭嘴式栽植器中,栽植器在多杆机构带动下完成开穴、栽植、回转等工作,随后镇压轮覆土完成移栽作业。主要工作部件有鸭嘴栽植器、多杆式驱动机构和喂苗盘。

二、常用栽植机类型

目前常用的栽植机有以下几种。

1. 钳夹式秧苗移栽机

(1)主要结构

钳夹式秧苗移栽机的结构如图 2-23 所示。主要由牵引机架总成、传动系统、栽种器总成、苗盘架及减震器等组成。其中,通过更换机架横梁的长短,可安装多个栽种器总成,实现多行栽种作业,配套不同工作机件,还能完成浇水、喷药、覆膜等多种作业。该移栽机每小时可移栽 5 000～8 000 株,每天可栽植 30 亩以上(单机头计算)。如果使用三机头移栽机,每天可移栽 100 亩以上。移栽费用大大降低,作物生长成熟期一致,便于田间管理,产量增加,经济效益明显提高。

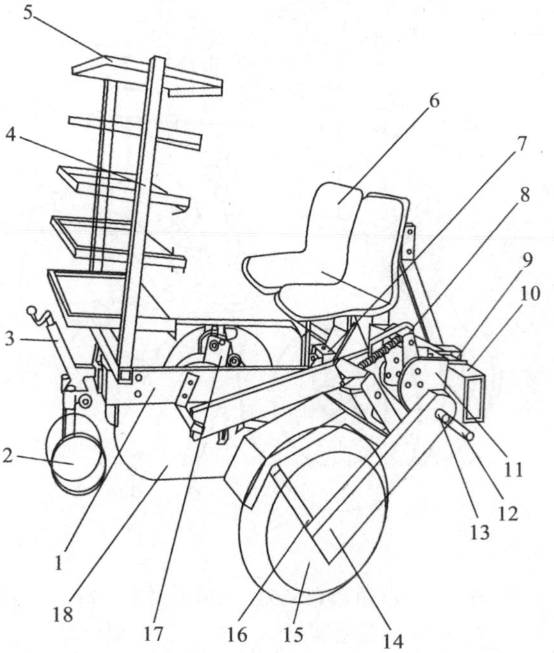

1. 连接板　2. 覆土镇压轮　3. 覆土调整器　4. 苗盘架　5. 苗盘　6. 座椅
7、8. 支架　9. U 形螺栓　10. 牵引机架总成　11. 苗深调节器　12. 传动轴　13. 链轮 zb
14. 链轮 za　15. 地轮　16. 主动轮支架　17. 轴　18. 栽种器总成

图 2-23　钳夹式秧苗移栽机

(2)工作过程

工作时该机器悬挂于拖拉机上,由拖拉机牵引进行工作。移栽机上的两地轮转动,通过链轮、链条和转动轴带动栽苗器旋转。利用偏心轮机构、连杆机构和凸轮机构使栽苗器钳嘴完成开穴、置苗工序,随后覆土轮进行覆土镇压工作,从而完成整个栽植过程。

该机具主要用于钵体植物苗、蔬菜苗、瓜果苗和块状种子等农作物的栽种,例如烟苗、茄子、甜菜、辣椒、西红柿、哈密瓜、菜花、莴笋、卷心菜、黄瓜、西瓜、玉米苗、红薯苗、甜叶菊、菊花和棉花、土豆、芋头等作物,都可用该机具栽植作业。该机具既适合大面积多行农场栽植,又适合丘陵、大棚内秧苗的移栽。但使用该移栽机作业时必须在旋耕耙细后的土壤田内使用,否则将损坏机器。

2. 旱地膜上自动移栽机

可用于穴盘辣椒苗和番茄苗的种植,该机悬挂在拖拉机上,由拖拉机牵引行走作业。

(1)主要结构

如图 2-24 所示,旱地膜上自动移栽机主要由传动及行走、覆土、气路、移盘、取苗掷苗、投苗、打穴、栽植、镇压九个系统组成。在机架前部连装有牵引架、压缩机、储气罐、皮带轮和齿轮箱,皮带轮连动压缩机,压缩机与储气罐联通。皮带轮、齿轮箱、旋刀按顺序连动。

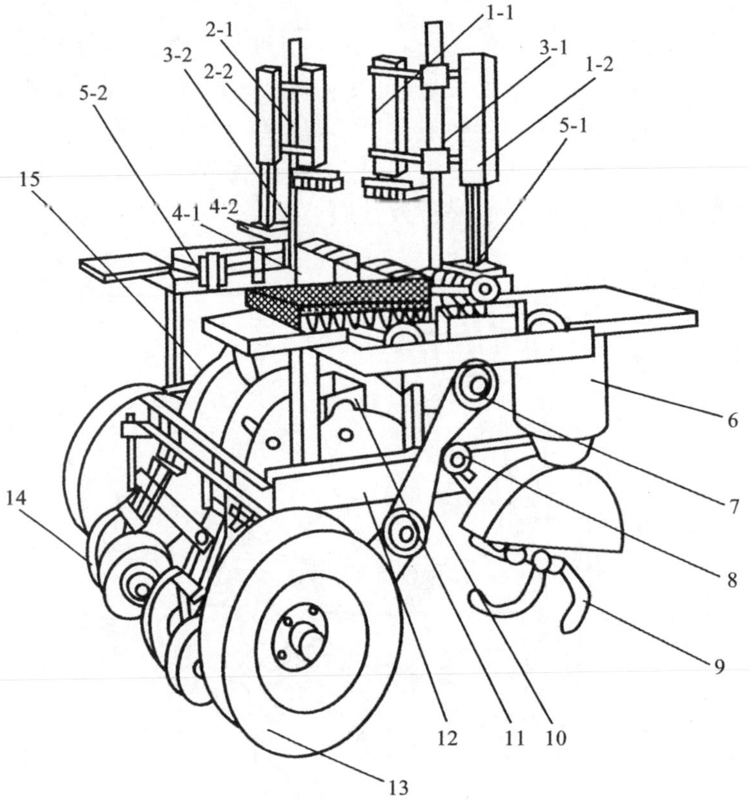

1. 取苗掷苗装置(机械手 1-1、1-2) 2. 取苗掷苗装置(机械手 2-1、2-2) 3. 间歇齿轮箱旋转轴(3-1、3-2) 4. 分苗掷苗装置(4-1、4-2) 5. 一钵盘移动装置(5-1、5-2) 6. 储气罐 7. 间歇齿轮箱 8. 张紧轮 9. 覆土装置 10. 链条 11. 鸭嘴杯 12. 机架 13. 行走轮 14. 镇压轮 15. 移栽器

图 2-24 旱地膜上自动移栽机

(2)工作过程

由拖拉机后动力输出轴带动移栽机前万向节传动轴转动,通过上变速箱输出动力带动气泵和覆土装置。打开 PLC 控制开关,PLC 开始工作,通过接近开关和电磁阀控制取苗掷苗机构的气缸、穴盘移动机构气缸和分苗箱控制开关气缸有序工作。通过链轮、链条和转动轴带动间歇齿轮箱的工作,取苗掷苗机构的旋转,移栽机上的两地轮转动。利用偏心轮机构、连杆机构和凸轮机构使吊杯完成打孔、栽苗工序。

(3)性能特点

①该机采用了机电气结合技术　将气压技术、PLC 控制技术和机械技术相结合,实现了无漏栽苗和伤苗,保证了秧苗移栽成活率,同时实现了移栽机自主栽苗,解决了人工移栽过程中的深浅不一、株距不均、移栽效率低的问题。

②准确调整移栽株距和栽植深度　机具采用链轮链条传动,传动比可靠,移栽株距准确。通过调整链轮,可实现 180～350 mm 株距的调整;调整苗深调节器上的调整丝杠,可实现 50～100 mm 的栽植深度调整。

③提升移栽效率　移栽机每小时可移栽 8 000～12 000 株苗,每天可移栽 10～25 亩。

(4)常见故障及排除方法

旱地膜上自动移栽机常见故障及排除方法见表 2-9。

表 2-9　旱地膜上自动移栽机常见故障及排除方法

故障现象	原因分析	排除方法
钳嘴闭合不严	有土黏到钳嘴板上	清除钳嘴上的黏土
取苗执行器取苗不稳	取苗执行器的夹片上橡胶皮脱落	更换取苗执行器夹片上的橡胶皮
栽植过程中出现大批漏苗	接近开关被其他杂质挡住	清除杂质

3. 半自动移栽机

由于半自动移栽机具有结构简单、工作较可靠的特点，所以成为国内外采用最多的移栽机械。国外用于移栽蔬菜、烟草等，国内用于移栽玉米、高粱等。

(1)主要结构

无钵苗半自动移栽机由机架、喂秧输送带、开沟器、移栽器、压密轮、秧箱及传动系统等组成(图 2-25)。

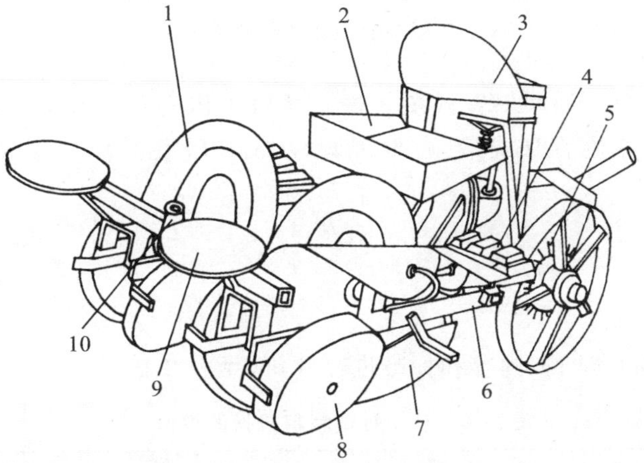

1. 移栽器　2. 秧箱　3. 牵引车　4. 喂秧输送带　5. 大拔轮
6. 机架　7. 开沟器　8. 压密轮　9. 座位　10. 尾轮轴套

图 2-25　无钵苗半自动移栽机

(2)工作过程

工作时，喂秧手将秧苗一钵一钵地放到喂秧输送带的槽内，喂秧输送带将秧苗喂入移栽器中，移栽器再把秧苗栽入开沟器开出的沟内。

喂秧输送带(图 2-26)为一带有放秧槽的环形带，由橡皮带或帆布带制成，其上面按一定间隔粘有泡沫塑料块，形成放秧槽。喂秧输送带是为了减轻人的劳动紧张度，并保证栽植株距。有些栽植机上没有喂秧输送带，则喂秧手需将秧苗直接放到移栽机盘上。移栽器的形式很多，现在最常用的无钵苗移栽器是双圆盘式，其中大多数是用双挠性圆盘。双挠性圆盘的两个圆盘是用橡皮或薄钢板制成，在转动时可以变形，使两圆盘按要求张开或闭合。有些机器上为节约橡胶或薄钢板而采用单挠性圆盘，而另一个采用不可变形的厚钢板。为使两盘张开(放苗时及栽苗时)和闭合还设有开盘轮、合盘轮和开盘叉。

移栽机上常采用靴式(或滑刀式)开沟器。靴式开沟器开沟时靠重量入土，不进行翻土，因此湿土仍在下面，有利于秧苗吸收水分。另外，它的开度大，便于栽植器通过。开沟器两侧板的前面还焊有滑刀以切断田间的残株杂草。

压密轮的作用是进行覆土和压密。目前使用的压密轮有圆柱外倾斜置式、截锥直立式和圆柱外倾-

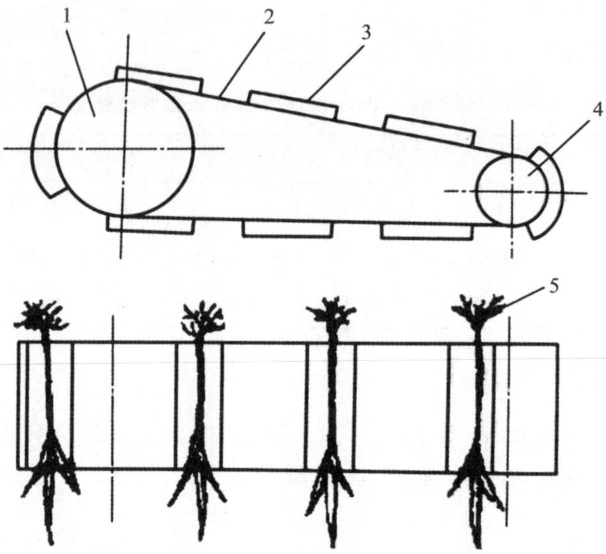

1. 主动辊 2. 放秧槽 3. 泡沫塑料块 4. 被动辊 5. 秧苗

图 2-26 喂秧输送带

后束斜置式三种。其中以圆柱外倾斜置式最普遍。从覆土压密效果来看，以圆柱外倾-后束斜置式最佳，圆柱外倾斜置式次之，截锥直立式最差，但因圆柱外倾-后束斜置式有两个方向倾斜，安装比较复杂，所以使用较少。

任务评价

以学习小组为单位，按照项目、内容和标准进行评价，见表 2-10。

表 2-10 认识种苗栽植机械的评价标准

评价项目	评价内容	评价标准
栽植机的分类	知识要点	正确理解、叙述栽植机的分类
栽植机的工作要求	知识要点	正确理解、叙述栽植机的工作要求
常见栽植机的种类	知识要点	正确理解、叙述常见栽植机的种类

任务巩固

1. 栽植机的分类方法有哪些？
2. 栽植机工作时应满足哪些农业技术要求？
3. 列举几种常见的栽植机的种类，并叙述其工作原理。

模块三　设施园艺病虫害防治技术与装备

学习目标

1. 了解设施园艺病虫害的特点。
2. 熟悉常见病虫害的种类及特点。
3. 熟悉常见的病虫害防治技术及其应用。
4. 掌握病虫害防治器械的操作步骤及注意事项。
5. 掌握物理和生物防治病虫害的方法及特点。

知识先导

植物在生长过程中因受到各种不良因素的影响(图 3-1),因此可造成产量和品质的下降。根据联合国粮农组织统计,世界粮食产量每年因虫害损失 14%,因病害损失 10%,因草害损失 11%。棉花产量因虫害损失 16%,病害损失 16%,草害损失 5.8%。据统计,我国农作物病虫害种类高达 1 600 多种,可造成严重危害的有 100 多种;农田杂草 580 多种,其中可造成严重危害的有 120 多种,恶性杂草 15 种;比较严重的害鼠有 20 多种。

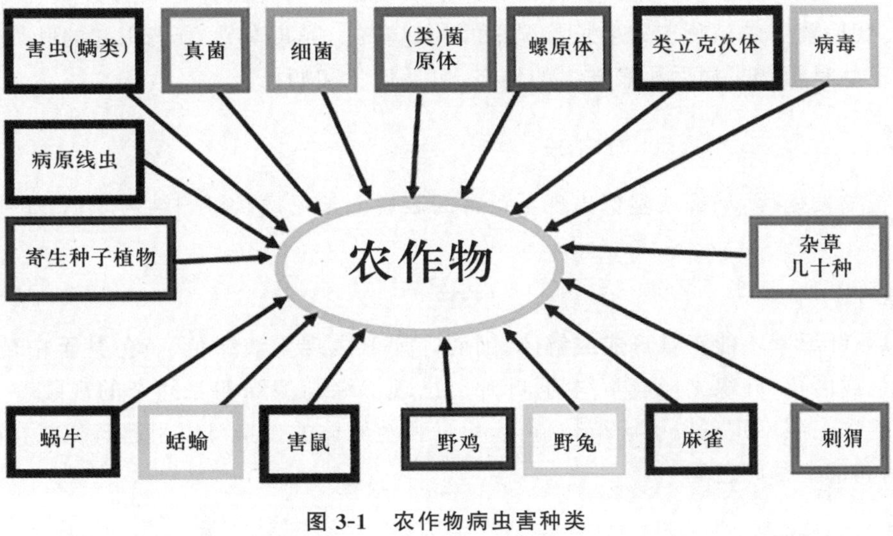

图 3-1　农作物病虫害种类

我国每年因有害生物的危害,造成粮食作物减产15%左右,棉花减产20%以上。可见,有害生物已成为制约农业生产发展的重要因素,保护植物免受有害生物危害刻不容缓。

一、植物病害的概念

园艺植物在生长发育和贮藏运输过程中,由于有害生物或不良环境条件的影响超过了园艺植物的适应能力,其正常的生长发育受到抑制,代谢过程发生改变,在生理或组织结构上出现各种病理变化,导致产量降低,品质变劣,甚至死亡的现象称为植物病害。植物受到病原生物或不良环境条件的持续干扰,超过了其忍耐的程度,会严重影响植物的正常生理功能,再经历一系列病理变化,在生理上和外观上也会表现出异常。一般情况下,引起植物发生病害的不良环境条件或致病生物被称为病原。

二、植物病害的危害

1. 降低产量

1974年玉米大斑病在中国东北地区流行,导致玉米发病200万 hm^2,减产20%。全世界农作物因病害减产:粮食10%、蔬菜40%。

2. 影响品质

如水稻发生稻瘟病使碎米率增加;甜菜得褐斑病后,含糖量大大减少;小麦患锈病后面筋减少。

3. 导致中毒

若人吃了小麦赤霉病面粉,会发生呕吐、腹泻。

4. 限制栽培

有病害的发生的地区不能再次栽植同类作物。如广东省部分地区由于暴发过木瓜病毒病,至今不能栽植木瓜。

5. 妨碍运输

如白菜软腐病,病菌侵染白菜后,先潜伏,湿度大时在运输中发病。

三、植物病害的症状

植物病害经一定的病变过程,最终在外部形态上表现的异常现象称为病害症状。每一种病害都有其独特的症状,我们要了解植物正常生长状况下的外观变化,例如季节、衰老引起的叶片变色,不要与病害症状混淆。症状是植物生病后所表现出的病态,包括病状和病征。

(一)病状

病状是指植物发病后,局部或整株出现不正常的表现。常见病状可归纳为变色、坏死、腐烂、萎蔫和畸形5大类型。

1. 变色型

植物感病后,叶绿素不能正常形成或解体,因而叶片上表现为淡绿色、黄色甚至白色。叶片的全面褪绿常称为黄化或白化;叶绿素形成不均匀,叶片上出现深绿与淡绿相互间杂的现象称为花叶。如氮、铁等营养的贫乏和光照不足可以引起植物黄化,病毒和植原体的侵染可以引起黄化或花叶,如翠菊黄化病、月季花叶病和郁金香碎色病。

2. 坏死型

坏死是细胞和组织死亡的现象,其表现在叶片上常为叶斑或叶枯。常见的坏死表现有角斑、轮斑、环斑、条斑等;疮痂也是一种坏死斑,主要是感病组织木栓化;木本植物从顶端向下枯死,称为梢枯;幼苗茎组织坏死,称为猝倒或立枯。

3. 腐烂型

多肉而幼嫩的组织发病后容易腐烂,如果实、块根等常发生软腐或湿腐。含水较少或木质化的组织则常发生干腐。根据腐烂症状发生部位,可分为花腐、果腐、茎腐、基腐、根腐和枝干皮部腐烂等。

4. 萎蔫型

植物因感病而表现失水状态称为萎蔫。典型的萎蔫是因植物的根部或枝干部维管束组织感病,使水分的输导受到阻碍而致。萎蔫是由真菌或细菌引起的,有时植株受到急性旱害也会发生生理性枯萎。

5. 畸形

畸形是因细胞或组织过度生长或发育不足引起的。植物发病后,可发生增生性病变,如组织细胞增生,病部膨大形成肿瘤,或枝或根过度分生,产生丛枝或发根等;也可以发生抑制性病变,生长发育不良,使植株或器官矮缩、皱缩等。此外,病部组织发育不均衡,可形成畸形、卷叶、蕨叶等。

(二)病征

病征是指病原在植物上的特征,一般是由于真菌或细菌入侵植物后,在危害部位产生营养体及繁殖体。随着病原菌的不断繁殖,这些营养体及繁殖体的数量越来越多,堆积如山,构成了肉眼可见的表现。常见病征有 5 种类型。

1. 锈状物

直接产生于植物表面、表皮下或组织中,形成小疱状突起,破裂后散出白色或铁锈色的粉状物。如菜豆锈病、黄瓜白粉病和油菜白锈病等。

2. 霉状物

是真菌的菌丝、各种孢子梗和孢子在植物表面构成的特征,其着生部位、颜色、质地、结构常因真菌种类不同而异,如霜霉、绵霉、青霉、黑霉和灰霉等。如黄瓜霜霉病、茄绵疫病、番茄灰霉病等。

3. 点状物

是在病部产生的形状、大小、色泽和排列方式各不相同的小颗粒状物,大多暗褐色至褐色,多为针尖状大小。由真菌的子囊壳、分生孢子器、分生孢子盘等形成。如苹果树腐烂病、各种植物炭疽病等。

4. 粒状物

是真菌菌丝体变态形成的一种特殊结构,其形态大小差别较大,有的似鼠粪状,有的呈菜籽形,多数黑褐色,生于植株受害部位。如十字花科蔬菜菌核病等。

5. 脓状物

是细菌病害的典型特征,通常在潮湿条件下,病部溢出的含有细菌菌体的脓状黏液,一般呈露珠状,或散布为菌液层,在气候干燥时,会形成菌胶粒或菌膜。如黄瓜细菌性角斑病等。

通过对实训室的标本、图片和视频或现场观察,能区分园艺植物病状和病征类型,并对病状与病征进行记载和描述。

(三)病害病征的变化

植物病害症状不是一成不变的,它是植物、病害、环境相互作用的结果,是有变化的,而且受环境的影响非常大,特别是温度和湿度。

有些病毒病在温度较高时,症状可暂时消失。干燥的环境不利于病菌繁殖,会抑制病害的蔓延。大部分细菌性、真菌性病害都是在湿度大、温度适宜的时候发生的。不同种类的病原菌，可能产生相似的症状，如水稻胡麻叶斑病和稻瘟病。

病害侵染植物后，病原菌不断繁殖，从少到多，对植物的危害严重程度不同，早期的症状可能会与中晚期有一定的差别。同一病害在植物不同生长期所表现出来的症状也不一定相同。大部分病菌的生长需要湿度大、温暖的环境，这样的环境会滋生多种病菌，植物可能同时感染多种病害。

四、园艺植物病害的分类

植物病害根据致病原因可分为两大类别，即非侵染性病害和侵染性病害，分别由生物性病原与非生物性病原引起。

（一）非侵染性病害

由不适宜的物理、化学、气象等非生物因素引起的植物病害称为非侵染性病害。这类病害不能传染，因此也称非传染性病害或生理性病害。引起非侵染性病害的病原为非生物性病原，包括植物所处环境中营养元素不足、水分供应失调、温度过高过低及有害物质的侵害等。这些因素连续不断地影响植物，其强度超过了植物的适应范围，就会引起植物病害。作物营养元素缺乏造成的症状如图 3-2 所示。

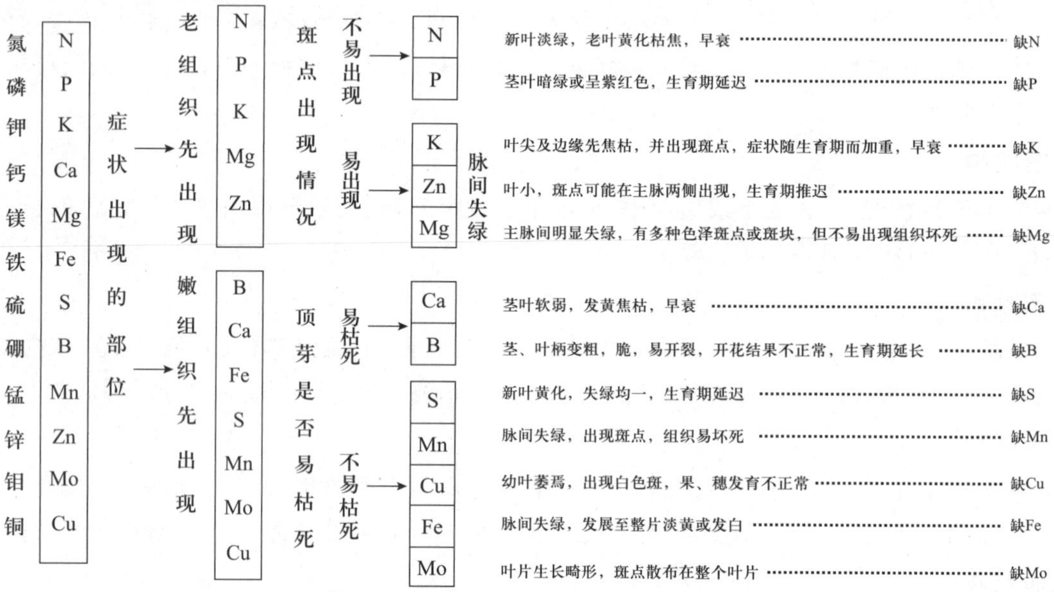

图 3-2　作物营养元素缺乏症检索简图

（二）侵染性病害

由生物性病原侵害引起的植物病害称侵染性病害。这类病害有传染性，故也称传染性病害。生物性病原包括真菌、细菌、病毒、类病毒、植原体、线虫及寄生性种子植物等。

1. 植物病原真菌

指可以寄生在植物上并引起植物病害的真菌。在所有病原生物中，以真菌引起的植物病害种类最多，造成的损失也最大。真菌属于真菌界、真菌门，种类很多，约 10 万多种，分布很广，占植物病害总数的 80%，属第一大病原物。真菌有如下主要特征。

① 有真正的细胞核，为真核生物；

② 无叶绿素或其他光合色素，营养方式为异养型，需从外界吸收营养物质；

③ 营养体简单,大多为菌丝体,细胞壁的主要成分为几丁质或纤维素;

④ 繁殖时产生各种类型的孢子。

农业生产上许多重要的病害如霜霉病、白粉病、锈病、黑粉病,以及世界上著名的毁灭性植物病害,如马铃薯晚疫病、葡萄霜霉病、板栗疫病、猝倒病等都是由真菌引起的。主要症状是坏死、腐烂和萎蔫,少数为畸形。病斑上有霉状物、粒状物和粉状物等病征。

真菌病害包括:霜霉病、炭疽病、叶斑病、枯萎病、根腐病、立枯病、猝倒病、白粉病、锈病、稻瘟病、纹枯病、疫病、灰霉病、稻曲病、黄萎病、菌核病、果树疮痂病等。青霉病、灰霉病如图 3-3、图 3-4 所示。

图 3-3 真菌病害-柑橘青霉病

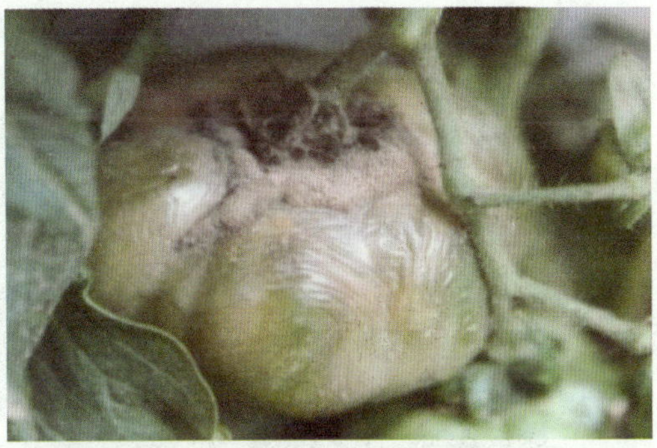

图 3-4 真菌病害-西红柿灰霉病

真菌病害共同特征:

① 一定有病斑存在于植株的各个部位。病斑形状有圆形、椭圆形、多角形、轮纹形或不定形。

② 病斑上一定有不同颜色的霉状物或粉状物,颜色有白、黑、红、灰、褐等。例如黄瓜白粉病,叶上病斑处出现白色粉状物。再如瓜类与番茄灰霉病,受害叶片、残花及果实上出现灰色霉状物。如图 3-5 所示。

图 3-5 不同颜色的霉状物

2. 植物病原细菌

植物细菌病害分布很广,目前已知的植物病害细菌有 300 多种,我国发现的有 70 种以上。

细菌属于原核生物界,是单细胞的微小生物。细菌基本形状可分为球状、杆状和螺旋状三种。植物病原细菌全部都是杆状,两端略圆或尖细,一般宽 0.5～0.8 μm,长 1～3 μm。大多数植物病原细菌是好气菌,少数是嫌气菌。细菌最适生长温度是 26～30℃,细菌对高温比较敏感,一般致死温度是 50～52℃。植物病原细菌一般在病残体或病株上越冬,主要通过雨水飞溅、流水、昆虫、线虫、风和带病原细菌的种苗、接穗、插条、球根或土壤进行传播。细菌只能从自然孔口和伤口侵入。一般在高温、多雨、湿度大的条件下，特别是暴风雨过后更有利于细菌病害的侵入、传播和流行。

植物细菌病害的主要症状有斑点、腐烂、枯萎、畸形等类型。

① 斑点　病斑发生初期，常呈现半透明的水渍状，其周围形成黄色的晕圈，扩展到一定程度时，中部组织坏死呈褐色至黑色。有些细菌还能在寄主枝干韧皮部形成溃疡斑，如柑橘细菌性溃疡病、猕猴桃溃疡病。到了后期，病斑常从自然孔口和伤口溢出细菌性黏液，称为溢脓。斑点症状大多由假单胞杆菌或黄单胞杆菌引起。柑橘、猕猴桃溃疡病如图 3-6、图 3-7 所示。

图 3-6　细菌病害-柑橘溃疡病

图 3-7　细菌病害-猕猴桃溃疡病

② 腐烂　植物多汁的组织受细菌侵染后，通常表现腐烂症状。腐烂主要是由欧氏杆菌引起。白菜软腐病如图 3-8 所示。

③ 枯萎　细菌侵入维管束组织后，植物输导组织受到破坏，引起整株枯萎，受害的维管束组织变褐色。在潮湿的条件下，受害茎的断面有细菌黏液溢出。枯萎多由棒状杆菌属引起，在木本植物上则以青枯病假单胞杆菌最为常见。番茄青枯病如图 3-9 所示。

图 3-8　细菌病害一白菜软腐病

图 3-9　细菌病害一番茄青枯病

④畸形　植物组织过度生长呈畸形，土壤杆菌属的细菌可以引起根或枝干产生肿瘤，或使须根丛生。

3. 植物病原病毒

病毒是由核酸和蛋白质组成的非细胞结构分子生物，是专性寄生物，只能在适合的寄主细胞内完成自身的复制，表现出生命特征。在自然界，病毒广泛寄生在人、动物、植物和微生物的细胞中。寄生植物的病毒称为植物病毒。植物病毒作为病原引起许多毁灭性的病害，对农业生产造成很大威胁。大田作物、果树及蔬菜上的许多重要病害，如烟草花叶病、香蕉束顶病、番茄病毒病等都是病毒病。

植物病毒病害绝大多数属于系统侵染的病害。当寄主植物感染病毒后，症状发生总是从局部开始，经过或长或短的时间扩展至全部植株。病毒病状可分为三种类型。

①变色　主要表现为花叶和黄化两种类型,是病毒病常见的症状。

②组织坏死　最常见的是叶片上产生枯斑,大多数是寄主过敏反应引起的,它阻止了病毒侵入植物体后的进一步扩展。有些病毒还能引起韧皮部坏死或系统坏死。

③畸形　许多病毒除引起黄化和花叶外,往往还造成植株器官变小、矮化、节间缩短、丛枝、皱叶、蕨叶、卷叶、肿瘤等变态,这些变态常常是病毒病的最终表现。

病毒的具体传播方式主要有以下几种。

① 汁液传播　大风使病、健植株的叶片相互碰撞摩擦而产生轻微伤口,病毒随着病株汁液从伤口流出侵染健株。人工移苗、整枝、修剪、打杈等农事操作过程中,手和工具沾有病毒汁液可以传播病毒。

② 嫁接传播　几乎所有的植物病毒都能通过嫁接的方式传播,植株根系间的自然接合也会造成病毒的株间传播。

③ 昆虫和螨类介体传播　植物病毒的媒介昆虫主要是刺吸式口器的昆虫,如蚜虫、叶蝉、飞虱和粉虱等。少数咀嚼式口器的甲虫、蝗虫也有传毒作用。有些螨类也是病毒的传播媒介。

④ 其他介体传播　植物病毒的传播介体除昆虫外,少数也可以由线虫、真菌及菟丝子等传播。

⑤ 种子和其他繁殖材料传播　大多数植物病毒是不通过种子传播的,只有豆科、葫芦科和菊科等植物上的某些病毒可以通过种子传播。有些植物种子是由于带有病株残体或病毒的颗粒而传毒。感染病毒的块茎、球茎、鳞茎、块根、插条、砧木和接穗等无性繁殖材料都可能传播病毒病害。

五、植物虫害的概念

什么是害虫?我们常常可以看到这样的陈述:“玉米上有 200 多种昆虫为害,榆树上有 650 种害虫,栎树上有 1400 种害虫……”把植食性昆虫列为害虫,从生态学、经济学上来说均是不科学的。农作物、植食者、肉食者三者之间存在着极其复杂的关系。植食者取食农作物,由于其数量多少不一,对农作物的影响也不一样;同时,农作物对植食者取食的反应也不同。一种昆虫是有益的还是有害的,判断起来是相当复杂的,常常因时间、地点、数量的不同而不同。我们常把同人类竞争的昆虫视为害虫,而实际上只有当它们的数量达到一定量的时候才对人类造成危害。如果植食性昆虫的数量小、密度低,当时或一段时间内对农作物没有影响或影响不大,那么它们不应被当作害虫而采取防治措施。另外,由于植食性昆虫的少量存在,为天敌提供了食料,可使天敌滞留在这一生境中,增加了生态系统的复杂性和稳定性,在这种情况下,应把这样的“害虫”当作益虫看待。或者由于它们的存在,使危害性更大的害虫不能猖獗,从而对植物有利。当一种昆虫对人类本身或作物和牲畜有害时,就被认为是害虫。即使是害虫,也不一定要采取防治措施,特别当防治成本大于危害的损失时。在计算成本时,不但要包括直接成本(如农药、人工等费用),也应包括那些有害农药对环境、人类的伤害代价。

项目一　设施园艺常见病虫害识别

【知识目标】

掌握设施园艺作物病害类别及症状类型，区别植物病害的病状与病征，了解植物病害的危害性。理解病原物寄生性、致病性与植物的抗病性。熟知设施园艺作物害虫的形态特征、生物学特性，了解虫害发生与环境条件的关系。

【技能目标】

能够识别园艺作物病害症状，掌握侵染性病害与非侵染性病害的发生特点。能识别本地设施园艺作物害虫的形态特征与变态类型。

【学习提示】

结合生活实际，深入生产现场观察操作。

任务一　设施园艺病虫害特点

任务描述

了解园艺植物病害特点；了解园艺植物虫害特点。

任务分析

设施园艺植物病虫害防治是设施园艺栽培的关键技术保障。能够进行常见的病虫害识别是植物病虫害防治的基础，只有掌握病虫害的发病规律、发病特点、发病部位等内容，才能更加高效地进行农业生产。

知识链接

由于设施栽培具有高温、高湿、封闭、连茬种植的特点，为作物病虫害的周年为害提供了适宜的气候条件和越冬场所，有利于病虫害的发生流行，从而使病虫种类增多，病虫危害程度显著加重。

设施栽培与露地栽培的环境条件区别大，室温变幅大，空气湿度高，光照强度低，二氧化碳浓度不足，为病虫害的发生与流行提供了条件，常因防治不及时导致毁灭性灾害。

一、设施栽培病虫害主要特点

1. 土传病害重

土壤是蔬菜根系活动场所，也是病原菌越冬、越夏的场所，设施一旦建成，移动和轮作换茬困难，连作现象严重。因此，土传病害随栽培年限增加而不断加重。多种病原菌随病株残体存留土壤中越冬，成为翌年的侵染源，是蔬菜病害发生、流行的重要原因。例如黄瓜枯萎病、茄子黄萎病、根结线虫和菌核病。

2. 气传病害易流行

温室夜晚密闭保温，空气相对湿度达 90%～100%。棚面气化水散落在植株上，使植株叶面形成水膜，造成高湿的环境，对作物生长不利，有利于多种病菌的萌发、侵染和繁殖。如灰霉病，随设施栽培的发展而蔓延起来，严重危害黄瓜、番茄等蔬菜。其流行需要高湿、低温(20℃左右)，设施内的气象条件恰好适宜灰霉病流行。此外，霜霉病也是通过气流传播的重要病害。棚室内水分不易散失，湿度大、温度高，昼夜温差大，夜间气温降低，相对湿度常常达到饱和状态，在叶面结成水膜 3 h 左右引起霜霉病的病原菌便能萌发，侵入寄主。防治不及时则传播相当迅速，引起流行。轻者造成减产，重者甚至绝收。

3. 害虫世代期短

温度对害虫分布、生育历期及为害特点影响较大，如白粉虱、美洲斑潜蝇等在北方寒冷地区不能露地越冬，但可在温室中越冬繁殖，并形成虫源基地，已成为温室蔬菜的主要害虫。蚜虫、红蜘蛛虽可露地越冬，但在温室越冬繁殖周期缩短，繁殖代数多，危害加重。温室白粉虱，繁殖速度快，虫量大，抗药性强。

4. 生理障碍发生频繁

由于设施栽培处于相对封闭状态，多种有害气体易对植株造成损害，加之温度升降急剧等，常引起作物生理障碍，造成经济损失。如日光过强或过弱；温度过高或过低；水分、养分过多或缺乏；土壤透气性差，或因肥料产生的氨气、亚硝酸气体，加温用煤燃烧过程中放出的大量一氧化碳和二氧化碳、甲烷等有害气体，以及农药或生长激素过量等，都可以直接妨碍作物植株的生长发育。温室栽培易发生生理病害，如磷元素不足，会使植株茎、叶变细，叶深绿，小而无光泽，根系发育不良，生长缓慢，植株矮小；缺钾的植株叶缘变黄绿，叶脉失绿，并出现斑驳，叶片坏死；缺镁的植株叶脉间多肉部分发黄，严重时发生坏死；缺硼的植株根系不发达，生长点坏死，花器发育不全，果实畸形；土壤盐渍化会伤根，影响根系对养分的吸收等。同时室内处于长期密闭或半密闭状态，施肥不当，会造成氨气中毒，影响生长发育。上述障碍均由非病理性因素造成，露地发生较少。

二、植物与病虫害识别软件

1. 植物识别软件形色

形色(赏花识花 APP)软件，如图 3-10 所示。形色是由杭州睿琪软件有限公司推出的一款识别花卉、分享附近花卉的 APP 应用。不同于单纯鉴别花卉的应用，形色为用户搭建了一个持续性更强的社交平台，用户拍照就能识别植物，APP 内部也有识花大师帮助鉴定植物，还能在 APP 内收集学习植物。

图 3-10 形色软件

主要功能：

拍照识花。拍照上传植物照片后，形色可以立即给出花名和寓意。形色可精准识别 4 000 多种植物，准确率高达98%。

图3-11 见虫软件

2. 昆虫识别软件见虫

见虫(昆虫识别APP)(图3-11)是浙江托普云农科技股份有限公司利用细粒度图像识别算法将拍摄的虫子图片进行图像识别，在确定虫子种类后给出其相关资料，包括虫子的形态特征、生活习性、防治方法等的一款APP应用，也是病虫害拍照识别管理应用系统，用户可确认识别结果并发布到地图，当数量到达一定规模后即可看出虫害的区域分布情况，帮助农户提前开展预防措施。

主要功能：

拍照识虫。快速识别出结果。目前支持常见70余种昆虫识别。识别准确率高达98%。

昆虫百科。给出昆虫详细信息，包括名称、形态特征、地理分布、生活习性、防治要素等。

虫害预防。确认并发布到地图后，能在地图上看到全国不同地区昆虫分布情况，辅助用户及时开展预防措施。分享越多，预报越准确。

一键分享。支持一键分享到地图、微信、QQ等。

3. 植物病虫害识别软件Plantix

Plantix成立于2015年，旨在解决全球范围内的农作物减产问题，并帮助提高产量。病害和虫害导致世界上多达30%的农业生产减产，威胁到人们的生计，增加粮食短缺的风险。有了这款免费的应用程序，用户可以拍下患病农作物的照片，然后由Plantix的人工智能图像识别软件进行处理，向用户显示最可能的疾病，让用户知道农作物到底是营养不足还是受害虫影响(图3-12)。

图3-12 Plantix软件

软件特色：

致力于运用人工智能、大数据分析，借助移动互联网和智能手机的普及，帮助农户，无需出门，只要手机轻松一点，就能够快速智能识别农作物上的各种病虫害。

实训 植物病害症状识别

一、实训目的

熟悉植物病害的种类和多样性，认识植物病害的主要症状类型，初步掌握各种症状的特点，正确区别病状、病征，学会植物病害的症状描述，为病害的田间诊断打下基础。

二、实训材料及用具

按照植物病害的不同病状类型(如斑点、坏死、腐烂、畸形)和病症类型(如霉状物、粉状物、颗粒状物、脓状物等)准备植物病害的盒装标本、瓶装标本，并根据当地、当年病害发生情况决定新鲜标本的准备与各类病害症状等，如病毒病、线虫病、白粉病、霜霉病、疫病、叶斑病、锈病、炭疽病、褐斑病、黑粉病、菌核病、灰霉病、角斑病、根腐病、茎基腐病、软腐病、溃疡病、猝倒病、立枯病、枯萎病、青枯病、根癌病、丛枝病、煤污病、根朽病等。用具包括放大镜、体视显微镜、镊子、挑针和有关病害的图书、图谱、图片、课件、网络和视频资料等。

三、实训内容与方法

(一)病状类型

1. 变色

观察各种花叶病标本,识别叶片绿色是否浓淡不均,有无斑驳,斑驳的形状和颜色。

2. 坏死

观察植物病害标本,病斑的大小、颜色和形状有何特点。

3. 腐烂、立枯和猝倒

观察标本,注意识别腐烂病特征有何异同,是干腐还是湿腐,观察苗木立枯病和猝倒病,观察茎基病部颜色,有无腐烂,有无缢缩。

4. 萎蔫

观察植物青枯病的特点,是否保持绿色,萎蔫发生在局部还是全株。观察茎秆维管束颜色和健康植株有何区别。

5. 畸形

观察标本,分辨与健株有何不同,哪些是瘤肿、丛枝、叶片畸形。

(二)病征类型

1. 粉状物观察

识别病部有无粉状物,粉状物外有无包被,粉状物为何颜色。

2. 霉状物观察

病部霉状物为何种颜色,疏密程度如何,有无黏性。

3. 颗粒状物观察

病部小黑点疏密程度如何,排列有无规律,菌核的大小、形状、质地、颜色如何。

4. 脓状物观察

标本有无脓状黏液或黄褐色胶粒。

四、实训作业

将所观察的植物病害标本结果填入下表:

寄主名称	病害名称	发病部位	病状类型	病征类型

续表

寄主名称	病害名称	发病部位	病状类型	病征类型

任务二 设施园艺常见病虫害类型

任务描述

会识别园艺植物常见非侵染性、常见侵染性病害；熟悉园艺植物常见虫害。

任务分析

设施园艺植物因发生病虫害造成产量损失和品质下降时，我们需要区别判断损失下降的原因，找到根源有利于解决问题。

知识链接

一、设施园艺常见非侵染性病害

由于设施栽培处于相对封闭状态，多种有害气体易对植株造成损害，加之温度升降急剧等，常引起作物生理障碍。引起非侵染性病害的病原为非生物性病原，包括植物所处环境中营养元素不足、水分供应失调、温度过高过低及有害物质的侵害等。这些因素连续不断地影响植物，其强度超过了植物的适应范围，就会引起植物病害。

非侵染性病害大致包括自然灾害（旱害、涝害）、缺素症（氮、磷、钾、钙、镁、硫、硅、硼、铜、铁、锰、锌、钼、氯等元素）、气候因素（日灼、冻害、霜害）和植物中毒（药害、肥害、大气污染）四大类，其中缺素症最具代表性。

各种营养元素对植物的影响各有不同，概要归纳植物缺素的特征如图 3-13 所示。

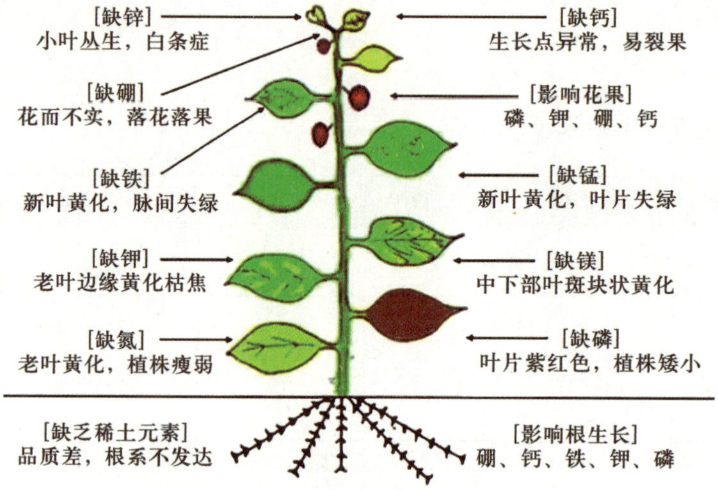

图 3-13 植物缺素特征简图

二、设施园艺常见侵染性病害

(一)真菌性病害

发生真菌性病害植物一般症状有霉状物、粉状物、锈状物、丝状物及黑色小粒点,如图 3-14 所示。

a.丝瓜白粉病（粉状物）　　b.豆类锈病（锈状物）

图 3-14　真菌性病害

叶部病害包括霜霉病、白粉病、早疫病、晚疫病、叶霉病、灰霉病、锈病、炭疽。根部病害表现为枯萎、黄萎、立枯、猝倒。果实病害包括疫病、灰霉病、晚疫病、炭疽病。低等真菌大多生长在水中或土壤中,主要病害有猝倒病、根腐病、霜霉病、白锈病、疫病、绵疫病等。一般在低温(15～20℃)潮湿的春秋两季发病较多。高等真菌病害主要有白粉病、锈病、立枯病、炭疽病、枯萎病、早疫病、疮痂病、溃疡病、黄萎病、叶斑病、缩叶病、蔓枯病、黑腐病、黑斑病、纹枯病、叶斑病、褐斑病、褐腐病、褐纹病等。病害以点发生为多,受害部位有较明显的边缘,形成一定形状的病斑。

(二)细菌性病害

一般症状为水渍或油渍状、半透明,菌脓有臭味。

常见的细菌性病害为害作物有黄瓜(细菌性角斑病、缘枯病、叶枯病,图 3-15 所示为黄瓜细菌性角斑病)、西瓜(细菌性角斑病)、番茄(青枯病、溃疡病、疮痂病、细菌性斑疹病)、辣椒(青枯病、疮痂病、软腐病、细菌性叶斑病)、茄子(青枯病)和桃树(细菌性穿孔病、根癌病)等。

图 3-15　黄瓜细菌性角斑病

蔬菜细菌性病害与真菌性病害的区别(图 3-16):一是蔬菜植株病变部位无明显附属物,如菌丝、霉、毛、粉等;二是发病后期病变部位往往有菌脓出现,而真菌病害则有霉状物(如菌丝、孢子等)。

细菌性病害不长“毛”　　真菌性病害背部有霉层（霉状物）

图 3-16　细菌性病害与真菌性病害对比

1. 斑点型和叶枯型细菌性病害

其发病部位先出现局部坏死的水渍状半透明病斑，在气候潮湿时，从叶片的气孔、水孔、皮孔及伤口上有大量的细菌溢出黏状物（细菌脓）。

2. 青枯型和叶枯型细菌病害

其确诊依据为用刀纵向切断病茎，观察茎部断面维管束变化，用手挤压可在导管上流出乳白色黏稠液（细菌脓）。利用细菌脓有无可与真菌引起的枯萎病相区别，鉴别茄子青枯病和枯萎病就可用此法区别，如图 3-17 所示。

图 3-17　刀切法判断（纵向切开）

3. 腐烂型细菌病害

其共同特点是病部软腐、黏滑，无残留纤维，并有硫化氢的臭气。而真菌引起的腐烂则有纤维残体，无臭气。利用此特点可鉴别白菜软腐病和菌核病（图 3-18）。

图 3-18　大白菜软腐病与菌核病

细菌病害除少数（如苹果根癌病）外，绝大多数能在受害部位的维管束或薄壁细胞组织中产生大量的细菌，并且吸水后形成菌溢，因此，镜检病变组织中有无细菌的大量存在（菌溢的出现）是诊断细菌病害简单易行的方法。细菌病害发生初期，还未出现典型症状时，可在低倍显微镜下进行检查，其方法是，切取小块新鲜病变组织于载玻片上，滴水，盖上玻片，轻压，即能看到大量的细菌从植物组织中呈云雾状涌出（图 3-19），早期确诊水稻白叶枯病常采用此法。此外，鉴定植物细菌性病害，要通过实验室进行一系列的分离、培养和接种试验，才可确定是何种细菌致病。

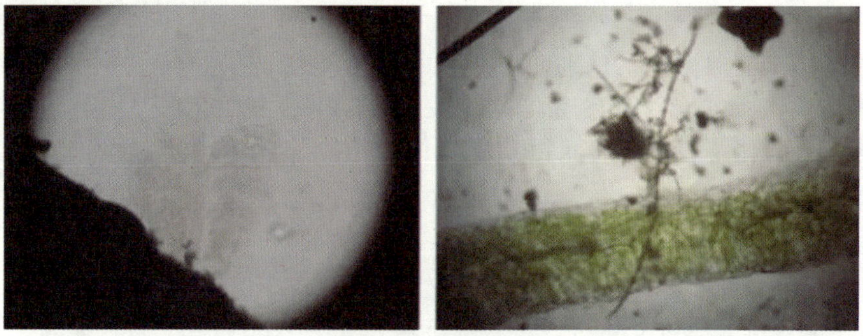

图 3-19　镜检

（三）病毒病病害

病毒病症状包括花叶（叶片皱缩，黄绿相间凹凸相间）、蕨叶（叶片细长，叶脉上冲，严重者呈线状）、卷叶（叶片扭曲，向内翻转）和花瓜（果实上出现褪色的条纹或环斑），番茄病毒病如图 3-20 所示。

三、设施园艺常见虫害

(一)害虫口器的差别

口器是昆虫的取食器官。由于各种昆虫的食性和取食方式不同,因而在构造上发生特化,形成各种类型的口器。但主要分为咀嚼式和刺吸式两个类型,如图 3-21、图 3-22 所示。咀嚼式口器的昆虫有蝗虫、甲虫、蝶、蛾类幼虫等;刺吸式口器的昆虫有蚜虫、蝽类、介壳虫、蚊子等。此外,还有蝶、蛾类的虹吸式口器,苍蝇的舔吸式口器等。

图 3-20　番茄病毒病

图 3-21　咀嚼式口器

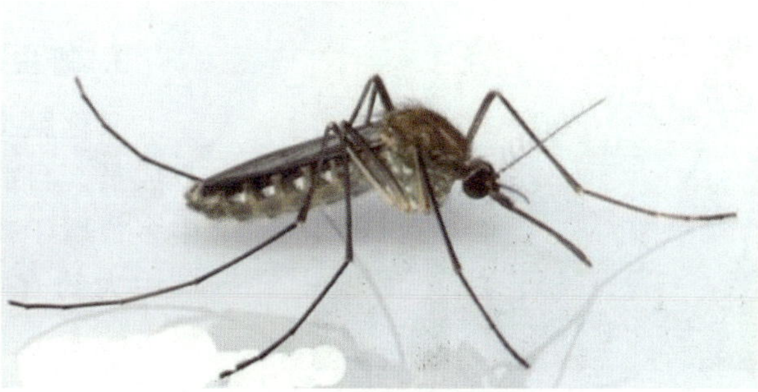

图 3-22　刺吸式口器

①咀嚼式口器害虫　主要嚼碎固体食物,能将植物咬成缺刻、空洞或啃食叶肉,仅留叶脉、表皮,甚至全部吃光。如图 3-23 所示。

②刺吸式口器害虫　常造成农作物褪色、斑点、卷叶、枯焦、虫瘿、肿瘤及僵缩等危害,并能传播多种病毒病。如图 3-24 所示。

图 3-23　咀嚼式口器害虫进食

图 3-24　刺吸式口器害虫进食

(二)常见害虫

1. 蝗虫

蝗虫种类很多,全世界有超过 10 000 种,分布于全世界的热带、温带的草地和沙漠地区。口器坚硬,前翅狭窄而坚韧,善于飞行,后肢很发达,善于跳跃。主要危害禾本科植物,是农业害虫。如图 3-25 所示。

2. 红蜘蛛

红蜘蛛,蛛形纲,主要危害植物的叶、茎、花等,刺吸植物的茎叶,使受害部位水分减少,表现为失绿变白，叶表面呈现密集苍白的小斑点，卷曲发黄，如图 3-26 所示。严重时植株发生黄叶、焦叶、卷叶、落叶和死亡等现象。同时，红蜘蛛还是病毒病的传播介体。

图 3-25　蝗虫

图 3-26　红蜘蛛及其为害症状

图 3-27　蚜虫

3. 蚜虫

又称腻虫、蜜虫，是一类植食性昆虫，包括蚜总科下的所有成员。目前已经发现的蚜虫总共有 10 个科约 4 400 种，其中多数属于蚜科。蚜虫也是地球上最具破坏性的害虫之一。其中大约有 250 种是对于农业和园艺业危害严重的害虫。蚜虫的大小不一，身长 1～10 mm 不等，如图 3-27 所示。

实训　植物病害标本的采集与制作

一、实训目的

学习采集、制作和保存植物病害标本的方法，并通过标本采集、鉴定，熟悉当地病害种类、症状识别和病害发生情况。

二、实训材料与用具

标本夹、标本纸、采集箱、剪刀、小刀、镊子、显微镜、放大镜、载玻片、盖玻片、挑针、标本瓶、大烧杯、酒精灯、滴瓶、乳酚油、福尔马林、酒精、甘油明胶等。数码相机、电脑、网络、相关资料、图书、图谱、视频等。

三、实训内容与方法

（一）病害标本采集用具及用途

1. 标本夹

用以夹压各种含水分不多的枝叶病害标本，多为木制的栅状板。

2. 标本纸

应选用吸水力强的纸张，可较快吸除枝叶标本内的水分。

3. 采集箱

采集较大或易损坏的组织，如果实、木质根茎，或在田间来不及压制的标本。

4. 其他用具

剪枝剪、小刀、小锯及放大镜、纸袋、塑料袋、记载本、标签等，用于收集记录。

(二)采集标本应注意的问题

要采集受病部位的典型症状，并尽可能采集到不同时期不同部位的症状，以及各种变异范围内的症状；此外，记录内容还应包括标本编号、采集地点、生态环境(坡地、平地、沙土、壤土等)、采集日期(年、月、日)、采集人姓名、病害危害情况(轻、重)等。标本应挂有标签，同一份标本在记录簿和标签上的编号必须相符，以便查对。

(三)标本的制作与保存

1. 干燥标本的制作与保存

(1)标本采集

对于含水量低的标本，如禾本科、豆科植物的病叶标本，应随采随压，以保持标本的原形；含水量高的标本，如甘蓝、大白菜、番茄等植物的叶片标本，应自然散失一些水分后，再进行压制；有些标本制作时可适当加工，如标本的茎或枝条过粗或叶子过多，应先将枝条劈去一半或去掉一部分叶子再压，以防标本因受压不均匀，或叶子重叠过多而变形。有一些需全株采集的标本，可将标本折成适当形状后压制。压制标本时应附有临时标签，临时标签上只需记录寄主和编号即可。

(2)标本整理

为了避免病叶类标本变形，并使植物组织上的水分易被标本纸吸收，标本夹好后，要用绳将标本夹扎紧，放到干燥通风处，同时注意勤换标本纸，使标本尽快干燥，避免发霉变质。干燥后的标本移动时应十分小心，以防破碎。对于果穗、枝干等粗大标本，可在通风处自然干燥，注意不要使其受挤压而变形。

(3)标本保存

标本经选择整理后，连同采集记载本一并放入牛皮纸袋中或普通盒中保存，把标签贴在纸袋上，然后按寄主或病原分类存放，存放时要避免受潮，严防虫蛀。

2. 浸渍标本的制作与保存

园艺植物病害有许多是果实病害，可制成浸渍标本。根据果实的颜色，选择浸渍液的种类，如辣椒番茄、西葫芦的青果，可用能固定绿色的醋酸铜浸渍液，苹果、梨等果实可用能固定黄色或红色的瓦查浸渍液。制成的标本应存放于标本瓶中，并贴好标签。

四、实训结果

根据当年病害发生情况，采集制作完整、典型、完美的20种病害标本，并将具体信息填写于下表中。

编号	采集地点	采集时间	采集部位	为害症状	寄主名称	病害名称

项目二　设施园艺病虫害防治技术与装备

【学习目标】

掌握化学防治的概念，了解农药使用的意义，化学防治的优缺点、发展概况及重要地位，理解物理方法原理的适用对象及操作。掌握生物防治的分类、方法及操作。

【技能目标】

掌握化学防治、物理防治和生物防治的实施方法；能够针对不同的病虫害选择不同的实施方案；了解绿色和谐发展理念。

任务一　病虫害化学防治技术与装备

任务描述

了解病虫害化学防治的特点；了解病虫害化学防治装备的特点。

任务分析

设施园艺植物病虫害防治讲究人、机、技、剂有机结合。人员要经过培训，懂得机械装备的特点，防病治病的技术和掌握药剂的施用特点，才能实现最佳的效果。

知识链接

防治园艺植物病虫害的基本方法多种多样，归纳起来有植物检疫、农业防治、物理机械防治、生物防治及化学防治五大类。

植物检疫也叫法规防治，是指一个国家或地方政府颁布法令，设立专门机构，禁止或限制危险性病虫、杂草等人为地传入或传出，或者传入后为限制其继续扩展所采取的一系列措施，是防治病虫草害的基本措施之一，也是实施“综合治理”措施的有力保证。

农业防治是通过改进栽培技术措施，使环境条件不利于病虫害的发生，从而有利于园艺植物的生长发育，直接或间接地消灭或抑制病虫的发生与危害。这类方法不需要额外投资，有利于保持生态平衡，又有预防作用，可长期控制病虫害，因而是最基本的防治方法。但农业防治中有的措施地域性、季节性较强，且防治效果缓慢，病虫害大发生时必须依靠其他防治措施。农业防治主要措施包括清洁田园、卫生作业；合理耕作制度；深耕改土；加强栽培管理和选育抗病虫品种。

在各种防治方法中应用最广并最直接有效的方法是化学防治法。

一、化学防治法

1. 概念

化学防治法是指用各种有毒的化学药剂来防治病虫、杂草等有害生物的防治方法。

2. 优点

高效(用量低，每亩有效成分用量可低于 1 g)；防效高(杀虫剂一般杀虫效果高于 90%，杀菌剂灭菌效果高于 70%)；速效(杀虫剂用药后几小时即可见效)；使用方便、适应性广；节省劳动力(特别是除草剂)；经济效益高[投入产出比 1∶(5～10)]。

二、农药的定义与分类

(一)农药的概念

农药是指用于预防、消灭或者控制农业、林业的病、虫、草和其他有害生物以及有目的地调节植物生长的化学合成物，或者来源于生物、其他天然物质的一种物质或几种物质的混合物及其制剂。

(二)农药的分类

农药品种繁多，为了使用和研究的方便，必须对农药品种进行分类。

1. 根据原料来源分类

① 无机农药　石灰、硫黄、硫酸铜、磷化铝等。

② 有机农药　天然有机农药(生物源和矿物源农药)、人工化学合成农药。

2. 根据作用对象分类

① 杀虫剂　用来防治有害昆虫的化学物质。

② 杀菌剂　用来防治植物病原微生物的化学物质。

③ 除草剂　用以防除农田杂草的化学物质。

④ 杀螨剂　用来防治蛛形纲中有害种类的化学物质。

⑤ 杀鼠剂　用来防治害鼠的化学物质。

⑥ 杀线虫剂　用来防治植物病原线虫的化学物质。

⑦ 植物生长调节剂　用来促进或抑制农林作物生长发育的化学物质。

⑧ 杀软体动物剂　用来防治有害软体动物的化学物质。

为了便于识别和区分，采用 5 种不同的标识带标示不同用途的农药，如图 3-28 所示。

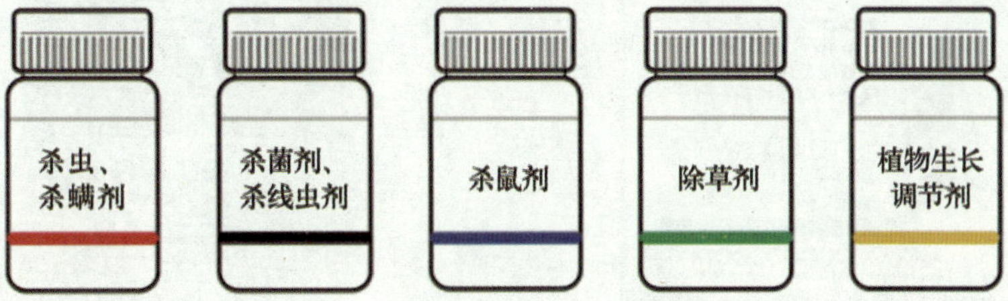

图 3-28　农药标识带

杀虫剂是用于防治农、林、牧及卫生害虫的药剂，从定义而言其只针对昆虫，但是不少杀虫剂兼有杀螨的作用。杀虫剂根据作用方式的不同分为触杀剂(害虫接触到药液即可造成毒杀)、胃毒剂(药剂被害虫摄食进入体内并吸收，从而产生毒杀效果)、内吸剂(使用后被植物体吸收，并可传输到其他部位，害虫吸食或接触后中毒死亡)、熏蒸剂(通过害虫的呼吸器官进入体内而造成毒杀)、拒食剂、引诱剂、不育剂和昆虫生长调节剂。

目前使用的大多数杀虫杀螨剂同时具有触杀、胃毒、熏蒸或内吸作用,可根据主要防治对象选用最合适的药剂。杀虫剂典型代表有高效氯氰菊酯、氯虫苯甲酰胺,如图 3-29、图 3-30 所示。高效氯氰菊酯是一种拟除虫菊酯类杀虫剂,生物活性较高,具有触杀和胃毒作用。适用于防治棉花、蔬菜、果树、茶树等多种植物上的害虫及卫生害虫。注意,该产品对皮肤具有较强刺激性作用,配药时需注意安全。

氯虫苯甲酰胺(康宽)是一种新型低毒广谱杀虫剂,胃毒为主,兼具触杀效果。对人畜安全,对鳞翅目主要甲虫(主要为咀嚼式口器)和粉虱均有防治效果,在低剂量下就可保持可靠和稳定的防效,药效期更长,并防雨水冲刷。注意,对蚕有剧毒,不可使用于桑树。

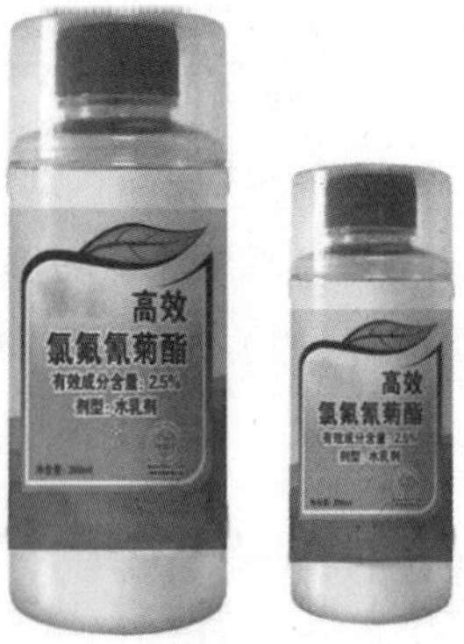

图 3-29　高效氯氰菊酯

图 3-30　氯虫苯甲酰胺

农药杀菌剂是一类用来防治植物病害的药剂。凡是对病原物有杀死作用或抑制生长作用但又不妨碍植物正常生长的药剂统称为农药杀菌剂。

杀菌剂根据作用方式分为保护性杀菌剂和治疗性杀菌剂。

① 保护性杀菌剂　在病害发生之前施用于植物体可能受害的部位,以保护植物不受病毒或细菌侵染的药剂。保护性杀菌剂多数有杀菌谱广、不具有内吸效果的特点。例如代森锰锌类杀菌剂(图 3-31)、石硫合剂。

② 治疗性杀菌剂　在病原菌侵入植物或发病以后施用,可抑制病菌生长或致病过程,使植物病害停止发展或使植株恢复健康的药剂。例如多菌灵、啶酰・嘧菌酯(图 3-32、图 3-33)。

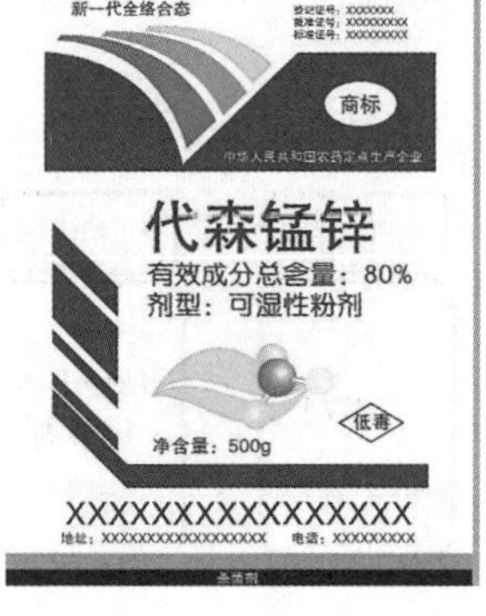

图 3-31　保护性杀菌剂

图 3-32　治疗性杀菌剂-多菌灵

治疗性杀菌剂必须具有两种重要的生物学特性:第一,必须具备能够被植物吸收和输导的内吸性。第二,必须具备高度的选择性,以免对植物产生药害。

典型杀菌剂如三唑酮(粉锈宁)、多菌灵、嘧菌酯。多菌灵是一种广谱性杀菌剂,具有高效低毒的特点。产品具有内吸性，能被植物的种子、根和叶吸收，可在植物组织内输导。对多种作物由真菌（如半知菌、多子囊菌）引起的病害有防治效果。防治对象包括瓜类白粉病、豆类炭疽病、蔬菜灰霉病等。

嘧菌酯（阿米西达）是一种高效、广谱、新型杀菌剂，具有内吸传导、预防、保护、治疗等多重作用和良好的保护活性，可全面有效控制蔬菜、果树、花卉等植物的各种真菌病害。注意，嘧菌酯最强的优势是预防保护作用，因此，要充分发挥嘧菌酯（阿米西达）的效果，一定要在发病前或发病初期使用。

图 3-33 治疗性杀菌剂-啶酰·嘧菌酯

三、农药的剂型

未经过加工的农药一般称为原药。原药需要经过加工，加入适当的填充剂和辅助剂，制成含有一定成分、一定规格的制剂才能使用。

1. 可湿性粉剂

农药的原药与填料（如高岭土、陶土、滑石粉）和湿润剂按一定比例混合，经机械粉碎而制成的粉状物，易被水湿润，在水里经搅拌后可形成均匀的悬浮液。除了用作喷雾外，还可用于拌种、撒毒土、土壤处理、泼浇。

2. 乳油

农药的原药和乳化剂按一定比例溶解在有机溶剂中（如苯、二甲苯等），成为溶有原药及乳化剂的溶液。乳油在水中是不能溶解的，但加水搅拌后，即被搅成无数微小的油滴，靠乳化剂的作用，使这些微小的油滴均匀地悬浮在水里，成为乳白色的乳状液。喷洒时能在植株表面湿润展布，黏附力强、渗透能力强，不易被雨水冲刷，防治效果好，残效期长，使用方便，用途广，可喷雾、泼浇、涂抹、拌种、浸种、处理土壤等。

3. 颗粒剂

农药的原药、辅助剂和载体（如土粒、煤渣等）配制成的颗粒状制剂，优点是在施用过程中，沉降性好，漂移性小，对环境污染轻，残效期长，施用方便，省工省时。

4. 水剂

水剂是利用某些原药能溶解于水中的特性，直接用水配制而成。优点是加工方便、成本低。但是不易在植物体表湿润展布，黏着性差，含有大量水分，长期贮藏易分解失效。

5. 悬浮剂

由农药的原药、微粒、水、分散剂和防冻剂等构成的黏稠性悬浮液，兼具乳油和可湿性粉剂的优点，主要用于常规喷雾。

6. 片剂

农药的原药、填料和辅助剂压制成的片状制剂。其中水溶性片剂，可作为浸种用；吸潮分解的片剂，可作为熏蒸剂使用。

四、农药的主要施用方式

为了把农药施用到靶标生物上所采用的各种技术措施，是科学使用农药的重要环节。农作物上防治病虫、杂草所需要的有效药量很少，但要求分布均匀。应根据有害生物的特点、作物的种类、自然环境因素，以及药剂和剂型的性能，选用适当的施用方法，把少量的农药喷施均匀，取得理想的防治效果，并且减少农药对环境的污染和对有益生物的危害。

1. 喷雾法

喷雾法是用喷雾器械将液体药剂雾化并均匀覆盖在靶标生物上的方法，是最常用的施药方法。可供喷雾使用的剂型有乳油、可湿性粉剂、悬浮剂、水分散性粒剂、水剂等。这些剂型需要兑水稀释成乳浊液或悬浮液后，才能供喷雾使用。油剂、超低容量油剂不需兑水稀释，可直接喷雾使用。喷雾的器械有液力喷雾机具、风送液力喷雾机、气力喷雾机具（背负式气力喷雾器、手动气力喷雾器）。

2. 喷粉法

喷粉法所需的药械是喷粉机，所用的剂型是粉剂。喷粉法在南方应用较少，主要在北方缺水的地方应用，如棉花病虫害防治等。山上的经济林木进行病虫害防治，由于缺少水源，也可以考虑用喷粉法施药。喷粉受风和上升气流影响很大。一是影响药效，二是增大污染。最好在早上有露水、无风条件下作业。

3. 撒施法

将药剂（大部分剂型都可用于撒施）与泥沙配成毒土，直接用手将毒土像撒肥料一样撒入田间。主要用于防治杂草（芽前除草）、地下害虫及土传病害，也可利用药剂的内吸性，防治地上害虫。应用撒施法要做到施药均匀，否则易产生药害，影响出苗或使作物生长不良。毒土用量 10～20 kg/667 m^2。做毒土的泥沙，需注意湿度。施药要戴手套。

4. 熏蒸法

在密闭或半封闭的条件下，以气态药剂防除有害生物的方法。常见的有仓库、温室、土壤以及荫蔽的作物（甘蔗后期）熏蒸。一般用烟剂或具有熏蒸作用的药剂进行熏蒸处理。

5. 种苗处理法

在种子播种前或苗木移栽前，用农药处理种子或苗木来防治有害生物的方法。这种方法经济、省药、省工，操作安全。主要应用于防治地下害虫，苗期地上害虫，土传病害和种子带菌病害。很多剂型如乳油、可湿性粉剂、悬浮剂等可用种苗处理法。种衣剂则是专门供种子处理用的剂型（在种子表面形成一层牢固的药膜）。要注意药害和种子发芽率。

6. 土壤处理法

指利用各种方法（喷雾、喷粉、撒施等）将药剂施于土壤的一种方法。可应用于除草（封杀）、地下害虫和土传病害的防治。

农药的科学合理使用主要涉及两个问题：一个是影响药效的主要因素和怎样提高防治效果；另一个是如何避免农药的药害和对农产品安全及环境的影响。

五、提高药效的方法

影响药效的因素很多，但归纳起来主要有三个方面：药剂、防治对象和环境条件。实际上，药效就是药剂、防治对象和环境条件三者综合作用的结果。

在采用化学防治时，必须根据具体的环境条件，充分掌握药剂的性能特点及有害生物的发生为害规律，充分利用有利因素，控制不利因素，做到科学合理用药，才能获得好的防治效果。

（一）有害生物的特点与合理利用

1. 适法施药

首先要弄清楚防治对象在分类上的地位，然后依据种、属的特点来选择药剂和施药方法。就药剂本身而言，其防治范围是有限的，所谓的广谱性也是相对的，专一性农药的使用范围更有限。所以，要根据有害生物的种类来合理选用药剂，要根据药剂的特性和药剂的作用方式来选择施用方法。

（1）根据害虫种类

主要是根据害虫的种类特点，结合口器类型、外表质地和发生为害习性等方面来综合考虑，选用适宜的药剂和施用方法。一般来说，不同类群的害虫，其有效防治药剂是不一样的。

只有选用正确的药剂品种和适宜的施药方法，才能取得好的防效。如新烟碱类药剂（吡虫啉、噻虫嗪等）只对刺吸式口器的害虫（蚜虫、飞虱等）有效；抗几丁质合成类药剂主要用于防治鳞翅目害虫；甲氨基阿维菌素对夜蛾类害虫（斜纹夜蛾、甜菜夜蛾）有特效；鱼尼丁受体抑制剂（氯虫苯甲酰胺、氟虫双酰胺）对螟蛾科害虫（稻纵卷叶螟、三化螟、豆荚螟）有特效；杀螨剂一般只对害螨有效，对害虫效果差。

（2）根据病害特性

不同的病原菌对药剂的反应差异很大，特别是内吸性杀菌剂，专一性更强，更需要对症下药。一般要根据病原菌的类型，如细菌、低等真菌（霜霉病、疫病等）、高等真菌（白粉病、锈病、叶斑病、炭疽病等）、病毒、线虫等，来选择药剂品种。

①细菌性病害　铜制剂、叶青双、春雷霉素。

②霜霉病　安克（烯酰吗啉）、氟吗啉、霉多克、克露（霜脲・锰锌）、甲霜灵・锰锌、乙膦铝。

③炭疽病、叶斑病　扑海因、敌力脱、施保克、世高。

④锈病、白粉病　特富灵、好立克、粉锈宁、硫素剂。

⑤灰霉病（菌核病）　速克灵、施佳乐。

⑥瓜类苗期猝倒病　普力克。

⑦土传病害　福美双、敌克松、土菌清（恶霉灵）。

⑧种传病害　多菌灵、粉锈宁、强氯精进行种子消毒。

⑨混合病害发生、维管束病害　选用内吸性杀菌剂。

⑩病毒病　宁南霉素。

2. 适时施药

根据有害生物的生物学特性、发生规律和为害特点，做到适时施药。适时施药是化学防治的重要环节，在生产上，防治失败常常是由于没有抓住有利时机施药造成的。

（1）虫害防治

害虫的防治适期是敏感虫态的发生高峰期。各虫态对杀虫剂的敏感性有一定的差异。

①卵　卵壳难穿透，内部神经系统发育不完全，对杀虫剂反应较迟钝。

②蛹　有蛹壳保护，代谢慢，对杀虫剂不敏感。

③成虫　因种类而异。

④幼虫　为害发育的主要时期，对药剂最为敏感，但随着龄期增大，对杀虫剂的敏感性降低。在生产上，常采用卵孵化盛期为最佳防治期。

防治适期还应考虑害虫的为害习性。具体来说：钻蛀性害虫应在钻蛀前施药；蚧壳虫类应在形成蜡壳前施药；潜伏性害虫应在活动高峰期施药；夜出性害虫应在傍晚或晚上施药；蚜虫应在造成卷叶之前、扩散之前施药；夜蛾科应在幼龄期、未分散前施药；豆荚螟在开花期施药，早上 10 点前，下午 5 点后。

确认害虫防治适期的关键是做好预测预报工作。对于一些害虫，还要掌握简单的测报方法，如利用物候法到田间调查发育进度。例如，对于荔枝蒂蛀虫，采集带蛹叶片回室内，当羽化率 20％时施药。

（2）病害防治

适时施药在病害防治中更为重要，病害一旦流行，药剂防治则很难奏效。

病害的适时施药比较难掌握，因为病害的预测预报比较困难，防治时期主要根据以下三点来确定。

① 作物的生长期　在作物的感病期施药。

② 天气条件　风、雨、洪水、高温高湿、干旱。如台风过后柑橘易发生溃疡病；台风、洪水后水稻易发生细条病，需立即组织叶青双施药；荔枝在花期、结果期、成熟期遇上雨天易产生霜霉病；干旱天气作物易产生白粉病。

③ 经验　根据历年的病害发生时期来决定施药时期，做好田间记录很重要。

(二)环境因素对药效的影响

1. 温度

温度对药效的影响较大,特别是对杀虫剂。杀虫剂的温度系数$=LD_{50}$(20℃)/LD_{50}(30℃),其中LD_{50}指能杀死一半试验总体的有害物质、有毒物质或游离辐射的剂量。目前大部分杀虫剂都属于正温度系数杀虫剂,但拟除虫菊酯为负温度系数杀虫剂,在北方效果好。

2. 湿度

湿度对土壤处理药剂,特别是除草剂影响大,对杀虫剂、杀菌剂的影响相对较小。土壤处理除草剂的药效与土壤湿度关系非常密切,湿度越大,药效越好。

湿度对杀虫剂、杀菌剂的影响主要是药剂的黏着、展布方面。对于杀菌剂来说,在一定范围内,湿度与药效呈正相关,但湿度过大,不利于内吸性药剂的内吸和输导。

3. 光照

大部分农药可不同程度被光解,在光照条件下药效降低。辛硫磷经 4 h 光照可降解 1/2,在土壤中较稳定。一些植物性杀虫剂,如除虫菊、鱼藤酮也容易因光解而降低药效。但有些农药在光照条件下,毒杀效果显著提高,这类农药称为光活化农药。

4. 雨

雨可冲刷靶标上的药剂而降低药效,对茎叶处理剂的药效产生影响,但对内吸剂和黏着性能好的药剂,影响相对较小。对于土壤处理剂,适度的雨水可提高药效,但雨量大或淋溶性强的药剂则可能因降水而降低药效,并且增大药害的可能性,甚至污染地下水。

六、热力烟雾机

热力烟雾机(俗称弥雾机、云雾机、水雾机)是一种以脉冲式喷气发动机为动力的新型植保器械,具有重量轻、操作使用方便、生产效率高、应用广泛等特点。该机器施放的云雾粒子直径小,可随气流扩散、弥漫,并具有极好的穿透性和附着性,在防治农业病虫害中可获得理想效果,在用于农田具有株冠层的高秆作物和温室中栽培作物病虫害的防治中效果尤为理想。

1. 优点

(1)雾化效果良好

药液通过机器的爆发管被汽化后喷出,在空气中迅速降温变成云雾状、直径为 20 μm 左右的细小液滴,能很快地黏附在作物叶片的反面和正面。

(2)着液均匀

机器产生的云雾状液滴,凝结力强,密度大,漂移性差,不流失,农药的利用率高达 75%以上。

(3)防治效果理想

该机器药液使用浓度在 200 倍左右,亩用水量在 2.5 kg 左右,药液自下而上首先接触叶片的背面,能充分发挥药剂对虫害的触杀性,能使内吸性和内渗性药剂的利用率大大提高,尤其显示出对虫卵的杀灭能力。因其产生云雾状的药液细微均匀,药膜较薄,阻碍不了叶片的正常呼吸,不易使作物产生药害。

(4)提升效率

一台机器每人每小时可喷施 20～25 亩,每人每天工作 8 h,可轻松地喷施 120～150 亩。

(5)绿色环保,降低残留

因该机器产生的云雾状液滴飘移性差,不流失,减少对空气、地表、地下水造成的污染。其用药量是常规植保器械的 1/2 左右,且全年能减少喷药次数,大大降低农作物的农药残留。

(6)机器寿命长,易操作

机器整机无运动部件,不需要润滑,日常维护简单,性能稳定,寿命长。一般人员经简单培训即可操作。

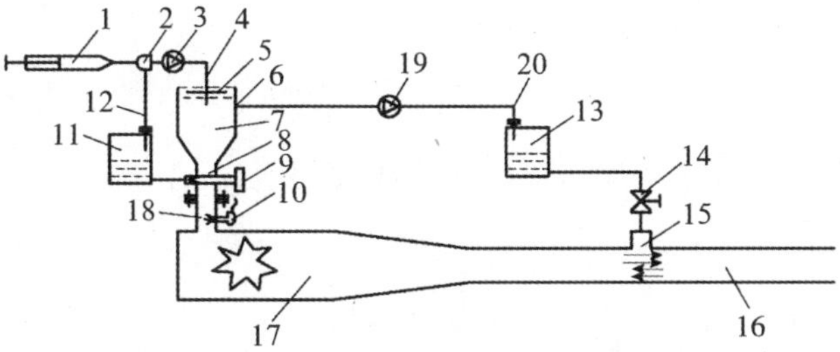

图 3-34　常规脉冲烟雾水雾机结构简图

1. 打气筒　2. 三通阀　3. 起动单向阀　4. 进气管　5. 单向膜片　6. 引压管口　7. 化油器　8. 喉管　9. 油针　10. 火花塞　11. 油箱　12、20. 引压管　13. 药箱　14. 药开关　15. 药喷嘴　16. 喷管　17. 燃烧室　18. 燃烧室前室　19. 药箱加压单向阀

2. 结构及工作原理

(1)结构

常规脉冲式烟雾水雾机结构如图 3-34 所示,主要由脉冲发动机和供药系统两大部分组成。脉冲发动机的主体结构是燃烧室和喷管(简称燃烧室-喷管),另外还包括点火、供油、起动等装置。供药系统则由药箱、药开关、药喷嘴、加压单向阀等组成。

(2)工作原理

起动时利用打气筒手动打气,分别给化油器供气及对油箱加压。由化油器形成的可燃混合气通过位于燃烧室前室处的火花塞点火燃烧(火花塞只在起动时发挥点火作用,正常工作后进入燃烧室的可燃混合气由上一循环的余火或高温壁面点火燃烧而不用火花塞点火)。燃烧室压力突增,关闭进气单向膜片,燃烧后的热气流经过喷管从喷口排出。燃烧室内压力下降,单向膜片打开开始进气,随燃烧室内压力进一步下降,喷管内气流由向外排出转向喷管内进气,燃烧室内刚进入的可燃混合气获得进一步压缩,再次点燃,形成周期性进气-燃烧-排放的循环往复过程。发动机的供油是由化油器进气时在喉管处形成的负压完成吸油。脉冲式烟雾水雾机的工作则是依靠脉冲发动机自激自吸的脉动燃烧振荡。发动机工作时在喷管内形成沿喷管轴向的周期往复的高温紊流排放气流,药液(无论是热雾剂还是水雾剂)由位于喷管上的药喷嘴进入喷管内,利用喷管内高温脉动热气流的热能和紊流动能将药液破碎、裂化、蒸发,从喷管出口排出后冷凝,形成非常微小的烟雾或水雾雾滴。整机除化油器上进气单向膜片以及药箱加压单向阀产生小位移运动外,没有其他任何运动部件。脉冲发动机燃烧阶段产生的较高压力通过位于化油器上的引压管口及药箱加压单向阀引入至药箱内给药液加压,使药液以一定流量在药箱内微压作用下自动流入喷管内,形成药液供给系统。整机不需要提供油泵、供气泵及供药泵等耗能装置。

实训　热力烟雾机的使用与维护

一、目的与要求

了解热力烟雾机的功能特点,掌握热力烟雾机的操作与应用。

二、材料与用具

热力烟雾机、各种农药粉剂等。

三、方法与步骤

准备工作有两项,一是各零件的组装,二是药液的配制。

（一）零件的组装

1. 安装

按照机器包装内的说明正确安装。

2. 准备

此环节包括安装电池（注意电池正负极方向）、灌装汽油、灌装药品、确认药阀关闭等。

3. 启动

（1）排空

首先按下油门按钮，再按住点火开关并用气筒打气，打气次数为5～6次。打气时均匀用力即可。在热机启动时，应减小打气的力量。

（2）启动

排空打气5～6次后，拉出油门按钮，按住点火开关继续用气筒打气，直到机器正常启动为止。

注意事项：若拉出油门按钮以后，气筒连续打气4～5下后没有启动或有爆炸声，应立即按下油门按钮，按住点火开关重新排空，再启动。不可打开油门后连续不停地打气，此时容易导致机器化油器上油太多而熄火，多余的油会从化油器进气阀处流出。

（二）药液的配制

各种农药都有自己的特点和使用范围，由于药剂的有效成分不同，对病、虫、杂草的作用和效力也不一样。同时病、虫、杂草种类繁多，作物品种和生长情况不同，对药剂的反应也不一样，因此配制药液按照农药使用说明书的规定进行。如果农药是可湿性粉剂，应先调制成糊状，然后再加清水搅拌、过滤；如果农药是乳剂，则先放清水后加原液至规定浓度，再搅拌、过滤。

四、注意事项

1. 天气

喷药一般应在无风的晴天进行，阴雨天或将要下雨时不宜施药，以免药液被雨水冲失。如在有风时喷药，应注意风向，一般应在上风头向下处喷药，如风速很大，则应停止喷药。

2. 方法

喷药应注意均匀、适量、周到，如喷药过多会浪费药剂，喷药太少则效果不好。一般常规都是针对性喷雾，直接对准作物的茎叶全部喷施即可。

3. 开始喷药

将药阀手柄顺时针旋转到药阀平行位置的打开位，5 s左右便可喷出水雾。

4. 停止喷药

将药阀手柄逆时针扳到垂直球阀即可停止喷药。

5. 停机

将油门按钮按下即可停机。注意：停机时一定要先关药阀，再关油门；中途加药、加油应待机器冷却后先加药、再加汽油。严禁发动机工作时或刚停机时加药剂、加汽油。注意人身安全，不要让身体或衣物接触高温的冷却管。

6. 注意事项

（1）停机前一定要首先关闭药液阀，待无烟雾喷出后再关闭油门。

(2)当遇到突然自动停机时,要首先立即关闭药液阀,拧松药箱盖,放出药箱内的压缩空气。

(3)启动时,应确保药阀处于关闭状态。

(4)药阀除正常喷烟时开启外,其余时间一律关闭,严禁随便开启,以免发生着火现象。

(5)当不使用机器时,应及时旋松药箱盖,以放出其中的压缩气体。在烈日下工作时更应注意这一点。

(6)在有作物的棚中喷烟后,一般在闷棚 1~2 h 之后揭棚放烟,时间过长可导致烟化的农药和烟雾剂变凉后下沉,会附着在作物的茎叶、果实上,影响作物的呼吸和果实的品质。

任务二 | 病虫害物理防治技术与装备

任务描述

掌握园艺植物病虫害物理防治方法;熟知园艺植物病虫害物理防治装备特点。

任务分析

园艺植物病虫害物理防治技术运用绿色环保技术以实现节约资源和保护环境的目的,要想达成这样的目标,需要掌握园艺植物病虫害物理防治的特点及装备特点。

知识链接

利用各种物理因素和机械设备来防治病虫害的方法称为物理防治方法。这类方法简单易行,经济安全,很少有副作用,但有的措施费力,或者效果不理想。

一、捕杀法

利用人工或各种简单的器械捕捉或直接消灭害虫的方法称为捕杀法。人工捕杀适用于具有假死性、群集性或其他目标明显易于捕捉的害虫。如多数金龟甲、象甲的成虫具有假死性,可在清晨或傍晚将其振落杀死;结合园圃日常管理,人工捏杀卷叶蛾虫苞、摘除虫卵、捕捉天牛成虫等。此法不污染环境,不伤害天敌,无需额外投资,便于开展群众性防治。

二、诱杀法

利用害虫的趋性,人为设置器械或诱物来诱杀害虫的方法称为诱杀法。利用此法还可以预测害虫的发生动态。

1. 灯光诱杀

利用害虫对灯光的趋性,人为设置灯光来诱杀害虫的方法称为灯光诱杀(图 3-35)。目前生产上所用的光源主要是黑光灯,此外,还有高压电网灭虫灯等。

(1)黑光灯

黑光灯是一种能发射 360 nm 紫外线的低气压汞气灯,大多数害虫的视觉神经对波长 330~400 nm 的紫外线特别敏感,具有较强的趋光性,因而诱虫效果很好,能诱集 15 目 100 多科的几百种昆虫,其中多数是农林害虫。利用黑光灯诱虫,诱集面积大,成本低,不仅能消灭大量虫源,降低下一代的虫口密度,还可用于预测预报和科学实验。安置黑光灯时应以安全、经济、简便为原则。诱虫时间一般在 5—9 月,选择闷热、无风无雨、无月光的天气开灯,以晚上 9—10 时诱虫最多。

(2)电子杀虫灯

电子杀虫灯是利用昆虫的趋光性、趋波性、雌雄飞蛾趋性等特点,采用具有特定光谱的光源和灭杀装置对害虫实施物理灭杀。该技术不仅可以减少杀虫剂的使用、延缓害虫的抗药性,而且对天敌的杀伤作用也较白炽灯、高压汞灯和黑光灯为轻,可诱杀棉铃虫、金龟子、松毛虫等1 000多种害虫。该技术也广泛应用于养殖业,诱杀的害虫可作为家禽和水产养殖的天然饵料。

图3-35 灯光诱杀

电子杀虫灯一般分为频振式和互感式两种,电源供给有交流供电、直流供电、太阳能电池供电等形式。

2. 食物诱杀

(1)毒饵诱杀

利用害虫的趋化性,在其所喜欢的食物中掺入适量毒剂来诱杀害虫的方法叫毒饵诱杀。例如蝼蛄、地老虎等地下害虫,可用麦麸、谷糠等作为饵料,掺入适量敌百虫、辛硫磷等药剂制成毒饵来诱杀。诱杀地老虎、梨小食心虫成虫时,常以糖醋液作为饵料,以敌百虫作为毒剂来诱杀。

(2)饵木诱杀

许多蛀干害虫,如天牛、小蠹虫等喜欢在新伐倒木上产卵繁殖,因而可在这些害虫的繁殖期,人为地放置一些木段,供其产卵,待卵全部孵化后进行剥皮处理,消灭其中的害虫。

(3)植物诱杀

植物诱杀是利用害虫对某些植物有特殊的嗜食习性,人为种植或采集此种植物诱集捕杀害虫的方法。如在田园周围种植蓖麻,可使金龟甲误食后被麻醉,从而集中捕杀。

3. 潜所诱杀

利用害虫在某一时期喜欢某一特殊环境的习性,人为设置类似的环境来诱杀害虫的方法称为潜所诱杀。如在果树干基部绑扎草把或麻布片,可引诱某些蛾类幼虫前来越冬;在蔬菜田内堆集新鲜杂草,能诱集地老虎幼虫潜伏草下,然后集中杀灭。

图3-36 黄板诱杀

4. 色板诱杀

将黄色粘胶板设置于园艺植物栽培区域,可诱粘到大量有翅蚜、白粉虱、斑潜蝇等害虫,其中以在温室保护地内使用时效果较好(图3-36)。

三、阻隔法

人为设置各种障碍,以切断病虫害的侵害途径,这种方法称为阻隔法,也叫障碍物法。

1. 涂毒环、涂胶环

对有上、下树习性的幼虫可在果树干上涂毒环或涂胶环,以阻隔和触杀幼虫。胶环的制作可用以下配方:蓖麻油10份、松香10份、硬脂酸1份。

2. 挖障碍沟

对不能迁飞只能靠爬行扩散的害虫，为阻止其迁移危害，可在未受害区周围挖沟，害虫坠落沟中后予以消灭。对紫色根腐病等借助菌索蔓延传播的根部病害，在受害植株周围挖沟能阻隔病菌菌索的蔓延。

3. 设障碍物

有的害虫雌成虫无翅，只能爬到树上产卵。对这类害虫，可在上树前在树干基部设置障碍物阻止其上树产卵，如在树干上绑塑料布或在干基周围培土堆，制成光滑的陡面。

4. 土壤覆膜或盖草

许多叶部病害的病原物是在病残体上越冬的，蔬菜、花木栽培地早春覆膜或盖草（稻草、麦秸草等）可大幅度地减少叶部病害的发生。其原理是地膜或干草对病原物的传播起到了机械阻隔作用。

5. 纱网阻隔

对于保护地内栽培的园艺植物，可采用 40～60 目的纱网覆罩，不仅可以隔绝蚜虫、叶蝉、粉虱、蓟马等害虫的危害，还能有效地减轻病毒病的侵染。此外，在目的植物周围种植高秆且害虫喜食的植物，可以阻隔外来迁飞性害虫的危害。土表或苗床覆盖银灰色薄膜，可使有翅蚜远远躲避，从而保护园艺植物免受蚜虫的危害并减少蚜虫传毒的机会。

四、近代物理技术的应用

近几年来，臭氧、原子能、超声波、紫外线、红外线、激光、高频电流等，正普遍应用于生物物理范畴，其中很多成果在病虫害防治中得到应用。

1. 温室臭氧灭害技术

温室臭氧灭害技术利用臭氧的强氧化作用来防治温室病虫害的发生。该技术具有无污染、无残留的特点，对常见的灰霉、霜霉等气传病害，疫病、蔓枯病等土传病害效果显著，可节省农药 60%～90%。

图 3-37 臭氧发生器

主要设备是臭氧发生器（图 3-37），该机将温室空气吸进设备中，通过放电的方式来激活空气中的氧气，从而获得臭氧，并通过管道均匀撒布在温室各处。在此过程中，臭氧分解出单原子氧，这些单原子氧与空气中、温室表面、室内建筑结构表面的细菌、真菌及病毒接触后，就将这些微生物的组织蛋白、氨基酸、硫醇类物质氧化，致使微生物死亡。

实践表明，利用温室植物病害臭氧发生器产生的低质量分数的臭氧，可以防治温室黄瓜、青椒、茄子等果菜类作物的所有气传病害和大部分土传病害。低质量分数的臭氧能有效预防黄瓜霜霉病、白粉病、炭疽病、蔓枯病、花叶病毒的大面积发生，对茄子、菜豆灰霉病也有预防作用，且平均综合防效达到 78%以上。其中，对黄瓜灰霉、霜霉病等气传病害的防效为 90%～100%；对黄瓜疫病、蔓枯病等土传病害的防效为 73%～100%；对茄子灰霉病的防效为 94%～100%；对茄子黄萎病的防效为 90%～100%。

除对病害有显著防效外，臭氧对部分虫害也有防治效果。如对蚜虫的防效在 63%～86%，但对白粉虱、红蜘蛛、斑潜蝇无明显防效。

影响臭氧防治病害效果的因素。

(1)浓度和作用时间

臭氧杀菌要求有一定的浓度和作用时间。用于温室植物病害防治且又不危害植物生长的臭氧质量分数为 0.12 mg/m^3，使用时间应小于 20 min。环境中的温度、湿度、光照等因素对臭氧的杀菌效果有显著影响。温度愈高，臭氧的杀菌效果愈差。棚温在 30℃以上的白天，臭氧灭菌几乎无效。高湿、有光照环境下的防治效果较高湿、无光照的差。由此可见，臭氧在夜晚及阴天的杀菌效果好。当夜间臭氧质量分数维持在 0.06～0.08 mg/m^3 且持续 15～30 min 时，植物全生育期内不会患病。在植物全生育期内每天使用质量分数为 0.2 mg/m^3 的臭氧作用 10 min，能有效预防病害的大面积发生。温室夜间臭氧质量分数保持在 0.06～0.08 mg/m^3 时，可有效防治黄瓜的各种病害。

(2)扩散方式

改善臭氧的扩散方式可显著提高其对作物病害的防治效果，这与臭氧的比重及扩散方式有直接关系。实践证明，铺设在 1.5～2.5 m 高处的臭氧扩散管对茄子、青椒等低矮蔬菜病害的防治效果明显好于黄瓜、甜瓜、豆角等高秧作物。

2. 原子能的利用

原子能可用来防治病虫害，例如直接用 322 万 mSv 的 ^{60}Co γ-射线照射仓库害虫，可使害虫立即死亡。即使用 64.4 万 mSv 剂量，仍有杀虫效力，部分未被杀死的害虫，虽可正常生活和产卵，但生殖能力受到了损害，所产的卵粒不能孵化。

3. 高频、高压电流的应用

每秒 3 000 万 Hz 的电流称为高频率电流，每秒 3 000 万 Hz 以上的电流称为超高频电流。在高频率电场中，由于温度增高等原因，可使害虫迅速死亡。该法主要用于防治仓贮害虫、土壤害虫等。高压放电也可用来防治害虫，如国外设计一种机器，两电极之间可以形成 5 cm 的火花，在火花的作用下，土壤表面的害虫在很短时间内即可死亡。

4. 超声波的应用

利用振动在 20 000 次/s 以上的声波所产生的机械动力或化学反应来杀死害虫，例如对水源的消毒灭菌、消灭植物体内部害虫等。也可利用超声波或微波引诱雄虫远离雌虫，从而阻止害虫的繁殖。

5. 光波的利用

一般黑光灯诱集的昆虫有害虫也有益虫，近年根据昆虫复眼对各种光波具有很强鉴别力的特点，采用对波长有调节作用的“激光器”，将特定虫种诱入捕虫器中加以消灭。

任务三 | 病虫害生物防治技术

任务描述

了解园艺植物病虫害生物防治特点。

任务分析

生物防治是利用一种生物对付另外一种生物的方法。该方法利用了生物物种间的相互关系，以一种或一类生物抑制另一种或另一类生物，最大优点是不污染环境。

知识链接

生物防治利用有益生物及其代谢物质来控制病虫害。生物防治的特点是对人、畜、植物安全，害虫不产生抗性，天敌来源广，且有长期抑制作用。但往往局限于某一虫期，作用慢，成本高，人工培养及使用技术要求比较严格，必须与其他防治措施相结合才能充分发挥其应有的作用。

一、利用有益动物防治害虫

(一)利用天敌昆虫防治害虫

1. 捕食性天敌昆虫

专以其他昆虫或小动物为食物的昆虫，称为捕食性天敌昆虫。这类昆虫有些用咀嚼式口器直接蚕食虫体的一部分或全部；有些则用刺吸式口器刺入害虫体内吸食害虫体液使其死亡。这类天敌，一般个体较被捕食者大，在自然界中抑制害虫的作用十分明显。螳螂、瓢虫、草蛉、猎蝽、食蚜蝇、虎甲、蜻蜓等是最常见的捕食性天敌昆虫。

2. 寄生性天敌昆虫

一些昆虫种类在某个时期或终身寄生在其他昆虫的体内或体外，以寄主体液和组织为食来维持生存，最终导致寄主昆虫死亡，这类昆虫称为寄生性天敌昆虫。其个体一般较寄主小，数量比寄主多，在1个寄主上可育出1个或多个个体。常见的昆虫有赤眼蜂、姬蜂、小茧蜂、蚜茧蜂、土蜂、肿腿蜂、黑卵蜂及寄蝇类等。

3. 天敌昆虫利用的途径和方法

(1)当地自然天敌昆虫的保护和利用

自然界中天敌的种类和数量很多，要善于保护和利用。如化学防治时，选用选择性强或残效期短的杀虫剂，选择适当的施药时期和方法，以减少杀虫剂对天敌的伤害；搜集瓢虫、螳螂等越冬成虫于室内进行保护，翌春再放回田间，以保护天敌安全越冬；适当种植蜜源植物，改善天敌的营养条件等。

(2)人工大量繁殖释放天敌昆虫

人工大量繁殖天敌，在害虫发生初期释放，可取得较显著的防治效果。目前已繁殖利用成功的有赤眼蜂、异色瓢虫、黑缘红瓢虫、草蛉、蜀蝽、平腹小蜂、管氏肿腿蜂等。

(3)移植、引进外地天敌

天敌移植是指天敌昆虫在本国范围内移地繁殖。天敌引进是指从一个国家移入另一个国家。1978年我国从英国引进的丽蚜小蜂，在北京等地试验，控制温室白粉虱的效果十分显著。1953年湖北省从浙江移植大红瓢虫防治柑橘吹绵蚧，获得成功，后来四川、福建、广西等地也引入了这种瓢虫，均获成功。

(二)利用其他有益动物防治害虫

1. 蜘蛛和螨类治虫

蜘蛛为肉食性，主要捕食昆虫。捕食螨是指捕食叶螨和植食性害虫的螨类，主要有植绥螨科、长须螨科，如尼氏钝绥螨、拟长毛钝绥螨已能人工饲养繁殖并释放于温室和田间，对防治叶螨具有良好效果。

2. 蛙类治虫

青蛙、蟾蜍等主要以昆虫及其他小动物为食，所捕食的昆虫绝大多数为农林害虫。蛙类食量很大，如泽蛙1天可捕食叶蝉260头。为发挥蛙类治虫的作用，除严禁捕杀蛙类外，还应加强人工繁殖和蛙类放养，保护蛙卵和蝌蚪。

3. 鸟类治虫

据调查，我国现有1 100多种鸟，其中食虫鸟约占半数，对抑制园艺植物害虫的发生起到了一定作用。

二、利用有益微生物防治病虫害

(一)以菌治虫

人为利用病原微生物使害虫得病而死亡的方法称为以菌治虫,能使昆虫得病而死亡的病原微生物有真菌、细菌、病毒、立克次氏体、原生动物及线虫等,目前生产上应用较多的是前3类。

1. 细菌

昆虫病原细菌已经发现的约有90余种,多属于芽孢杆菌科、假单胞杆菌科和肠杆菌科。在害虫防治中应用较多的是芽孢杆菌属和芽孢梭菌属。病原细菌主要通过消化道侵入虫体内,导致昆虫败血症或产生毒素使其死亡。被细菌感染的昆虫,食欲减退,口腔和肛门具黏性排泄物,死后虫体颜色加深,并迅速腐败变形、软化、组织溃烂,有恶臭味,通称软化病。目前我国应用最广的细菌制剂主要有苏云金杆菌,松毛虫杆菌、青虫菌均为其变种。这类制剂无公害,可与其他农药混用,并且对温度要求不严,对鳞翅目幼虫防效好。

2. 真菌

病原真菌的类群较多,约有750种,但研究较多且实用价值较大的主要是接合菌中的虫霉属、半知菌中的白僵菌属、绿僵菌属及拟青霉属。病原菌以其孢子或菌丝自体壁侵入昆虫体内,以虫体各种组织和体液为营养,随后虫体上长出菌丝,产生孢子,随风和水流进行再侵染。感病昆虫常出现食欲锐减、虫体萎缩,死后虫体僵硬,体表布满菌丝和孢子。目前应用较为广泛的真菌制剂是白僵菌,可有效地控制鳞翅目、同翅目、膜翅目、直翅目等害虫,而且对人畜无害,不污染环境。

3. 病毒

病毒病在昆虫中很普遍,利用病毒来防治害虫的主要特点是专化性强,在自然情况下,往往只寄生一种害虫,不存在污染与公害问题。昆虫感染病毒后,虫体多卧于或悬挂在叶片及植株表面,后期流出大量液体,但无臭味,体表无丝状物。在已知的昆虫病毒中,防治应用较广的有核型多角体病毒(NPV)、颗粒体病毒(GV)和质型多角体病毒(CPV)三类。这些病毒主要感染鳞翅目、双翅目、膜翅目、鞘翅目等的幼虫。

4. 线虫

有些线虫可寄生于地下害虫和钻蛀害虫,导致害虫生长抑制或死亡。被线虫寄生的昆虫通常表现为褪色或膨胀、生长发育迟缓、繁殖能力降低,有的出现畸形。目前,国外利用线虫防治害虫的研究正在形成生防热点,我国线虫研究工作起步虽晚,但发展很快,预计不久就会取得一定成果。

5. 杀虫素

某些微生物在代谢过程中能够产生杀虫的活性物质,称为杀虫素。目前取得一定成效的有杀蚜素、T21、44号、7180、浏阳霉素等。近几年大批量生产并取得显著成效的有阿维菌素、浏阳霉素等。该类药剂杀虫效力高、不污染环境、对人畜无害,符合当前无公害生产的原则,因而极受欢迎。

(二)以菌治病

某些微生物在生长发育过程中能分泌一些抗菌物质,抑制其他微生物的生长,这种现象称为拮抗作用。利用有拮抗作用的微生物来防治植物病害,有的已获得成功。如利用哈氏木霉菌防治茉莉花白绢病,有很好的防治效果。目前,以菌治病多用于土壤传播的病害。

三、利用昆虫激素防治害虫

昆虫的激素分外激素和内激素两大类型。

（一）昆虫外激素的应用

昆虫的外激素是昆虫分泌到体外的挥发性物质，是昆虫对其同伴发出的信号，便于寻找异性和食物。已经发现的有性外激素、结集外激素、追踪外激素及告警激素，目前研究应用最多的是雌性外激素。某些昆虫如棉铃虫、马尾松毛虫、桃小食心虫、梨小食心虫、苹小卷叶蛾等的雌性外激素已能人工模拟合成，称为性诱剂，在害虫的预测预报和防治方面起到了非常重要的作用。

1. 诱杀法

利用性引诱剂将雄蛾诱来，配以粘胶、毒液等方法将其杀死。

2. 迷向法

成虫发生期，在田间喷洒适量的性引诱剂，使其弥漫在大气中，雄蛾无法寻找雌蛾，从而干扰正常的交尾活动。

3. 绝育法

将性诱剂与绝育剂配合，用性引诱剂把雄蛾诱来，使其接触绝育剂后绝育，从而起到灭绝后代的作用。

4. 应用于害虫的预测预报

利用性诱剂引诱某种害虫，可掌握该种害虫的发生初期、盛期、末期及发生量，以指导防治。

（二）昆虫内激素的应用

昆虫内激素是分泌在体内的一类激素，用以控制昆虫的生长发育和蜕皮。昆虫内激素主要有保幼激素、蜕皮激素及脑激素。在害虫防治方面，如果人为地改变内激素的含量，可阻碍害虫正常的生理功能，造成畸形，甚至死亡。目前，人们已能人工模拟内激素合成多种特异性杀虫剂应用于生产中，如保幼炔（保幼激素类似物）、抑食肼（蜕皮激素）、灭幼脲及扑虱灵（几丁质合成酶抑制剂）等。

项目三　连作障碍综合防治技术

任务一　认识连作障碍

任务描述

了解土壤连作障碍产生的原因；了解土壤发生连作障碍的特点。

任务分析

连作障碍会导致作物减产、病虫害蔓延，生产中要采取有力措施避免连作障碍的发生。

知识链接

连作障碍具有以下危害。

狭义的连作是指在同一块地里连续种植同一种作物(或同一科作物)；广义的连作是指同一种作物或感染同一种病原菌或线虫的作物连续种植。同一作物或近缘作物连作以后，即使在正常管理的情况下，也会出现产量降低、品质变劣、生育状况变差的现象，这就是连作障碍。

1. 病虫害加重

设施连作后，由于土壤理化性质以及光照、温湿度、气体的变化，一些有益微生物(铵化菌、硝化菌等)的生长受到抑制，而一些有害微生物迅速得到繁殖，土壤微生物的自然平衡遭到破坏，不仅导致肥料分解过程的障碍，而且病虫害发生多、蔓延快，且逐年加重，特别是一些常见的叶霉病、灰霉病、霜霉病、根腐病、枯萎病和白粉虱、蚜虫、斑潜蝇等基本无越冬现象，从而使生产者只能靠加大药量和频繁用药来控制病虫害，造成对环境和农产品的严重污染。

2. 土壤次生盐渍化及酸化

设施栽培施药量大，加上常年或几乎常年覆盖改变了自然状态下的水分平衡，土壤长期得不到雨水充分淋浇。设施内温度较高、土壤水分蒸发量大，下层土壤中的肥料和其他盐分会随着深层土壤水分的蒸发，沿土壤毛细管上升，最终在土壤表面形成一薄层白色盐分，即土壤次生盐渍化现象。据有关部门测定，露地土壤盐分浓度一般在 3 000 mg/kg 左右，而大棚内常可达 7 000～8 000 mg/kg，有的甚至高达 20 000 mg/kg。同时，由于过量施用化学肥料，土壤的缓冲能力和离子平衡能力遭到破坏，土壤 pH 下降。土壤酸化现象造成土壤溶液浓度增加，使土壤的渗透势加大，农作物种子的发芽、根系的吸水吸肥均不能正常进行。

3. 积累有害物质

根系生长过程中分泌的有毒有害物质得到积累，进而影响蔬菜的正常生长。

4. 缺少营养元素

由于蔬菜对土壤养分吸收的选择性，单一茬口易使土壤中矿质元素的平衡状态遭到破坏，营养元素之间的拮抗作用常影响到蔬菜对某些元素的吸收，容易出现缺素症状，最终使生育受阻，产量和品质下降。

土壤连作障碍在温室和大棚内作物生产中普遍存在，严重影响蔬菜的产量和品质，是设施栽培中亟待解决的问题。

目前，人们常采用轮作间作、合理施肥、嫁接、土壤消毒等方法来防治连作障碍，其中施肥或添加化学药剂对土壤进行消毒处理是主要措施之一，但这样会造成土壤环境的二次污染。

任务二 | 连作障碍综合防治技术与装备

任务描述

掌握园艺植物连作障碍综合防治技术；会使用园艺植物连作障碍的防治装备。

任务分析

设施园艺植物因发生病虫害造成产量损失和品质下降时，需要区别判断损失下降的原因，找到问题的根源以利于解决问题。

知识链接

一、空间电场防病促生技术

空间电场防病促生技术最初的发明者是大连农机研究所的刘滨疆研究员等人，当时的发明专利名称为“可稳定提高植物产量的高电压促进与护卫技术”。该技术是能够调节植物生长环境，显著促进植物生长，并有效预防气传病害发生的空间电场环境调控系统，是在国家自然科学基金、地区科学研究重点攻关项目等多方资助下，历经十几年的基础研究完成的。在空间电场防病促进生长理论的指导下，通过近 10 年的应用研究和生产实践，逐步形成了能够满足温室园艺不同生产要求的空间电场生长环境调控系列产品，并取得了发明专利，通过了省级鉴定。其商业化产品是温室电除雾防病促生机，或称空间电场防病促生机。

目前，空间电场系列装备一方面在植物气传病害预防方面达到了 100％的效果，并且显著地改善了温室的空气质量，而且也显示出了预防土传病害的作业能力以及预防樱桃、葡萄裂果的特殊效能。另一方面，在植物增产方面不但显示出了空气氮肥化增产 14％以上的效果，还显示出了与二氧化碳同补获取的产量倍增效应以及果实增甜效应，使得小萝卜产量接近成倍增加。除了植物病害能够彻底预防以外，最让人头疼的白粉虱、蚜虫危害以及土壤病虫害都得到了完全的物理防治，是实现“零农药”植物生产技术的巨大进步。

空间电场防病促生技术的原理：在空间电场力的作用下产生大量的阴阳带电离子，温室内的雾气、粉尘等悬浮物被带电离子立刻荷电而进行定向脱除运动，并迅速吸附于地面、墙壁、作物表面等处，同时，附着在雾气、粉尘上的大部分病原微生物也会在高能带电粒子、臭氧的双重作用下被灭活。该技术可以抑制雾气的升腾和粉尘的飞扬，隔绝了气传病害的气流传播渠道，使农业生产环境持续保持少菌少毒状态。

空间电场防病促生设备主要应用于温室作物、畜禽养殖和食用菌生产。主要设备有温室电除雾防病促生设备、畜禽舍空间电场防病促生设备、食用菌空间电场防病促蕾设备。

1. 空间电场调控植物生长作用

(1)负极大地的聚水作用

在植物生长的空间电场环境中,大地为负极,根据负极聚水原理,空气中的水分、土壤深层的水分、空间电场辐射区域外的土壤水分均向负极的土壤转移,这是正向空间电场环境中植物生长旺盛的负极聚水效应(电渗原理)。

(2)空气中氮气氮肥化作用

由于设置在植物上方的正电极带有足以使空气发生电离的高电压(电晕放电现象),空气中的氮气(N_2)与氧气(O_2)反应产生可溶于水的NO,进而被植物吸收,这是空间电场环境中植物叶色浓绿、生长旺盛的另一重要原因。

(3)根系土壤界面的水电解放氧作用

在空间电场环境中,空气泄漏电流由上空正极通过空气、植物、根系与土壤界面导入大地。对于根系-土壤微环境,根系相当于正极,土壤则为负极,土壤中水电离的OH^-则在根系土壤界面处发生微电解反应而生成氧气,这就是空间电场环境中植物根系活力(根白而发达)显著高于普通环境中根系活力的原因。

(4)养分向根系迁移

在正向空间电场环境中,植物根系可向根系-土壤界面释放大量的氢离子(H^+),这是形成空间泄漏电流的质子载体,这些氢离子与土壤中的阳离子进行交换。同样,当场强$E<0$时,由根系传递出的碳酸氢根离子(HCO_3^-)也可以引起多种离子成分的交换,这也是植物在空间电场环境中旺盛生长的原因之一。

2. 空间电场调控植物病害防治作用

(1)空间电场的净化空气作用

这是直流性质的静电场除尘机理。建立空间电场的空中电极线、地面植株的尖端以及其他空间电场环境中的导体会在高电压的作用下产生能够引起电晕放电的电晕电场,处于其间的气溶胶会荷上相同的带电电荷,并在电场力的作用下进行由空气指向地面的脱除运动。携带真菌孢子等各种空气微生物的气溶胶可在空间电场中被去除。

(2)电晕放电致空气电离的灭菌作用

高电压电极线、植物尖端等大曲率半径的物体形成的强电场将其周围的空气电离,进而形成具有强烈氧化能力的臭氧、氮氧化物,这些物质能够把引起气传病害的空气微生物灭活。

(3)高能带电粒子的灭菌作用

在空间电场环境中,植物上方空间保持有大量的正离子,而靠近地面的植物生长空间保持有大量的负离子。对于空气微生物,正离子比负离子具有更高的杀灭能力。

(4)空气泄漏电流的灭菌作用

土壤-植株生活体系中形成了微弱的直流电流,能够在根系-土壤界面形成微弱的电解水、电解氯反应,电解水产生的活性氧以及电解氯离子产生的活性氯可将界面内的微生物杀死。

二、设施园艺土壤培肥与改良管理应遵循的原则

设施园艺土壤培肥与改良是一项综合配套技术,要遵循以下原则。一是有机无机相结合,以有机肥为主,化肥为辅。二是既要重视增加肥料投入,又要避免一次性投入过量,坚持逐年培肥。三是根据不同土壤与作物,采取因地制宜的施肥措施。如质地较黏重的菜田土壤,应尽量选择粗纤维含量高的有机肥料;砂质菜田土壤应增施缓效性有机肥料。四是应施用腐熟的有机肥和不易产生有害气体及盐效指

数小的肥料，忌施易造成土壤障碍的肥料。

（一）解决保护地蔬菜土壤连作障碍主要措施

1. 轮作换茬

在条件允许的情况下，保护地栽培中要根据不同蔬菜的科属类型、根系深浅、吸肥特点及分泌物性质等特性，制定合理的蔬菜轮作制度，实行有计划地轮作换茬，防止连作障碍的发生。例如瓜类-茄果类-豆类-叶菜类轮作等，既能吸收土壤中不同的养分，又可通过换茬减轻土传病害的发生，提高单位面积产量和蔬菜品质。

2. 结合土壤深翻增施含纤维素多的有机肥

据测算，每增加 3 cm 活土层，每亩可增加 70～75 m^3 的蓄水量，并可使当季蔬菜增产 10%左右。深翻深度以 30～40 cm 为宜。每隔 2～3 年可有计划地采用土层翻转改良耕地法整地，将原地表向下 0～20 cm 的耕层土壤平移于下，将其下 10～15 cm 的新土翻转于地表。同时每亩增施富含粗纤维素的充分腐熟优质粪肥或厩肥 2 500～3 000 kg，或以木质素为主原料的有机肥 500～700 kg，以提高土壤碳氮比和保持良好的土壤结构。

3. 参照标准科学测土施肥

蔬菜种类繁多，人为干扰因素较多，导致菜农在施肥上存在很大的盲目性，氮磷钾肥施用比例不合理，中微量元素缺乏没有得到及时补充；肥料利用率低，肥料的增产效应没能充分发挥。

（二）根据土壤障碍主因采取对应措施

1. 土壤理化性状变劣（如土壤板结硬化、酸化、盐渍化等）的调控措施

（1）微生物修复技术

保护地蔬菜生产中利用微生物制剂和生物有机肥及微生物技术等来减轻化学物质污染，改善土壤生物学性状，保护土壤环境，是解决土壤疲劳和生产力退化问题的有效途径。在使用微生物技术对土壤进行修复时，要使微生物在土壤中存活并大量繁殖，发挥应有的作用需要有一定的条件：

①土壤中碳氮比为（10～20）∶1；

②地温 20℃左右；

③土壤的通气性好；

④土壤的酸碱度和湿度适宜，其中土壤中大量的有机质是决定条件。

同时要注意微生物制剂和生物有机肥并不能代替化肥，要连续多茬使用才能收到理想的效果。当前推广应用效果较好的微生物产品有 EM、酵素菌、芽孢杆菌类、木霉等。

（2）土壤调理剂改良

增施天然腐殖酸类、海藻类、纤维素类和木质素类或人工合成的高分子化合物（如阴离子聚丙烯酰胺类等）来增加土壤的水稳定团粒结构，增强土壤的通透性和渗透性，克服土壤板结硬化，调节土壤酸碱度，增强中微量元素活性。

目前推广应用的土壤调理剂分 3 大类。

①无机土壤调理剂：如“Agri-SC”免深耕土壤调理剂等。

②有机土壤调理剂：如海藻类土壤调理剂；木质素类有机肥料等。

③有机-无机土壤调理剂：如微生物-腐殖酸土壤调理剂等。具体用量可参照各产品说明书。

2. 根结线虫病及土传病害严重土壤的调控措施

（1）石灰氮-太阳能消毒与生物有机肥联合修复技术

在夏季保护地休闲时，在土表每亩均匀撒施石灰氮 50～100 kg，加碎秸秆（长 4～6 cm）600～1 000 kg，耕翻、做垄、覆盖地膜、灌透水，用棚膜密封，高温闷棚 20～30 天。在这样的密闭环境中，石灰氮与秸秆和土壤混合后遇水分解产生广谱杀菌、杀虫物质等，与炎热夏季太阳能和日光照射相结合，以杀灭土壤有害微生物和虫卵。在蔬菜定植前随底肥加入生防菌剂，也可以在育苗时往基质加入生防菌剂，或者在生长后期继续施用，以提高生防修复效果，调节土壤微生态平衡，提高整体防治效果。

(2)土壤熏蒸消毒灭菌处理

选用已在蔬菜上登记的经试验证明有较好防效的正规厂家或公司的产品。用化学药剂（如棉隆、溴甲烷、威百亩等）对保护地土壤进行熏蒸，可有效杀灭土壤中的真菌、细菌、土传病害、昆虫、螨类和线虫等，减轻病虫害的发生，提高产量。具体操作方法可参照各产品说明书。但要注意土壤熏蒸处理对土壤微生物区系影响较大，可能会对土壤养分转化吸收、酶活性有一定的影响，土壤熏蒸处理后要增施微生物肥，以利于建立良好的土壤微生态区系。

实训　园艺作物病虫害防治方案制定

一、实训目的

通过对当地园艺作物主要病虫害的调查，熟悉其发生特点，根据实际调查情况和综合治理的原理，制定综合防治病虫害的方案。

二、实训材料和用具

电脑、网络、图书与图谱、校内外实训基地。

三、实训内容和方法

(1)根据当地的园艺作物种植和分布特点，选择塑料大棚或温室内的一种主要蔬菜或花卉为调查对象。

(2)向当地农业技术人员和菜农、花农请教，调查该种园艺作物上主要病虫害发生的种类、发生特点及采取的主要综合防治措施。

(3)网上查阅有关资料或到图书馆查阅参考资料。

四、实训作业

根据当地某种园艺作物上主要病虫害的发生特点，制定该种园艺作物的综合防治方案。

模块四　农业设施环境及其调控

学习目标

1. 了解温湿度对作物生长发育的影响，掌握设施内温湿度环境特点，掌握设施温湿度环境的调节与控制方式和方法。

2. 了解农业设施光照特点，掌握光照条件的调节与控制方法。

3. 了解农业设施气体环境特点，掌握气体环境的调节与控制方法。

知识先导

设施环境与调控是随着现代设施农业发展的需要而产生和发展起来的一门学科，其主要任务是在充分掌握农业作物生长发育与环境相互作用的基础上，研究如何采用经济和有效的环境调控工程技术与设备，避免外界自然环境条件的不利影响，提高农产品的生产效率。

环境是围绕着生物体周围的所有事物的总称，是影响农业生物的生长发育、决定其产品质量的重要因素。而设施环境与调控所关注的就是对农业生物的生长发育和产品转化具有直接作用的环境因素。通过设施环境与调控手段调控动、植物生产中的温度、光照、水分、气体、土壤等环境因素，创造最优的生长发育环境，摆脱地域、季节的限制，利用有限的资源，以优质的农产品和周年稳定的市场供应满足人们的生活需要。

一、设施环境与调控的作用

1. 实现周年均衡生产

传统农业一直是靠天吃饭，农业生产的地域性、季节性较强。在部分区域，农产品供应无法满足人们生活的需要，比如我国北方地区，冬季气候寒冷，华北地区 1 月平均最低气温为 0～10℃，极端情况下可达到－30～－20℃，在这种情况下，露天种植蔬菜完全不可能。而依靠设施农业，为蔬菜提供适宜的温度环境，可以在冬季进行生产，保障蔬菜的正常供应。依靠设施环境与调控，农业生产能够摆脱自然环境的限制，实现周年均衡生产，满足不同地域、不同季节人们对农产品的需求。

2. 提升农产品质量与产量

在现代的技术条件下，农业不再单纯依靠自然环境进行生产。通过对温室内温、光、水、气、肥的有效调节和控制，为动植物提供优质、适宜的良好环境。动植物生长速度快、生长势头好，产量和品质都有极大的提升。温室栽培的番茄、黄瓜，产量都是露天栽培生产的数倍，目前最高产量可达到 50～

60 kg/m²。设施农产品的产量高、品质好，显著提高了农业生产者的收益。

3. 提高农业资源利用率

设施农业是劳动密集型产业，采用高度集约化的生产方式进行农业生产。在设施农业环境调控提供的良好环境下，可以实现高密度的种植和养殖生产，节约土地资源。同时采用精准施肥、定量滴灌、封闭式管理等技术，大大减少了肥料和水资源的浪费。因此，设施农业环境调控能够有效提高农业资源的利用率。

4. 实现农业可持续生产

设施农业环境与调控研究如何保护和改善农业环境，合理利用和提高资源使用效率，实现生态平衡，为我国农业长期可持续发展提供有效途径。

二、设施农业环境与调控的特点

(1)能够为农业生产提供适宜的环境条件，降低自然条件的限制。

(2)高投入高产出，生产效率高。

(3)提高了农业生产的抗灾害能力。

(4)新技术密集，科技含量高。

三、设施农业环境与调控的分类

设施农业中采用的环境设施主要分为以下 3 大类。

1. 基础的设施农业建筑

各类设施农业建筑为动植物的生长发育提供了一个与外界环境相对隔离的空间，如温室、大棚、塑料小拱棚等，能够具有一定的保温隔热效果，限制水分和气体的自由移动，减弱外界不利条件对动植物生长发育的影响(图 4-1)。

图 4-1 设施农业建筑

2. 各类环境控制设备

加温设备、降温设备、补光设备、灌溉设备、CO_2 等气体调节设备等，都是常见的设施环境控制设备。

3. 自动控制系统

能够根据动植物的需求，在外界环境不断变化的情况下，利用环境监控系统进行环境监控，并能够控制各种环境设备进行各项调控。自动控制系统能够对农业生长环境进行有效的管理。

项目一　农业设施的温湿度条件及其调控

【知识目标】

了解温湿度对作物生长发育的影响，掌握设施内温湿度环境特点，掌握设施温湿度环境调节与控制方式和方法。

【技能目标】

能够根据作物生长发育要求，进行设施温湿度的调节与控制；能够进行电热温床的铺设操作。

【学习提示】

请结合实际生产环境，查阅资料，补充温湿度调控的新技术，扩充本项目的学习内容。

任务一　温湿度环境对作物的影响

任务描述

温湿度对作物生长发育影响的认知学习。

任务分析

分小组进行温湿度对作物生长发育影响的学习，查阅资料并整理总结。经过小组讨论，围绕温湿度对作物生长发育的影响制作汇报材料，教师对学生的汇报进行总结和答疑。

知识链接

一、温度与作物生长的关系

（一）不同作物对温度的需求

温度的三基点是指最适温度、最高温度和最低温度。根据对温度的不同要求，园艺作物可分为耐寒性、半耐寒性、喜温性、耐热性 4 类。

1. 耐寒性作物

抗寒力强，生育适温 15～20℃。这类园艺作物一般利用比较简易的保护设施如风障、阳畦、小拱棚等即可越冬栽培，如三色堇、金鱼草、蜀葵、韭菜、菠菜、大葱、葡萄、桃、李等。

2. 半耐寒性作物

这类作物其耐寒力介于耐寒性与不耐寒性作物之间，可以抗霜，但不耐长期 0℃以下的低温。一般在长江以南可露地越冬或露地生长，在北方需进行设施栽培，如紫罗兰、金盏菊、萝卜、芹菜、白菜类、甘蓝类、莴苣、豌豆和蚕豆等。这类植物其同化作用的最适温度为 18～25℃；超过 25℃则生长不良，同化机能减弱；超过 30℃时，几乎不能积累同化产物。

3. 喜温性作物

不耐轻霜，0℃会冻死。设施栽培要注意防止低温冻害。代表作物包括辣椒、黄瓜、茄子、番茄等。冬季生产需在温室内进行补充加温，以保证其对温度的要求。

4. 耐热性作物

最适生长温度为 25～35℃，低于 15℃会发生授粉不良，低于 10℃停止生长。设施栽培适宜季节为 5—9 月，早春和晚秋要注意保温。如豇豆、南瓜、西瓜等。

(二) 作物的适宜温周期

温周期是指控制植物生长发育的昼夜温度周期性变化及季节性温度周期变化。按照时间长短，可分为温度年周期变化、日周期变化。

1. 温度的年周期变化

我国的很多地区，都是四季分明的。随着温度的变化，很多作物呈现周期性生长。春季发芽，夏季旺盛生长，秋季生长缓慢，冬季寒冷进入休眠。春化作用就是一种典型的温度年周期变化。春化作用指的是作物必须经过一定时间的低温作用后才能开花结实的现象。比如北方的小麦，必须经过冬季的寒冷，才能开花结实。在设施环境调控中，需要依据作物的实际情况进行温度调控，以实现优质高产。

2. 温度的日周期变化

昼夜温差是自然规律，白天温度升高，促进光合作用的发生；夜间温度变低，抑制呼吸作用的发生，降低对光合产物的消耗，有利于营养生长和生殖生长。适当的温差还能提高作物品质，如延长花期、使果实着色鲜艳等。

了解地区温度变化特点，掌握温度对作物生长发育的影响，采用适宜的温度调控手段，制定合理生产计划，能够大大提升作物的生产效率。

(三) 地温对作物生产发育的影响

地温即土壤温度，对园艺作物生育有重大影响。地温的高低直接影响园艺作物根系对矿质营养和水分的吸收，地温过低时，蔬菜根系的根毛不能发生，而根毛是根系吸收水分、养分最活跃的部位。在春季大棚早熟栽培定植过早时，即使气温达到要求，地温不够也影响缓苗，一般最低地温要求 10～12℃及以上，才能保证喜温园艺作物根系正常生长。地温的高低还会影响土壤微生物的活动，土壤微生物活跃程度，影响有机肥的分解及肥料的转化，间接影响园艺作物的生长。

二、湿度与作物生长的关系

湿度即水分含量。水是农业的命脉，是植物体的主要组成部分，一般园艺作物的含水量高达 80%～95%，湿度环境具有更为突出的重要性。农业设施内的湿度环境，包含空气湿度和土壤湿度两个方面。

(一) 湿度对光合作用和蒸腾作用的影响

植物体内营养物质的运输要在水溶液中进行，根系吸收矿质营养必须在土壤水分充足的环境下进行。园艺植物进行光合作用，水分是重要的原料，水分不足可导致气孔关闭，影响 CO_2 吸收，使光合作用显著下降。缺乏水分，新陈代谢作用也无法进行。

园艺植物对水分的要求一方面取决于根系的强弱和吸水能力的大小，另一方面取决于植物叶片的组织和结构，后者直接关系到植物的蒸腾效率。蒸腾系数越大，所需水分越多。夏季高温季节，设施内气温上升得非常快，与露地环境大不相同，会引起设施内园艺植物蒸腾作用加剧，以降低植物体温而免受高温危害。园艺作物叶片气孔的开闭、花朵的开放等都需要充足的水分。但空气湿度过高也有不利影响，会导致番茄、黄瓜叶片缺钙和缺镁，使叶片失绿，光合效率下降，从而导致产量下降。

（二）湿度对作物产量和品质的影响

园艺植物的产品器官（菜、花、果）大多柔嫩多汁，与粮食作物很不相同，如果因水分不足而导致细胞缺水，产品则会萎蔫，变形，纤维增多，色泽暗淡，失去特有的色、香、味。因此，湿度环境不仅影响园艺作物设施栽培的产量，还直接影响产品的质量及商业价值。

（三）土壤湿度对作物生长发育的不利影响

土壤湿度直接影响根系的生长和肥料的吸收，也间接地影响地上部的生育，如产量、色泽和风味等。蔬菜每生产 1 g 干物质需要 400～800 g 的水。土壤水分减少时，因不能补充蒸腾的水分，植物体内水分失衡，根的表皮木质化，生长减退，甚至坏死。相反，土壤水分过多时，生育和果实成熟会推迟，也易诱发病害；另外，也可使土壤气体减少，造成根际缺氧、土壤酸性提高而产生危害。

（四）空气湿度对作物病虫害的影响

空气湿度过大，易使作物茎叶生长过旺，造成徒长，影响作物的开花结实。高湿（空气含水量在 90%以上）或结露，常是一些病害多发的原因，因为病原菌孢子的形成、传播、发芽、侵染等各阶段均需要较高的空气湿度。

任务二 设施的温湿度状况及特点

任务描述

掌握设施温湿度环境特点。

任务分析

分小组进行设施温湿度状况和特点的学习，查阅资料并整理总结。经过小组讨论，围绕设施温湿度环境特点制作汇报材料，教师对学生的汇报进行总结和答疑。

知识链接

一、设施内温度状况及特点

（一）农业设施内温度的形成

农业设施内热量主要来自太阳辐射。加温温室的主要热量也是来自太阳辐射，只在夜间或阴天等太阳辐射热量不足时进行补充加温。白天太阳光线（波长 300～3 000 nm）通过玻璃、薄膜等透明覆盖物入射到地表面上，使地面获得太阳辐射热量，通过传导逐渐提高土壤温度。当气温低于地温时，地面也释放热量（即通过辐射、传导或对流、乱流等）提高地表面之上的气温。

设施温室是一个半封闭的系统，热环境遵循能量守恒原理，白天温室的热平衡关系见图 4-2。

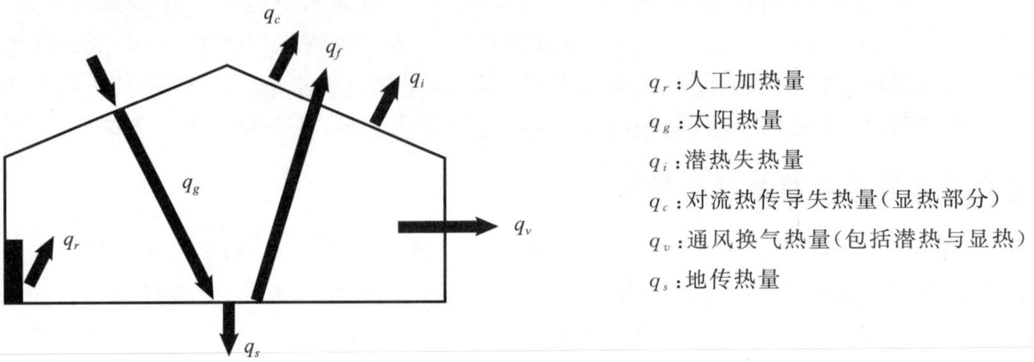

图 4-2　温室热量收支模式

玻璃或薄膜能阻止部分长波辐射，使热能留在保护设施内，从而提高气温，这种增温作用被称为温室效应。温室效应是由两个原因引起的：一个原因是玻璃或塑料薄膜等透明覆盖物，可让短波辐射（320～470 nm）透射进入农业设施内，又能阻止设施内长波辐射透射出去而失散于大气之中；另一原因是保护设施为半封闭空间，内外空气交换弱，从而使蓄积热量不易损失。温室效应与太阳辐射能的强弱、保温比和覆盖材料有关，还与农业设施的方位有关。

（二）农业设施内的日温差

农业设施内的日温差是指 1 天内最高温度与最低温度之差。最高温与最低温的出现时间大致与露地相似，最高温出现在午后（14 时），最低温度出现在日出前，所不同之处是设施内的日温差要比露地大得多，容积小的设施如小拱棚尤其显著，例如，当外界气温为 10℃，大棚内的日温差约为 30℃，而小拱棚的日温差可达 40℃左右。加温温室由于可以补充加温，温差较小，晴天 10～15℃，日光温室 15～27℃。适宜的日温差对园艺作物生育是有利的。农业设施日温差的形成，是由于白天设施内的空气和地面受太阳辐射而温度逐渐升高，到 13 时左右达到最高点，之后随着太阳辐射量的逐渐减少，气温逐渐下降，夜间当气温低于地温时，土壤中贮存的热则向空间释放，并在夜间通过覆盖物以 3 000～30 000 nm 的长波（红外）辐射向周围放热，直至日出前。所以，设施内的温度在日出前最低，日出后因太阳辐射温度逐渐提高，从而形成了保护设施内的日温差。

在设施栽培中，保持一定的日温差是重要的温度条件之一。在不加温的情况下，日温差是由太阳的辐射热和设施的保温性（即辐射收支差额）决定的。太阳辐射热随太阳高度、纬度和天气等条件不断地变化，如果这些条件不变，在一定纬度和季节里，农业设施的日温差主要由其结构及保温性决定。

农业设施内还会产生“逆温”现象。逆温是指在有风的晴天夜间，温室大棚表面辐射散热很强，棚室内气温反比外界气温还低。出现该现象的原因是白天被加热了的地表面和作物体，在夜间通过覆盖物向外辐射放热，而晴朗无云有微风的夜晚放热更剧烈，另外，在微风作用下，室外空气可以从大气逆辐射补充热量，而温室大棚由于覆盖物的阻挡，室内空气却得不到这部分补充热量，造成室温比外温还低。逆温容易发生于每年 10 月至翌年 3 月，一般出现在凌晨，日出后棚室迅速升温，逆温消除。有试验研究表明，逆温出现时，设施内的地温仍比外界高，所以作物不会立即发生冻害，但逆温时间过长或温度过低就会出问题。

影响日温差的主要因素有保温比和覆盖材料。

1. 保温比

设施内的土壤面积 S 与覆盖及维护结构表面积 W 之比，即 $S/W=B$（保温比），最大值为 1.0。保温比越小，说明覆盖物及维护结构的表面积越大，同室外空气的热交换面积增加，保温能力降低。一般单栋温室的保温比为0.5～0.6,连栋温室为0.7～0.8。保温比越小,保护设施的容积也越小,相对覆盖面积大,所以白天吸热面积大,容易升温;夜间散热面积也大,容易降温,所以日温差也大。

2. 覆盖材料

覆盖材料不同,设施内的日温差也不同。如聚乙烯透过太阳辐射的能力优于聚氯乙烯,白天易增温,但聚乙烯透过红外线的能力也比聚氯乙烯强,故夜间易降温。所以,聚乙烯保温性能较差,棚内日温差大。聚氯乙烯增温性能虽不如聚乙烯,但保温性能好,日温差小。

(三)农业设施内的温度分布

农业设施内气温的分布是不均匀的,不论在垂直方向还是在水平方向都存在着温差。在寒冷的早春或冬季,边行地带的气温和地温比内部低很多。据长春蔬菜所的调查,离大棚两侧1.5 m,北面2.4 m,南侧3.3 m的地方,5月黄瓜单株产量仅为0.5 kg左右,而内部为1.2～1.5 kg。保护设施面积越小,边行低温地带占的比例越大,温度分布越不均匀。例如宽15 m,长50 m的大棚,低温地带占30%,如将其加宽1倍,则低温影响带约占20%。如何克服保护设施内温度分布不均匀的问题,是管理技术上的重要任务。

温室大棚内温度空间分布比较复杂。在保温条件下,垂直方向的上下温差可达4～6℃以上,水平方向的温差则较小。温度分布不均匀,主要是受太阳光入射量分布、设施内气流运动、加温和降温设备的种类和安装位置、通风设备及设施结构等多种因素的影响。

1. 太阳光入射量分布

温度分布不均的直接原因是设施内的受光部位随着太阳位置的变化而变化,同时屋面结构、倾斜角度,方向和侧高的不同,再加上建材的遮阴,各部位透射率的差异,使白天设施内的不同位置形成温差。而且设施内部因作物生长,有入射量的50%～60%以潜热的形式被用于土壤的蒸发和植物的蒸腾,使温度降低2～3℃。同时设施内的水泥台和砖框等增加了反射光,使这些部位的气温升高1～3℃,这是入射量引起温度分布不均的间接原因。

2. 设施内气流运动的影响

在一个不加温也不通风的温室内,气流的运动取决于设施内的对流和外界风向的影响。近地面土壤层空气增热而产生上升气流,但靠近透明覆盖物下部的空气,由于受外界低温的影响而较冷,于是沿透明覆盖物分别向两侧下沉,此下沉气流在地表面内部水平移动,形成两个对流圈,将热空气滞留在上部,形成垂直温差和水平温差。室内外温差越大,保护设施内温度分布越不均匀。当风吹到保护设施上方时,在迎风面形成正静压,而背风面形成负静压。

3. 加温设备的种类以及安装位置

加温设备的种类以及安装位置对农业设施内温度分布均匀性影响较大。加温设备的种类有点、线、面热源之分。用炉火加温,高温集中在一个点上,为点热源;用温水加温,温水通过暖气片和铁管,高温在一条线上,称为线热源;用电热温床加温,加温电热线分布在一个面上,为面热源。这几种热源的温度分布均匀性由优到劣的次序是:面热源最均匀,线热源居中,点热源最不均匀。

同时加温设备的安置地点,对设施内温度分布的均匀性影响很大。火热加温系统的炉子和烟囱应相向顺序排列,避免炉灶放在一起。单屋面温室炉火加温,透明屋面是主要的散热面,热源设在南侧,可将炉子和烟道都设在南边的地沟中(沟深50 cm,宽40 cm)。加温设备设在北边的温差大,尤其是南侧土壤温度特别低。双屋面温室的加热管设在温室两侧墙的比设在中间的温度分布均匀。

4. 通风设备的影响

自然通风的通风量是由窗口的大小和窗口位置决定的。通风量大能减少温差,特别是能减少垂直温差，若窗口的位置不适合，容易产生无风区而增加温差。

5. 农业设施结构的影响

双屋面温室比单屋面温室温度分布均匀，这是双屋面温室受热面、散热面都比较均匀的缘故。

二、设施内湿度的形成与特点

设施内湿度分为空气湿度和土壤湿度，以下将从这两个方面介绍设施内湿度的形成与特点。

（一）设施内空气湿度的形成与特点

1. 设施内空气湿度的形成

在设施密闭情况下，设施内空气湿度由土壤水分的蒸发和植物体内水分的蒸腾组成。湿度是表示空气潮湿程度的物理量。通常用绝对湿度和相对湿度表示。设施内作物由于长势强，代谢旺盛，作物叶面积指数高，通过蒸腾作用释放出大量水蒸气。在密闭情况下会使棚室内水蒸气很快达到饱和，空气相对湿度比露地栽培高得多。高湿是农业设施湿度环境的突出特点。在白天通风换气时，水分移动的主要途径是土壤→作物→室内空气→外界空气。早晨或傍晚温室密闭时，外界气温低，引起室内空气骤冷而发生“雾”。

2. 空气湿度的日变化

绝对湿度的日变化与温度的日变化趋势一致，而相对湿度与温度的日变化趋势相反。保护设施内，夜间随着气温的下降相对湿度逐渐增大，往往能达到饱和状态；日出后随着温度的升高，相对湿度开始下降，如果进行通风，绝对湿度也急剧下降。所以，设施内的空气湿度日变化大。

农业设施内空气湿度变化还与设施建筑的大小有关，一般情况是高大的保护设施空气湿度小，但局部湿差大；矮小的空气湿度大，但局部湿差小。矮小的比高大的设施空气湿度的日变化大。空气湿度的急剧变化对作物的生长发育是不利的，容易引起凋萎或土壤干燥。

3. 结露和濡湿（沾湿）现象

设施内空间存在的垂直温差和水平温差导致空气湿度分布的差异。在设施内部，其绝对湿度（指水汽压或含湿量）是基本相同的，但由于设施内部温度差异的存在，其相对湿度分布差异非常大，因此在冷的地方就会出现冷凝水。冷凝水的出现与积聚会使设施作物的表面结露。从屋面或保温幕落下的水滴、作物表面的结露、叶片吐水现象和雾 4 种因素会造成作物沾湿。高湿、结露和作物沾湿都为很多病害的发生和流行创造了条件，这也是温室大棚内病害易于发生的重要原因之一。

（二）设施内土壤湿度的形成与特点

1. 土壤湿度的形成

设施内的土壤因为覆盖材料保护的原因，不能依靠降水来补充水分，土壤湿度主要受到灌水量、土壤毛细管上升水量、土壤蒸发量、作物蒸腾量 4 个因素的影响。地面上覆盖透水、透气性较差的覆盖材料之后，直接落到作物根际的降水量以及土壤蒸发量都较小，可以忽略不计。所以土壤耕作层的含水量主要由土壤毛细管上升水量和覆盖物边缘（或定植穴）流入的水量，与向边缘（或底土）流失的水量之差而定。

土壤含水量＝毛细管上升水量＋流入水量－流失水量

一般情况下，地面覆盖下的土壤耕作层湿度比较稳定。在降水多的地区地面覆盖下偏湿，干燥区偏干。

2. 土壤湿度的特点

（1）水分蒸发和蒸腾量较少，土壤湿度较大。

(2)设施内土壤湿度较露地更稳定。

(3)土壤中的水分是向上运动的。

(4)设施内土壤湿度分布不均衡,存在湿差。

任务三　农业设施温湿度环境的调节与控制技术

任务描述

掌握设施温湿度环境调节与控制的方式和方法。

任务分析

温湿度能显著影响作物的生长发育,因此需要掌握设施内温湿度环境特点,并能结合生产需要进行常见的温湿度调控操作。分小组进行设施温湿度环境调节与控制的学习,查阅资料并整理总结。经过小组讨论,围绕设施温湿度环境的调节与控制技术进行汇报,教师对学生的汇报进行总结和答疑。

知识链接

一、农业设施温度环境的调节与控制技术

设施农业对温度的调控手段最为完善,调控技术主要包括保温、加温、降温。通过温度调控,维持适宜于作物生育的设定温度,使温度空间分布均匀、时间变化平缓,为作物生长提供最优的温度环境。

(一)保温技术

温室大棚的散热途径包括覆盖材料的围护结构传热,缝隙漏风的换气传热,与土壤热交换的地中传热,3 种传热量分别占总散热量的 70%～80%、10%～20%和 10%以下。各种散热作用使单层不加温温室和塑料大棚的保温能力比较低,有时还会出现逆温现象。适当降低农业设施的高度、缩小夜间保护设施的散热面积,多层覆盖、减少缝隙、设置防寒沟等措施能够有效减少热量散失,具体保温措施如下。

1. 增加覆盖材料层数

为了提高温室大棚的保温能力,常采用各种保温覆盖材料进行覆盖保温。常见的材料有草苫、纸被等,这类材料价格便宜,但保温性能有限。冬季气温偏低,可通过多层覆盖的方式提高保温性能。大棚内套小棚、小棚外套中棚、大棚两侧加草苫,以及固定式双层大棚、大棚内加活动式保温幕等多层覆盖方法,都有较明显的保温效果。

2. 减少缝隙

减少缝隙的目的是减少换热放气和热量散失。如及时修补棚膜,随手关门,通风口和门窗关闭严实等。

3. 合理规划设施建筑

适当降低设施建筑的高度,设置适宜的墙体厚度,墙面采用干燥不易潮湿的材料,增大保护设施的透光率等手段都能够增加设施的保温性能。还可以规划防寒沟,在设施的四周设置风障等措施,减少热量的散失,达到保温的效果。

4. 保证覆盖材料的覆盖时间和覆盖质量

草苫等覆盖材料要覆盖严实,相邻草苫重叠不小于 10 cm,顺风叠压,避免冷风吹入。草苫最好盖

住防寒沟，如果被打湿要尽快晾干，提高覆盖质量。另外，草苫揭盖的时间要合理把握，太早或太晚都不利于保温。

（二）加温技术

1. 加温目的与要求

设施加温的目的是当外界气温下降的时候，用人工加温的方法补充设施内放出的热量，从而使其内部维持一定的温度。加温温室的目的就是在严寒的冬季能够维持保护温室内一定的温度水平，以保证作物的正常生育，不能进行外覆盖保温的大型现代化温室需要全程加温。

2. 加温方式的特点及其选择

不同的加温方式，加温效果存在差异。我国传统的单屋面温室，大多采用炉灶煤火加温，近年来也有采用锅炉水暖加温或地热水暖加温。大型连栋温室和花卉温室多采用集中供暖方式的水暖加温，也有部分采用热水或蒸汽转换成热风的采暖方式。塑料大棚大多没有加温设备，少部分使用热风炉短期加温，对提早上市、提高产量和产值有明显效果。例如，使用液化石油气的燃烧炉，对大棚防御低温冻害有显著效果。各种加温方式各有利弊，在实际生产过程中要结合生产需要和成本预算，选择合适的加温方式。

（三）降温技术

设施内降温最简单的途径是通风。打开通风口，利用气体的流动带走设施内的热量，达到降温的目的。但在温度过高、依靠自然通风不能满足作物生长发育要求时，必须进行人工降温。根据设施内的热收支平衡原理，降温措施可从减少进入温室中的太阳辐射能，增大温室的潜热消耗，增大温室的通风换气量 3 方面考虑。

1. 通风换气法

大型连栋温室的容积大，需强制通风降温。通过开启不同部位的通风口，将热空气散出去，冷空气进入室内，达到降温的效果。通风时要注意两点，一是要根据设施温度的变化情况及时调节通风口的开关和大小，避免温度变化过于剧烈或增温降温效果不明显。二是通风方式的顺序要注意，正确的顺序应该是先开顶部，温度仍然升高时，再开前屋面通风，最后才是开后墙通风。关闭通风口的顺序应该和开启时相反。

2. 遮光降温法

遮光降温主要是减少太阳热辐射的进入，从而达到降温的效果。遮光 20%～30%时，室温相应可降低 4～6℃。在与温室大棚屋顶部相距 40 cm 左右处张挂遮光幕，对温室降温很有效。遮光幕的质地以温度辐射率越小越好。考虑塑料制品的耐候性，一般塑料遮阳网都做成黑色或墨绿色，也有的做成银灰色。室内用的白色无纺布保温幕透光率 70%左右，也可兼做遮光幕用，可降低棚温 2～3℃。另外，也可在屋顶表面及立面玻璃上喷涂白色遮光物，但遮光、降温效果略差。在室内挂遮光幕，降温效果比挂在室外差。

3. 屋面流水降温法

采用屋面流水法可有效降低温度。流水层可吸收投射到屋面的太阳辐射 8%左右，并能用流动的水吸收热量、冷却屋面，室温可降低 3～4℃。采用此方法时需考虑安装费和清除玻璃表面的水垢污染问题。

4. 蒸发冷却法

空气先经过水的蒸发冷却降温后再送入室内，从而达到降温的目的。采用湿帘风机降温系统，水经过湿帘蒸发，然后由风机抽出温室，能有效降低温室内的温度。

（四）变温管理

1. 变温管理的依据

随着昼夜光照时间的变化，作物的生理活动中心不断转移。依据作物生理活动中心将 1 天分成若干时段，并设计出各时段适宜的管理温度，以促进同化产物的制造、运转和合理分配，同时降低呼吸消耗，这样的温度管理方法称为变温管理。变温管理比恒温管理更加增产和节能，因为变温管理符合作物本身的生理节奏，可保证各种生理活动在适温下进行。

把一天分成几个时段进行变温管理称为几段变温管理，如三段变温、四段变温、五段变温管理等，实际生产中以四段变温居多。四段变温管理就是把一天内温室的温度变化分为 4 个温度段。①对于适宜 10～15℃小温差管理的蔬菜，如甜椒、芸豆、番茄和西葫芦等，适宜的温度变化范围以 12～28℃（最高温度不超过 30℃）为宜，4 个温度段的温度变化范围分别为：第一段 24～28℃，第二段 20～24℃，第三段 16～20℃，第四段 12～16℃；②对于适宜 15～20℃大温差管理的蔬菜，如黄瓜、茄子、香瓜等，适宜的温度变化范围以 10～30℃（最高温度不超过 32℃）为宜，4 个温度段的温度变化范围分别为：第一段 25～30℃，第二段 20～25℃，第三段 15～20℃，第四段 10～15℃；③对于施用 CO_2 气肥的蔬菜温室、冬季育苗温室和果树栽培温室，4 个温度段的温度变化范围分别为：第一段 28～33℃，第二段 23～28℃，第三段 18～23℃，第四段 13～18℃。

2. 变温管理的方法

设计变温管理的目标温度时，一般以白天适温上限作为上午和中午增进光合作用时间带的适宜温度，下限作为下午的目标气温，傍晚 16—17 时比夜间适温上限提高 1～2℃以促进转运，其后以下限温度作为通常的夜温，以尚能正常生育的最低界限温度作为后半夜抑制呼吸消耗时间带的目标温度。适温的具体指标，应根据作物种类、品种、发育阶段和白天光照强弱等情况确定。

二、农业设施湿度环境的调节与控制

对设施内湿度的调控主要分为空气水分状况调控和土壤水分状况调控两大部分。

（一）空气湿度的调节与控制

空气湿度的调控，主要是防止作物沾湿和降低空气湿度。防止作物沾湿是为了抑制病害，实际上作物沾湿如能减少 2～3 h 以上，即可抑制大部分病害。

1. 除湿

设施内的空气湿度过大，会对作物的生长发育产生不利影响，调节的重点是降低湿度。主要的除湿措施有。

（1）通风

设施内造成高湿的主要原因是密闭的环境。不加温的设施里进行通风，降湿效果较为显著。一般采用自然通风，从调节风口大小、时间和位置，达到降低室内湿度的目的。但通风量不易掌握，室内降湿不均匀。强制通风，由风机功率和通风时间计算出通风量，降低湿度可控性较好。

通风排湿的时间需依据不同作物在不同生育期对空气湿度的要求而定。还要注意 5 个时期的排湿：一是浇水后 2～3 天内，二是喷药 1～2 天内，三是阴雨、雪天，四是日落前后的数个小时，五是早春。前 3 个时期湿气较重，要及时排湿。后 2 个时期是为了降低上半夜的相对湿度，减少发病。

（2）加温除湿

增加设施内温度然后通风也能有效去湿。湿度的控制既要考虑作物的同化作用，又要注意病害发生和消长的临界湿度。保持叶片表面不结露，就可有效控制病害的发生和发展。增加透光率可以提高室温，室温升高后进行通风换气也可以有效降湿。

(3)覆盖地膜

覆膜前夜间空气湿度高达95%～100%，覆膜后减少了土壤水分蒸发的影响，空气湿度可下降到75%～80%。

(4)合理灌溉和施肥

采用滴灌或地中灌溉，能够有效减少水资源的浪费。通过减少水分流入、减少蒸发量，可以达到降低湿度的效果。叶面喷雾药液含水量高，喷药量大，使用后会导致温室内湿度增高。采用烟雾剂、粉尘剂替代叶面喷雾可显著降低室内湿度。操作中应选择晴天上午喷药，以便有足够时间通风排湿。

(5)吸湿材料

是利用吸湿剂直接吸收空气中的水蒸气，从而实现空气抽湿。常用的吸湿剂有两大类：一类是固体吸湿剂，如硅酸盐、氯化锂等；另一类是液体吸湿剂，如氯化钙溶液等。

(6)除湿型热交换通风装置

采用除湿型热交换器，能防止随通风而产生的室温下降。

2. 加湿

大型农业设施在进行周年生产时，到了高温季节还会遇到高温、干燥、空气湿度不够的问题，尤其是大型玻璃温室，由于缝隙多此问题更突出。当栽培作物要求空气湿度高时，如黄瓜和某些花卉，还必须加湿以提高空气湿度。

(1)喷雾加湿

喷雾器种类较多，如103型三相电动喷雾加湿器、空气洗涤器、离心式喷雾器、超声波喷雾等，可根据设施面积选择合适的喷雾器。此法效果明显，常与降温(中午高温)结合使用。

(2)湿帘加湿

主要是用来降温的，同时也可达到增加室内湿度的目的。

(3)喷雾系统

温室内顶部安装喷雾系统，降温的同时可加湿。

(二)土壤湿度的调控

土壤湿度的调控应当依据作物种类及生育期的需水量、体内水分状况以及土壤湿度状况而定。浇水过多，盆土湿度过高，植株茎叶容易徒长。开花期环境湿度过高，花朵容易褪色、腐烂。花盆内积水时间过长，根部容易腐烂，导致植株萎蔫甚至死亡。研究表明，当土壤湿度处于81%～90%时，矮牵牛花出现烂根，植株死亡；湿度处于31%～70%时，植株生长增幅与湿度大小呈正相关，并在61%～70%达到最大值；当湿度处于71%～80%时，植株出现徒长。

目前我国设施栽培的土壤湿度调控仍然依靠传统经验，主要凭借观察和感觉，调控技术的差异很大。随着设施园艺向现代化、工厂化方向发展，生产中要求采用机械化、自动化灌溉设备，需要根据作物各生育期需水量和土壤水分张力进行土壤湿度调控。

实训一　电热温床的建造

一、目的与要求

电热温床设备简单，使用方便，能够缩短育苗时间，提高幼苗质量，目前广泛用于寒冷季节的育苗。

(1)了解电热线、控温仪的性能和正确的使用方法；

(2)能根据实际需要建造电热温床,完成电热温床的铺设。

二、材料与用具

隔热层材料、电热加温线、控温仪、电闸、交流接触器、漏电保护器、绝缘胶布、配电盘、连接电热线及连接电源的工具、劳动工具。

三、方法与步骤

1. 挖床坑

半地下式床坑深20～30 cm,地上式的深10～20 cm,由于电热线发热均匀,所以床底是平的。如果在大棚或温室内建造电热温床,可直接做畦,畦宽一般为1～2 m,或者可以更宽一些,方便管理。长度可根据需要决定。留出畦埂,畦埂宽15～20 cm。畦面要浅翻15～20 cm,整平后适当镇压。

2. 铺隔热层

可在温床的底部铺一层废旧塑料膜隔潮,其上铺设约10 cm厚的马粪或碎草、秸秆、细炉渣等材料,防止热量散失,利于保持土壤温度的稳定。铺平后用脚踩实,然后准备铺设散热层。

3. 铺散热层

铺一层厚度为5 cm左右的床土或细沙。沙的导热性较好,可使电热线放出的热量均匀地向上层土壤传导,同时起到固定电热线的作用。铺细沙时,应先铺约3 cm厚,整平踩实,等布完线后,再铺余下的2 cm。

4. 电热线铺设

首先准备好长20～25 cm的固定桩(如筷子、竹签、木棍等物)。从距床边1/2线距(约5 cm)处钉第一桩,桩上部留5 cm左右挂线,然后按计算好的线距向前排桩(图4-3)。为了弥补温床边缘的温度外传损失,特别在阳畦内,可以把边行电热线的线距适当缩小,床中部的线距适当加大,但平均线距保持不变。布线时应把靠近固定桩的线稍用力向下压,边铺边拉紧,以防电热线脱出。最后对两边的固定桩的位置进行调整,以保证电热线两头的位置适当。布完线后覆土约2 cm,踩实后用脚踩住固定桩两侧的地面,拔出固定桩,防止将电热线及隔热层带出。

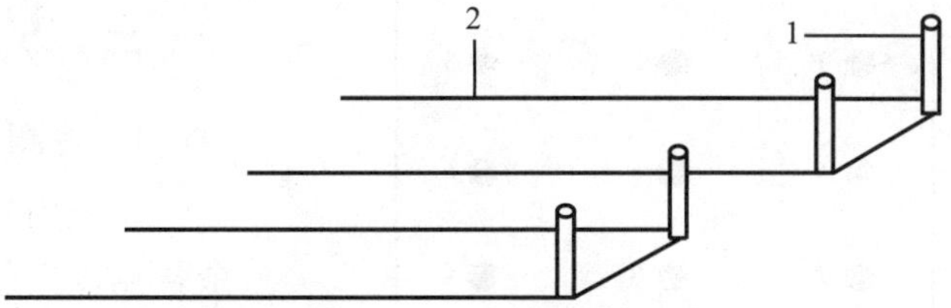

图4-3 电加热线布线方法示意图

1. 竹筷或木棍 2. 电加热线

5. 铺床土

根据用途铺上相应厚度的床土,也可将播种箱或育苗营养钵直接放在散热层上。

6. 节控温仪和电源

在教师的指导下连接控温仪和电源。一定要注意,当电热线的总功率小于2 000 W(电流为10 A以下)时,可不用交流接触器,而将电热线直接接到控温仪上。当电热线的总功率大于2 000 W(电流为10 A以上)时,应将电热线连接到交流接触器上,由交流接触器与控温仪相连。不要埋入土中。接好后,要等待指导老师检查合格后方可通电使用。

为了使用更加方便,表4-1列出了电热线在不同铺线密度下的平均布线间距。当确定好铺线密度后,只要根据所用的电热线的型号,就能查出布线时应采取的平均距离。

四、作业

在教师的指导下按生产需要分组完成各种电热温床的建造，记录建造过程。

表 4-1 DV 系列电热线布线距离

辅线密度/（W·m^{-2}）	布线间距/cm			
	DV20406	DV20608	DV20810	DN21012
60	11.0	12.5	13.3	13.9
80	8.3	9.4	10.0	10.4
100	6.7	7.5	8.0	8.3
120	5.6	6.3	6.7	6.9

实训二 设施内温湿度观测

一、目的与要求

通过对几种设施内外温湿度等进行观测，进一步掌握各种设施内温湿度的变化规律，学会设施内温湿度的观测方法和测定仪器的使用。

二、材料与用具

温室及其他设施，温度计，通风干湿表，干湿球温度表，最高最低温度表（最好用自动记录的温湿度表）。

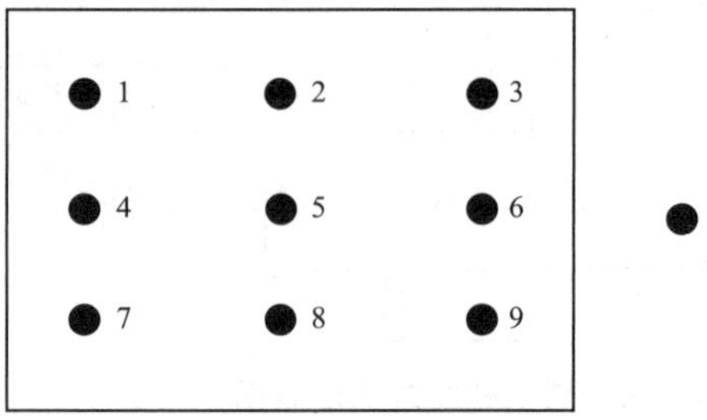

图 4-4 设施内外水平观测点分布图

三、方法与步骤

1. 观测点布置

设施内一般布置 9 个观测点，其中 5 号点位于设施中央，其余各点以 5 号点为中心在四周均匀分布。设施外布置一个点，与 5 号点相对应（图 4-4）。

2. 观测时间

一天中每隔 2 h 观测一次温度、空气湿度。

3. 观测值

每组测一个温度或湿度项目，按每个水平测点顺序往返两次，同一点自上而下、自下而上往返两次，两次观测值取平均值。

4. 注意事项

（1）观测前先画好记录表。

（2）测量仪器要远离加温设备放置。

（3）仪器安装好以后必须校正和预测一次，没问题后再进行正式测定。

（4）测定时必须按气象观测要求进行，如温度、湿度表一定要有防辐射罩，要防止水滴直接落到测量仪器上等。

（5）测定完成后一定要校对数据，发现错误及时更正。

四、作业

1. 实验报告：根据观测数据画出设施内外温度、湿度日变化曲线图。

2. 根据观测数据，比较温室和大棚温湿度的时空分布特点，分析形成的原因，并对温室和大棚的结构、管理提出自己的意见。

项目二　农业设施的光照条件及其调控

【知识目标】

了解光照对作物生长发育的影响；掌握农业设施光照特点；熟练掌握光照条件的调节与控制方法。

【技能目标】

能够根据作物生长发育要求，进行设施光照的调节与控制。

【学习提示】

请结合实际生产环境，查阅资料，补充光照调控新技术，扩充本项目的学习内容。

任务一　光环境对作物生育的影响

任务描述

光照对作物生长发育的影响认知。

任务分析

设施光照能显著影响作物的生长发育，分小组进行光环境对作物生长发育影响的学习，查阅资料并整理总结。经过小组讨论，围绕光环境对作物生育的影响制作汇报材料，教师对学生的汇报进行总结和答疑。

知识链接

光照是直接影响植物生长的关键因素，是作物光合作用的基础。主要由光照强度、光照时数、光的组成（光质）3个指标组成。

一、光照强度的生物学效应

如图4-5所示，光照强度为零时，净光合速率为负值（点 A），等于当时的暗呼吸速率。随着光照强度的增加，光合速率线性增大，当光合强度达到 B 点时，净光合速率为零，光合速率等于呼吸速率，此时的光照强度称为光补偿点。光补偿点以上，净光合速率为正值，光照强度越大，净光合速率越大，但增加幅度逐渐减小。光照强度增大到一定程度时，净光合速率不再提高，此时的光照强度称为光饱和点 C。当光照强度超过光饱和点时，净光合速率不但不会增加，相反会引起抑制作用，使叶绿素分解

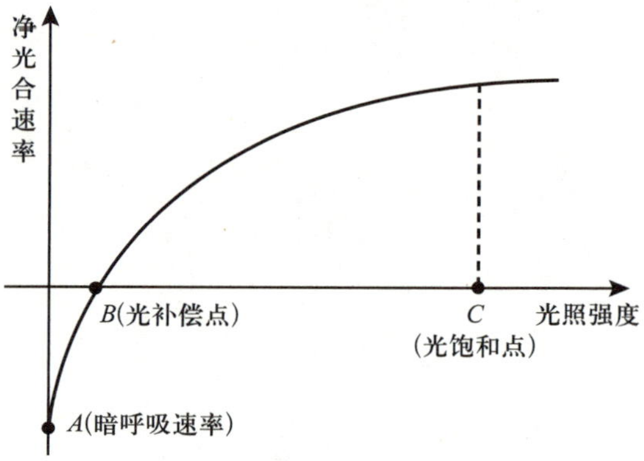

图 4-5　光照强度与光合速率的相对关系

导致生理障碍。

光照强度能够影响作物的形态。如果光照强，同化量大，叶面积增大，叶肉肥厚，作物就会生长旺盛。光照强度还能够影响作物的花芽分化和果实产量、品质。

光照强度对作物的影响因作物而异。根据作物对光照强度的要求，可以将作物分为阳性植物、阴性植物和中性植物。

1. 阳性植物

这类植物必须在完全的光照下生长，不能忍受长期荫蔽环境。蔬菜中的西瓜、甜瓜、番茄、茄子等光饱和点大多在 6 万～7 万 lx 及以上，都要求较强的光照，才能很好地生长。光照不足会严重影响产量和品质，特别是西瓜、甜瓜含糖量会大大降低。果树设施栽培较多的葡萄、桃、樱桃等也都是喜光作物。

2. 阴性植物

这类植物喜欢在遮阳环境下生长，不耐较强的光照，不能忍受强烈的直射光线。多产于热带雨林或阴坡。如蔬菜中多数绿叶菜和葱蒜类比较耐弱光，光饱和点 2.5 万～4.0 万 lx。

3. 中性植物

这类植物对光照强度的要求介于上述两者之间，一般喜欢阳光充足，但在微阴下生长也较好。中光型的蔬菜有白菜、萝卜、甜椒、黄瓜、甘蓝类等，光饱和点 4 万～5 万 lx；花卉有萱草、耧斗菜、麦冬草、玉竹等；水果有李子、草莓等。

二、光照时数的生物学效应

光照时数，是指受光时间的长短。植物茎的伸长、根的发育、休眠、发芽、开花以及结果都与光照时数有密切的关系。理论上光照时数由日出和日落时刻计算对植物产生光周期作用的光照时间。光照时数的长短会影响蔬菜的生长发育，也就是通常所说的光周期现象。根据植物开花过程对日照长度反应的不同，将植物分为长日照植物、短日照植物、日中性植物三类。

1. 长日照植物

长日照植物是指在日照时间长于一定数值（一般 14 h 以上）才能开花的植物，而且光照时间越长，开花越早。长日照植物一般在春末夏初开花。如果延长日照、缩短黑暗时间可提早开花。相反，延长黑暗时间则延迟开花或不开花。常见的长日照植物有小麦、大麦、黑麦、燕麦、油菜、甜菜、菠菜、洋葱、甘蓝、芹菜、胡萝卜、白菜、杜鹃等。

2. 短日照植物

短日照植物是指日照时间短于一定数值（一般 14 h 以上的黑暗）才能开花的植物，短日照植物一般在秋季开花，如果适当缩短日照、延长黑暗时间可提早开花。相反，如果延长日照时间则延迟开花或不开花。常见的短日照植物有水稻、棉花、大豆、菊花、高粱、美洲烟草、苍耳、晚稻、腊梅等。

3. 日中性植物

在任何日照条件下都能开花的植物是日中性植物，这类植物的开花日照长度的要求范围很广，只要温度合适，一年四季均能开花。常见的日中性植物有番茄、茄子、黄瓜、辣椒、四季豆、蒲公英、月季等。

三、光的组成（光质）的生物学效应

一年四季中，光的组成由于气候的改变而有明显的变化。如紫外光的成分以夏季的阳光中最多，秋季次之，春季较少，冬季则最少。夏季阳光中紫外光的成分是冬季的 20 倍，而蓝紫光仅是冬季的 4 倍。表 4-2 反映了光质对作物产生的影响。

表 4-2　光谱成分对植物的影响

光谱/nm	植物生理作用
＞1000	被植物吸收转化为热能，影响植物体温和蒸腾情况，可促进干物质的积累，但不参加光合作用
720～1000	对植物伸长起作用，其中波长为 720～800 nm 的辐射称为远红外光，对光周期及种子的形成有重要作用，并控制开花与果实的颜色
610～720	红光、橙光可被叶绿素强烈吸收，某种情况下表现为强的光周期作用
510～610	主要为绿光，叶绿素吸收不多，光合效率较低
400～510	主要为蓝紫光，被叶绿素和黑色素强烈吸收，表现为强的光合作用与成形作用
320～400	主要为紫外光，紫外辐射起成形和着色作用，如使植物变矮、颜色变深、叶片变厚等
280～320	紫外线对大多数植物有害
＜280	远紫外辐射可立即杀死植物

光质的变化可以影响到同一种植物不同生产季节的产量及品质。不同波长的光对作物形态结构、色素形成的影响不同，在干物质积累方面也有重要意义，能影响作物的光合产物成分。例如，紫外线与维生素 C 的合成有关。

任务二　农业设施的光环境特点

任务描述

设施光照环境特点认知。

任务分析

分小组进行设施光照状况和特点的学习，掌握设施光照对作物生长发育的影响，查阅资料并整理总结。经过小组讨论，围绕设施光照环境特点制作汇报材料，教师对学生的汇报进行总结和答疑。

知识链接

农业设施内的光照环境有别于露地环境，人工建造的农业设施的光照条件受多种因素影响，比如建筑方位、设施结构、透光屋面大小、形状、材料等以及干洁程度。

一、设施作物对光照强度的要求

按照对光照强度的要求，大致可以将作物分为阳性植物、阴性植物和中性植物。光照强度是影响植物光合速率的最主要因素。设施内的光照强度一般比自然光要弱，这是因为自然光要透过透明屋的透光材料进入设施内部，进入设施内部的光被材料吸收、折射、反射，从而降低透光率。尤其在寒冷的冬、春季节或阴雪天气，透光率只有自然光的 50%～70%。如果透明覆盖材料不清洁，使用时间长而染尘、老化等，透光率甚至不足自然光的 50%。

光照强度主要影响园艺作物的光合作用强度，在一定范围内（光饱和点以下），光照越强、光合速率越高，产量也越高。温室蔬菜的产量与光照强度关系密切，番茄每接受 100 MJ/m^2 的光照，产量为（2.01～2.65）kg/m^2，降低光照强度 6.4%和 23.4%，其产量分别损失 7.5%和 19.9%，黄瓜也有类似的情况。

二、设施作物对光照时数的要求

设施作物对光照时数的要求因设施类型而异。塑料大棚和大型连栋温室，因全面透光，无外覆盖，设施内的光照时数与露地基本相同。但单屋面温室内的光照时数一般比露地要短，因为在寒冷季节为了防寒保温，覆盖的草苫揭盖时间直接影响设施内的受光时数。在寒冷的冬季或早春，一般在日出后才揭苫，而在日落前或刚刚日落就需盖上，一天内作物受光时间不过 7～8 h，在高纬度地区冬季甚至不足 6 h，远远不能满足园艺作物对日照时数的需求。北方冬季生产用的塑料小拱棚或改良阳畦，夜间也有防寒覆盖物保温，同样存在光照时数不足的问题。

光照时数的长短会影响蔬菜的生长发育，也就是通常所说的光周期现象。光周期现象受一天中光照时间长短、季节、天气、地理纬度等的影响。根据设施蔬菜对光周期的反应可分为 3 类。

(1)长光性蔬菜

在 12～14 h 以上较长的光照时数下能促进开花的蔬菜，如多数绿叶菜、甘蓝类、豌豆、葱、蒜等，若光照时数少于 12～14 h，则不抽薹开花，这对设施栽培有利，因为绿叶菜类和葱蒜类的产品器官不是花或果实(豌豆除外)。

(2)短光性蔬菜

光照时数少于 12～14 h 时能促进开花结实的蔬菜为短光性蔬菜，如豇豆、茼蒿、扁豆、苋菜、蕹菜等。

(3)中光性蔬菜

对光照时数要求不严格，适应范围宽，如黄瓜、番茄、辣椒、四季豆等。需要说明的是，短光性蔬菜对光照时数的要求不是关键，关键在于黑暗时间长短，该时间对发育影响很大；长光性蔬菜则相反，光照时数至关重要，黑暗时间不重要，甚至连续光照也不影响其开花结实。

三、光的组成(光质)对设施作物的影响

农业设施内光组成与自然光不同，露地栽培太阳光直接照在作物上，光的成分一致，不存在光质差异。而在设施内光质主要与透明覆盖材料的性质有关，我国主要的农业设施多以塑料薄膜为覆盖材料，透过的光质就与薄膜的成分、颜色等有直接关系，玻璃温室与硬质塑料板材的特性，也影响设施内的光质。

光质会影响蔬菜的品质。紫外光与维生素 C 的合成有关，玻璃温室栽培的番茄、黄瓜等其果实维生素 C 的含量往往没有露地栽培的高，就是因为玻璃阻隔紫外光的透过率，塑料薄膜温室的紫外光透光率就比较高。光质对设施栽培的园艺作物的果实着色有影响，设施栽培作物的果实颜色一般较露地栽培色淡，如设施栽培的茄子为淡紫色。设施栽培的番茄、葡萄等也没有露地栽培的风味好，味淡，口感不甜，这与光质有密切关系。

四、设施光分布对作物的影响

露地栽培作物在自然光下的光分布是均匀的，农业设施内则不然。例如，单屋面温室的后屋面及东、西、北 3 面有墙，都是不透光部分，在其附近或下部往往会有遮阴。朝南的透明屋面下，光照明显优于北部。据测定，温室栽培床的前、中、后排黄瓜产量有很大的差异，前排光照条件好，产量最高，中排次之，后排最低，反映了光照分布不均匀。单屋面温室后屋面的仰角大小不同，也会影响透光率的多少。农业设施内不同部位的地面，距屋面的远近不同，光照条件也不同。农业设施内光分布的不均匀性，使得园艺作物的生长也不一致。

由于农业设施内光分布不如露地均匀，使得作物生长发育不能整齐一致。同一种类品种，同一生育阶段的园艺作物长得不整齐，既影响产量，也导致成熟期不一致。弱光区的产品品质差，且商品合格率低，种种不利影响最终导致经济效益降低，因此设施栽培必须通过各种措施，尽量减轻光分布不均匀的负面效应。

任务三 | 农业设施的光照调节与控制技术

任务描述

根据农业设施的类型、栽培的作物种类进行设施光照的调节与控制。

任务分析

分小组进行设施的光照调节与控制技术的学习，掌握设施光照特点，并能根据生产需要进行光照调节与控制。查阅资料并整理总结，经过小组讨论，围绕光照的调节与控制技术制作汇报材料，教师对学生的汇报进行总结和答疑。

知识链接

农业设施内的光照有相当一部分来自自然光照，除受时刻变化着的太阳位置和气象要素影响外，也受本身结构和管理技术的影响。设施光照调控能够有效提升作物产量和品质，甚至决定作物是否能够正常开花结实，因此在实际生产中进行光照的控制与调节很有必要。

一、提高透光率

农业设施内对光照条件的要求：一是光照充足；二是光照分布均匀。温室的透光率与农业设施结构、覆盖材料等均密切相关，提高透光率的手段主要有以下两种方法。

1. 合理的农业设施结构

(1)选择适宜的建筑场地及合理的建筑方位

确定的原则是根据设施生产的季节和当地的自然环境而定，如地理纬度、海拔高度、主要风向、周边环境(有否建筑物、有否水面、地面平整与否等)。

(2)设计合理的屋面坡度

比如单屋面温室主要是设计好后屋面仰角、前屋面与地面交角、后坡长度，既要保证透光率也要兼顾保温。连接屋面温室，屋面角设计要保证尽量多进光，还要防风、防雨(雪)，使排雨(雪)水顺畅。

(3)设计合理的透明屋面形状

生产实践证明，拱圆形屋面采光效果好。

(4)选择适合的骨架材料

在保证温室结构强度的前提下尽量用细材，以减少骨架遮阴，梁柱等材料也应尽可能少用，如果是钢材骨架，可取消立柱，对改善光环境很有利。

2. 选择合适的覆盖材料

选用透光率高且透光保持率高的透明覆盖材料，我国以塑料薄膜为主。应选用防雾滴且持效期长、耐候性强、耐老化性强等优质多功能薄膜，如漫反射节能膜、防尘膜、光转换膜。大型连栋温室，有条件的可选用 PC 板材，加强对草苫等保温覆盖材料的管理，早揭晚盖，延长光照时间。

二、改进管理措施

1. 保持透明屋面干洁

使塑料薄膜屋面的外表面少染尘，经常清扫以增加透光率，内表面应通过放风等措施减少结露(水珠凝结)，防止光的折射，提高透光率。

2. 早揭晚盖覆盖物

在保温前提下，尽可能早揭晚盖外保温和内保温覆盖物，增加光照时间。在阴天或雨雪天气，也应揭开不透明的覆盖物，时间越长越好(同样也要在防寒保温的前提下)，以增加散射光的透光率。双层膜温室，可将内层改为白天能拉开的活动膜，以利光照。

3. 合理密植

株型较高的作物对中下部遮光严重，在种植管理上要合理稀植，采用南北向大小行距栽培法。合理安排种植行向。目的是减少作物间的遮阴，密度不可过大，否则作物在设施内会因高温、弱光发生徒长，作物行向以南北行向较好，没有死阴影。若是东西行向，则行距要加大，单屋面温室的栽培床高度要南低北高、防止前后遮阴。还可以采用高矮间作或套作栽培，如番茄和草莓的间套作。

4. 加强植株管理

黄瓜、番茄等高秧作物及时整枝打杈，及时吊蔓或插架。进入盛产期时还应及时将下部老化的或过多的叶片摘除，以防止上下叶片互相遮阴。

5. 选用耐弱光品种

选择一些对光敏感度低，对阳光需求弱，光照持续时间短，偏好弱光和耐阴而不是强光的蔬菜品种。

6. 反光技术

采用地膜覆盖栽培，能够利用地面反光，增加植株下层光照。在单屋面温室北墙张挂反光幕(板)，利用反光，可使反光幕前光照增加 40%～44%，有效范围达 3 m。

7. 采用有色薄膜

使用有色薄膜的目的是改变光质。例如，通过转光膜增加蓝光或红光的照射程度，可以使作物根系发达、茎叶茂盛，实现增产增收和优越品质。科学家把蓝光和红光称为光肥，这是继“化学肥料”之后的一类新型环保性“物理肥料”。另外，紫外线吸收对植物的某些病害虫害有抑制作用，是一种“物理农药”。转光膜中真正起作用的是转光剂，人为地创造某种光质，可以满足某种作物或某个发育时期对该光质的需要，从而获得高产、优质的效果。但有色覆盖材料的透光率偏低，只有在光照充足的前提下改变光质才能收到较好的效果。

三、遮光

遮光有两个目的：一是减弱设施内的光照强度，二是降低设施内的温度。遮光 20%～40%能使室内温度下降 2～4℃。初夏中午前后，光照过强，温度过高，超过作物光饱和点，应进行遮光；在育苗过程中移栽后为了促进缓苗，通常也需要进行遮光。遮光材料要求有一定的透光率，较高的反射率和较低的吸收率。

遮光方法有如下几种：覆盖各种遮阳物，如遮阳网、无纺布、苇席、竹帘等；玻璃面涂白，可遮光 50%～55%，降低室温 3.5～5.0℃；层面流水，可遮光 25%。遮光对夏季炎热地区的蔬菜和花卉栽培尤为重要。

四、人工补光

人工补光分为人工光周期补光和人工光合补光。

1. 人工光周期补光

人工补充光照以满足作物光周期的需要称为人工光周期补光。当黑夜过长影响作物生育时，应进行补充光照。还有一种补充光照要求的光照强度较低，称为低强度补光，主要是为了抑制或促进花芽分化，调节开花期。

2. 人工光合补光

人工补光作为光合作用的能源可补充自然光的不足。据研究，当温室内床面上光照日总量小于 100 W/m^2 时，或光照时数不足 4.5 h/天时，就应进行人工补光。这种补光要求光照强度大，成本较高，国内主要用于育种、引种、育苗。

人工补光的光源是电光源。一次性投资和运行费用较高，因此在选择时要做好规划，并设计最优的人工补光方案。

实训　设施内光照环境观测

一、目的与要求

通过对设施内外光照环境进行观测，进一步掌握各种设施内光照环境的变化规律。要求学会设施内光照的观测方法和测定仪器的使用。

二、材料与用具

温室及其他设施，总辐射表、光量子仪、照度计。

三、方法与步骤

1. 观测点布置

设施内一般布置 9 个观测点，其中 5 号点位于设施中央，其余各点以 5 号点为中心在四周均匀分布。设施外布置一个点，与 5 号点相对应(图 4-6)。

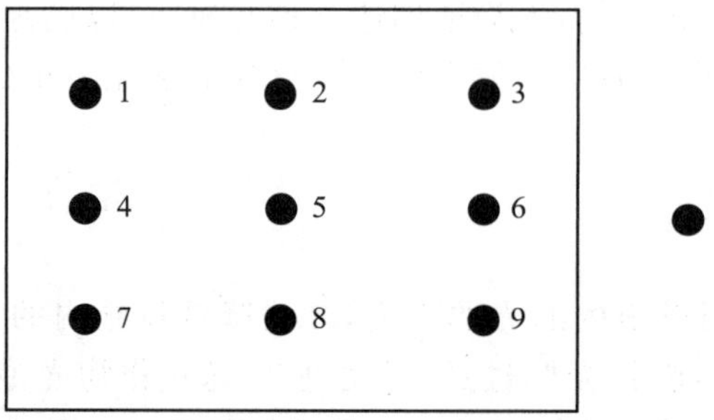

图 4-6　设施内外水平观测点分布图

2. 观测时间

在揭帘以后、盖帘之前时段内，每隔 1 h 测一次，总辐射和光合有效辐射要在正午时再加测一次。

3. 观测值

每组测一个项目，按每个水平测点顺序往返两次，同一点自上而下、自下而上往返两次，两次观测值取平均值。

4. 注意事项

(1)观测前先画好记录表。

(2)测量仪器放置要远离加温设备。

(3)仪器安装好以后必须校正和预测一次，没问题后再进行正式测定。

拓展知识：农业设施结构与透光率的关系

(4)测定时必须按气象观测要求进行，如光照仪必须保持水平，不能与太阳光垂直，要防止水滴直接落到测量仪器上等。

(5)测定完成后一定要校对数据，发现错误及时更正。

四、作业

1. 实验报告：根据观测数据画出设施内外光照日变化曲线图。

2. 根据观测数据，比较温室和大棚光照的时空分布特点，分析形成的原因，并对温室和大棚的结构、管理提出自己的意见。

项目三　农业设施的气体条件及其调控

【知识目标】

了解气体环境对作物生长发育的影响；掌握农业设施气体环境的特点；掌握设施气体调节与控制方法。

【技能目标】

能够根据实际生产需要进行设施气体调节与控制。

【学习提示】

农业设施内的气体条件不如光照和温度条件那样直观地影响园艺作物的生育，往往被人们所忽视。但随着设施内光照和温度条件的不断完善，保护设施内气体成分和空气流动状况对园艺作物生育的影响逐渐引起人们的重视。设施内空气流动不但对温湿度有调节作用，而且能够及时排出有害气体，同时补充 CO_2，对增强园艺作物光合作用、促进生育有重要意义。所以，为了提高园艺作物的产量和品质，必须对设施环境中的气体成分及其浓度进行调控。

任务一　农业设施的气体环境对作物的影响

任务描述

设施气体环境的特点及其对作物生长发育的影响认知。

任务分析

分小组进行设施的气体环境对作物生育影响的学习，查阅资料并整理总结。经过小组讨论，围绕设施气体环境对作物生育的影响制作汇报材料，教师对学生的汇报进行总结和答疑。

知识链接

设施是一个相对密闭的环境，设施内气体环境和露天相比存在显著差异。设施内的气体环境主要是指氧气、二氧化碳以及一些有害气体。

一、设施内的主要气体

（一）氧气（O_2）

O_2 是一切生物生存的前提。作物生命活动需要 O_2，尤其在夜间，光合作用因为黑暗的环境而不再进行，有氧呼吸作用则需要充足的 O_2。呼吸作用是一种酶促氧化反应。地上部分生长所需氧来自空气，而地下部分根系的形成，特别是侧根及根毛的形成，需要土壤中有足够的 O_2，否则根系会因为缺氧而窒息死亡。此外，在种子萌发过程中需要有足够的氧气，否则会因酒精发酵毒害种子而使其丧失发芽能力。绿色植物的呼吸反应式如下：

$$C_6H_{12}O_6+6O_2 \xrightarrow{\text{酶}} 6CO_2+6H_2O$$

（二）二氧化碳（CO_2）

CO_2 对于园艺作物生命活动必不可少，是光合作用的原料。光合作用反应式如下：

$$6CO_2+6H_2O \xrightarrow[\text{叶绿素}]{\text{光能}} C_6H_{12}O_6+6O_2$$

大气中 CO_2 含量约为 0.03%，并不能满足园艺作物进行光合作用的需要。提升 CO_2 的浓度会极大促进光合作用，从而大幅度提高产量，因而称为“气体施肥”。露地栽培难以进行气体施肥，而设施栽培因为空间有限，可以形成封闭状态，进行气体施肥并不困难。

（三）有害气体

大气中含有的气体成分比较复杂，有些气体对园艺作物有毒害作用。设施栽培是一个比较密闭的空间，一旦出现有害气体，其危害作用比露地栽培影响大得多。常见的有害气体有乙烯（C_2H_6）、氟化氢（HF）、臭氧（O_3）、氨（NH_3）、二氧化氮（NO_2）等。若用煤火补充加温，经常发生一氧化碳（CO）、二氧化硫（SO_2）的毒害。

1. 乙烯（C_2H_6）

设施内乙烯气体来源于有毒的塑料薄膜或有毒的塑料管。乙烯是一种天然植物激素，在植物开花、果熟、衰老和脱落过程中起着重要的作用；同时它又是毒害植物的大气污染物。乙烯对植物伤害的典型特征是叶片发生不正常的偏上生长、失绿黄化变形、落叶或大量落花落果，生长受阻或开花受抑等。如乙烯能使行道树落叶，使栽培的香石竹不能正常开花，对柑橘毒性也很强，受害的临界剂量是 0.3～0.5 mL/L（5～30 天）。

2. 氟化氢（HF）

氟化氢（HF）主要从叶面气孔侵入，经过韧皮细胞间隙到达导管，使蒸腾、同化、呼吸等代谢机能受到影响。氟化氢可转化成有机氟化物而影响酶的合成，导致叶组织发生水渍斑，后变枯呈棕色。氟化物对植物的危害首先表现在叶尖和叶缘，呈环带状，然后逐渐向内发展，严重时引起全叶枯黄脱落。

3. 臭氧（O_3）

臭氧所造成的受害症状为叶面变灰色，出现白色的荞麦皮状的小斑点或暗褐色的点状斑，或不规则的大范围坏死。其受害的临界值大致为 0.05 mg/kg，并持续 1～2 h。

4. 氨（NH_3）

氨来自土壤中的速效氮肥的分解，如尿素、磷酸二铵、硫酸铵等。温室施肥不当，极易造成氨气的含量升高。氨气浓度超标会导致受害的幼芽及嫩叶四周呈开水烫伤状或水渍状，轻者叶片出现不定形的块状枯斑，叶缘呈灼伤状，重者植株根部由褐变黑色，丧失吸收肥水的功能，地上部分逐渐枯萎死亡，常被误诊为霜霉病或其他病症。对氨气敏感的蔬菜有黄瓜、番茄、西葫芦等。

5. 二氧化氮（NO_2）

二氧化氮会导致作物叶面上出现白斑，然后褪绿，浓度高时叶片叶脉也变白枯死。番茄、黄瓜、莴苣等作物对二氧化氮较为敏感。

6. 一氧化碳（CO）、二氧化硫（SO_2）

主要来源于大棚中加热增温时加热材料的燃烧。二氧化硫是弱酸，能直接破坏作物的叶绿体，轻者组织失绿白化，重者组织灼伤，脱水，萎蔫枯死。

二、设施内的空气流动对作物生长发育的影响

设施内的气体条件有其特殊性，设施内空气调控不但对温湿度有调节作用，还能够排出有害气体，同时补充二氧化碳，对于增强园艺植物光合作用、促进生育有重要意义。所以，为了提高园艺植物的产量和品质，必须对设施环境中的气体成分及其浓度进行调控。

任务二 农业设施气体环境的调节与控制

任务描述

农业设施气体环境的调节与控制。

任务分析

分小组进行农业设施气体环境的调节与控制的学习，查阅资料并整理总结。经过小组讨论，围绕农业设施气体环境的调节与控制制作汇报材料，教师对学生的汇报进行总结和答疑。

知识链接

在温室栽培中，对气体环境的调控已成为提高设施栽培产量、改善产品品质和提高生产效益的重要技术措施之一。而气体环境的调控内容主要是 CO_2 浓度的调控和气流速度的调控。

一、CO_2 浓度的调节与控制

在半封闭或完全封闭的农业设施内，作物不断地从有限的空气中吸收 CO_2，同时外界大气中 CO_2 又不能及时补充，造成设施内 CO_2 浓度很低，不能充分满足作物生育需要而减产。因此，了解各种设施的 CO_2 浓度状况，采取通风换气或人为补充 CO_2 浓度（气体施肥），不但可以增产，并且有早熟和改进品质的效果。

（一）设施内 CO_2 浓度的特点

1. 设施内 CO_2 浓度变化

设施中 CO_2 来源除了空气固有的 CO_2 之外，还有作物呼吸作用、土壤微生物活动以及有机物分解发酵、煤炭柴草燃烧等放出 CO_2，所以夜间保护设施内 CO_2 浓度比外界高。但从清晨天亮之后，作物立即开始旺盛地进行光合作用，吸收大量的 CO_2，造成白天设施 CO_2 浓度比外界低。

由于农业设施的类型、面积、空间大小、通风换气窗开关状况以及所栽培的作物种类、生育阶段和栽培床等条件不同，使保护地内 CO_2 浓度日变化有很大差异。

2. CO_2 浓度的分布

设施内各部位的 CO_2 浓度分布不均匀。以温室为例，晴天当室内天窗和一侧侧窗打开，作物生育层内部 CO_2 浓度降低到 135～150 μL/L，比生育层的上层低 50～65 μL/L，仅为大气 CO_2 标准浓度的 50%左右。但在傍晚和阴雨天气则相反，生育层内 CO_2 浓度高，上层浓度低。设施内 CO_2 浓度分布不均匀，使作物植株各部位的产量和质量也不一致。

塑料大棚横断面的中部与边区的 CO_2 浓度分布也不均匀，使大棚中部光合强度与边区的差异大，造成大棚中部为高产区，边区为低产区。

（二）空间 CO_2 浓度的调控

1. CO_2 的浓度和用量

对于一般蔬菜而言，经济又有明显效果的 CO_2 浓度约为大气含量的 5 倍。CO_2 施肥最适宜浓度与作物自身和其他环境因子有关，一般应随光照强度的增加而逐步提高 CO_2 用量。如西瓜栽培要求 CO_2 浓度维持在 600～1 000 mg/kg 范围之内为宜，黄瓜则以 1 200 mg/kg 效果最好。

2. 施用时间及作物的发育阶段

CO_2 施肥时间，必须在一定的光强和温度下进行，即在其他条件适宜，而只因 CO_2 不足影响光合作用时施用，才能发挥其良好的作用。一般温室在上午随着光照的加强，CO_2 浓度因作物的吸收而迅速下降，这时应及时进行 CO_2 施肥。冬季(11 月至翌年 2 月)CO_2 施肥时间约为上午 9 时，东北地区可适当延后，春秋两季可适当提前。中午设施内温度过高，需要进行通风，可在通风前 0.5 h 停止，下午一般不施用。至于生育期中以哪个时期施肥最好，随作物种类而不同，一般施用 CO_2 促进光合作用的效果取决于库的大小，在果实或根膨大速度快的时期，施用效果较显著。例如，黄瓜采收初期开始施用比较合理，施用过早容易徒长。

二、预防有害气体的危害

1. 防止农药的残毒污染

限制使用某些残留期较长的农药品种，例如 1605、多菌灵、杀螟粉等，这些农药的残留期在 15～30 天。改进施药方法，如发展低容量和超低容量喷雾法，应用颗粒剂及缓解剂等，既可提高药效，又能减少用药量，缓解剂还可以使某些高毒农药低毒化。

2. 防止农药对植物的药害

注意不能将一种农药与另一种农药任意混用，不要在高温下喷药，以免引起药害。切实按面积使用药量，浓度切勿过高，防止药量过大。

3. 防止大气污染

(1)远离污染源

农业设施应远离有污染源的地方，如工厂、矿山及化工厂等地，避免受排放的工业废气的污染。

(2)正确使用原料

农用塑料化工厂要严格禁止使用正丁酯($C_9H_{18}O_2$)，邻苯二甲酸二异丁酯($C_6H_{22}O_4$)，己二酸二辛酯($C_{22}H_{42}O_4$)等原料，以免产生有害气体污染设施内的空气。

(3)采用指示植物检测

如检测二氧化硫用菊、莴苣、苜蓿、三叶草、荞麦等；检测氟化氢用唐菖蒲、洋水仙；检测二氧化硫用苜蓿、大麦、棉、胡椒；检测氟化氢用唐菖蒲、杏树、李树、玉米；检测氯用水稻；检测甲烷用兰草；检测臭氧用葡萄、烟草、柠檬、矮牵牛。

(4)防止地热水的污染

地热水的水质随地区不同而有差异，如有的水质中含有氟化氢、硫化氢等气体，常引起设施和器材的腐蚀、磨损和积水垢等。因此，在利用地热水取暖时尽量不用金属管道，采用塑料管道。千万不能用地热水作为灌溉用水，以免造成土壤污染。

三、通风换气

从调控农业设施的气体环境考虑，应当经常将通风窗、门等打开，以利排出有害气体和换入新鲜气体。越是在寒冷的季节越需注意通风换气，因为通风换气与防寒保温往往是矛盾的，不可因噎废食。每天清晨温度比较低，为保温，原则上不应通风，但此时是设施内空气湿度最高、有害气体最多和CO_2最缺少的时刻，应当打开通风口，一方面可以排出有害气体，降低湿度减轻病害，同时又可以换入新鲜空气以补充CO_2。这也说明农业设施内各个环境因子之间不是孤立的，通风可以排出有害气体、换入新鲜气体以补充CO_2，从而有效地调控了气体环境，但同时也降低了保护设施内的温度与湿度。所以，通风技术是环境调控的重要措施，一举多得。

（一）自然通风

我国农业设施目前多以单栋小型为主，所以主要靠自然通风，是利用设施内外气温差产生的重力达到换气目的，效果明显。

1. 底窗通风型

底窗通风型从门和边窗进入的气流沿着地面流动，大量冷空气随之进入室内，形成室内不稳定气层，把室内原有的热空气顶向设施的上部，在顶部形成一个高温区。而在棚四周或温室底部和门口附近，常有1/5～1/4的面积受“扫地风”危害，造成秧苗生长缓慢。因此，初春时，应避免底窗、门通风。必须通风时，在门下部50 cm高处用塑料膜挡住。日光温室与塑料大棚的底窗与侧窗通风时，多用扒缝方式，通风口不开到底，多在肩部开缝，以避免冷空气直入而造成危害。

2. 天窗通风型

开窗通风包括开天窗和顶部扒缝，天窗面积是固定的，通风效果有限，不如扒缝好。天窗的开闭与当时的风向有关，顺风开启时排气效果好；逆风开启时增加进风量，排气效果差。天窗的主要作用是排气，所以最好采用双向启闭的风窗，尽量保持顺风开窗的位置，才有利于排气。扒缝通风的面积可随室温和湿度高低调节，调节控制效果好。

3. 底窗(侧窗)、天窗通风型

天窗主要起排气作用，底窗或扒底缝主要是进气，从侧面进风，冷气流进入室内，将热空气向上顶，所以排气效果特别明显。一般进入设施内的风速，迅速衰减一半，并且继续削弱，春季通风时间极短或不通风，通风面积控制在2%～5%。随着季节和外温的变化，开窗时间、面积要随之加长、加大。在5月中旬以后最高气温可达40℃左右，此时开窗或扒缝面积要占到围护结构总面积的25%～30%。

（二）强制通风

大型连栋温室，需进行强制通风，在通风的出口和入口处增设动力扇，吸气口对面装排风扇，或排气口对面装送风扇，使室内外产生压力差，形成冷热空气的对流，从而达到通风换气的目的。强制通风一般有温度自控调节器，它与继电器相配合，排风扇可以根据室内温度变化情况自动开关。通过温度自动控制器，当室温超过设定温度时即进行通风。

1. 强制通风的方式

强制通风是用排风扇将室内空气排出或把外界空气吹入室内，强制地使内外空气进行交换。前者称为排风方式，后者称为送风方式。另外，为了使室内空气均一化，也有用通风管道的管道通风。即使是强制通风，自然力也在起作用。强制通风大致分为以下几种方式。

(1)低吸高排型

即吸气口在温室的下部，排风扇在上部。这种配置方式风速较大、通风快，但是温度分布不均匀，在顶部及边角常出现高温区。

(2)高吸高排型

即吸气口和排风扇都在温室上部，这种配置方式往往使下部热空气不易排出，常在下部存在一个高温区域，对作物生长不利。

(3)高吸低排型

即吸气口在上部，排风扇位置在下部。这种配置方式使室内温度分布较均匀，只有顶部有小范围的高温区。

2. 强制通风的效果

强制通风的目的是要使设施内温度、湿度和气体环境得到迅速地改善，使不利的条件在较短的时间内变为有利的条件，比自然通风效果明显。由控温仪按照作物生长需要的温度，和实际室内温度高低发出信号，排风扇自动开关，高温、高湿及有害气体随时排出，所以其产量比自然通风高。

实训 设施内二氧化碳浓度观测

一、目的与要求

通过对几种设施内外 CO_2 浓度进行观测，进一步掌握各种设施内 CO_2 浓度的变化规律。要求学会设施内 CO_2 浓度的观测方法和测定仪器的使用。

二、材料与用具

温室及其他设施，便携式红外二氧化碳分析仪。

三、方法与步骤

1. 观测点布置

设施内一般布置 9 个观测点，其中 5 号点位于设施中央，其余各点以 5 号点为中心在四周均匀分布。设施外布置一个点，与 5 号点相对应(图 4-7)。

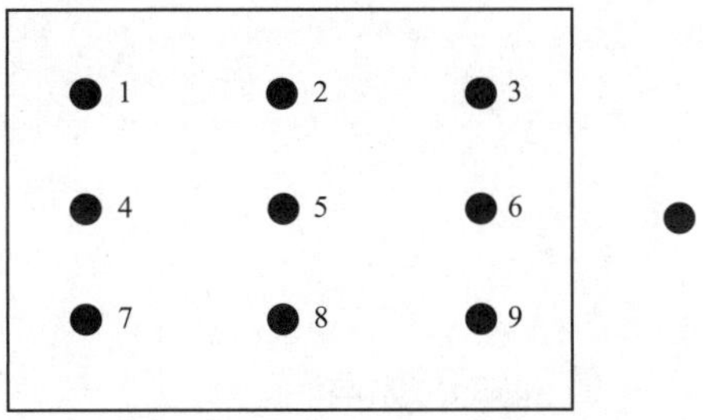

图 4-7 设施内外水平观测点分布图

2. 观测时间

一天中每隔 2 h 观测一次 CO_2 浓度。

3. 观测值

每组测一个项目，按每个水平测点顺序往返两次，同一点自上而下、自下而上往返两次，两次观测值求平均值。

4. 注意事项

(1)观测前先画好记录表。

(2)测量仪器放置要远离加温设备。

(3)仪器安装好以后必须校正和预测一次，没问题后再进行正式测定。

(4)测定时必须按气象观测要求进行，要防止水滴直接落到测量仪器上等。

(5)测定完成后一定要校对数据，发现错误及时更正。

四、作业

1. 实验报告：根据观测数据画出设施内外 CO_2 浓度日变化曲线图。

2. 根据观测数据，比较温室和大棚 CO_2 浓度的时空分布特点，分析形成的原因，并对温室和大棚的结构、管理提出自己的意见。

模块五　无土栽培技术与装备

学习目标

1. 了解无土栽培概念和类型。
2. 掌握基质栽培步骤和方法。
3. 掌握营养液栽培步骤和方法。
4. 掌握无土栽培日常管理。
5. 能够根据基质配方正确混合基质。
6. 能够根据营养液配方配置营养液。
7. 能够建造立体基质栽培系统。
8. 能够建造水培系统。

知识先导

一、无土栽培的含义

无土栽培是指不用天然土壤而用营养液或固体基质+营养液栽培作物的种植技术，如图 5-1 所示。

图 5-1　无土栽培

无土栽培是继 20 世纪 60 年代世界农业上的“绿色革命”之后兴起的一场新的“栽培革命”，改变了自古以来农业生产依赖自然土壤的种植习惯，把农业推向工业化、商业化生产的新阶段。作为现代农业设施栽培的高新技术，其核心和实质是营养液代替土壤向作物提供营养，独立或与固体基质共同创造良好的根际环境，充分发挥作物的生产潜力，从而获得最大的经济效益。因此，无土栽培也称为营养液栽培。营养液可以代替天然土壤向作物提供水分、养分、氧气、温度,使作物能够正常生长并完成其整个生命周期。

二、无土栽培的特点

(一)优点

1. 高产优质,效益丰厚

无土栽培的突出优点是产量高、效益好。无土栽培与设施园艺相结合,能合理调节作物生长发育的环境条件,尤其是人工创造的根际环境能够妥善解决水气矛盾,使作物的生长发育更加协调,因而无土栽培更有利于充分发挥作物的生长潜能,实现高效栽培。

有机生态型无土栽培蔬菜能达到AA级绿色食品标准,品质好,价值高。无土栽培的绿叶菜生长速度快,粗纤维含量少,维生素C含量高;果蔬类商品外观整齐,开花早,结果多,着色均匀,口感好,营养价值高,产品洁净、鲜嫩、无公害。无土栽培的花卉植株生长迅速、健壮,开花多而早、大而香,病虫害少,清洁卫生。

2. 节省肥水和土地,省力又省工

无土栽培通过营养液按需供应水肥,能大幅度减少水分和养分的流失、渗漏和土壤微生物的吸收固定,充分被植物吸收利用。无土栽培耗水量只有土壤栽培的1/10～1/4,一般可节水70%以上,是发展节水型农业的有效措施之一。全世界土壤栽培肥料利用率大约只有50%,我国的肥料利用率只有30%～40%,而无土栽培按需配置和循环供应营养液,肥料利用率达90%以上,即使是开放式无土栽培系统,营养液的流失也很少,大大降低了生产成本。无土栽培不需要中耕、翻地、除草等环节,而且随着计算机和智能系统的使用,逐步实现了机械化和自动化操作,节省人力和工时,提高了劳动生产率。此外,还可以立体栽培作物,显著提高土地利用率。

3. 生产过程可实现无公害化

无土栽培属于设施农业,在相对封闭的环境条件下进行,严格控制生长条件,可为作物生长提供相对无菌和减少病虫源的环境,在一定程度上避免了外界环境和土壤病原菌与害虫对作物的侵袭,加之作物生长健壮,因而病虫害轻微,也较易控制,这样在种植过程中可少施或不施农药,节省农药费用。

4. 避免土壤连作障碍

设施土壤栽培常由于作物重茬而诱发土壤连作障碍,采用换土、土壤消毒、灌水洗盐等传统处置方法的局限性大,费工费时。通过增施化肥和不加节制地大量使用农药,又会造成生产成本的不断上升和环境污染日趋严重,植物产量、品质和效益急速下滑,而无土栽培可以从根本上避免和解决土壤连作障碍的问题,每收获一茬后,只要对栽培设施进行必要的清洗和消毒就可以种植下一茬作物。

5. 极大拓展了农业生产空间

无土栽培使作物生产摆脱了土壤的约束,极大扩展了农业生产的可利用空间,使种植不受地域限制,在荒山、河滩、沙漠、海岛等不毛之地和城市的阳台屋顶,甚至宇宙飞船上都可以进行无土栽培。

6. 有利于实现农业生产的现代化

无土栽培是多学科、多种技术融合形成的一门综合性应用科学,加之计算机和智能系统的使用,可以按照人的意志组织生产,所以是一种“受控农业”,有利于实现农业机械化、自动化,从而逐步走向工业化、现代化。

(二)缺点

1. 一次性投资较大,运行成本高

只有具备一定设施条件才能进行无土栽培,设施的一次性投资较大,尤其是大规模、集约化、现代化无土栽培生产投资更大,依靠种植一般作物回收投资是很难的。无土栽培生产所需肥料要求严格,营养液的循环流动、温度控制等能耗大,生产运行成本较高。高昂的运行费用迫使无土栽培必须尽量生产高附加值的园艺经济作物,以求高额的经济回报。近年来,我国陆续研制出一些节能、低耗的简易无土栽培形式,大大降低了投资成本和运行费用。如浮板毛管水培技术、有机生态型无土栽培技术、袋培、立体栽培等,都具有投资少、运行费用低、经济实用的特点。

2. 技术要求高

无土栽培过程的营养液配制、供应与调控技术较为复杂,要求管理人员具备相应的知识和技能。通过采用自动化设备、选用厂家生产的专业无土栽培肥料、采用简易无土栽培形式,可简化技术应用难度。

3. 管理不当易导致某些病害迅速传播

无土栽培生产在相对密闭的栽培环境,环境湿度大,光照相对较弱,而水培形式中根系长期浸于营养液中,若遇高温,营养液中含氧量快速下降,根系生长和功能受阻;高温高湿环境中,病菌快速繁殖,侵染植物,加之营养液循环流动,极易迅速传播,从而导致种植失败。如果栽培设施、种子、基质、器具等消毒不彻底,操作不当,也容易造成病原菌的大量繁殖和传播。营养液缓冲能力差,水肥管理不当还容易出现生理性障碍。因此,从事作物无土栽培时,必须加强管理,规范操作,全面详细做好记录,以便复查核对,并在出现问题时迅速找出原因,及时解决。

三、无土栽培的现状与前景

(一)国外无土栽培的发展现状与展望

目前应用无土栽培技术生产园艺作物的国家和地区已达100多个,栽培技术不断发展、日趋成熟,应用范围和栽培面积不断扩大,经营与技术管理水平不断提高,实现了集约化、工厂化生产。蔬菜主要以营养液膜水培和岩棉基质培为主;花卉主要以基质栽培为主。美国无土栽培多集中在干旱、沙漠地区,但美国的无土栽培技术家庭普及率高,开发出大量小规模、家用型的无土栽培装置,其无土栽培研究的重点放在太空农业中的无土栽培技术上。日本水培技术国际领先,其自主开发的深液流栽培技术已演化出多种形式。主要以岩棉培、深液流水培和营养液膜水培为主,主要栽培草莓、番茄、青椒、黄瓜、甜瓜和花卉,现正将植物工厂实用化。荷兰是世界无土栽培最发达的国家之一,主要栽培形式是岩棉培,占无土栽培总面积的2/3,主要种植番茄、黄瓜、甜椒和花卉,生产高度自动化、现代化。目前发达国家无土栽培技术的新进展大致可归纳为以下几点:采用机器人进行精确移苗和定量灌溉;正在寻找草炭、岩棉等基质的替代品,以降低生产成本和防止环境污染,如英国采用椰壳纤维育苗;营养液配制实现自动化和电脑控制,并根据实际需求调整植物所需的元素等。

(二)我国无土栽培的发展现状与展望

自20世纪70年代我国开始在生产中应用无土栽培技术以来,无土栽培技术的开发应用取得了明显成效,研究开发出符合国情国力的无土栽培设施与配套技术。从栽培形式来看,各地都在多年栽培经验的基础之上,努力摸索适合本地经济水平、市场状况和资源条件的无土栽培系统和方式。北京的蛭石袋培与有机基质培、江苏的岩棉培和简易营养液膜水培、浙江的稻壳熏炭基质培和深水培等各具特色。无土栽培面积最大的新疆戈壁滩,主要推广鲁SC型改良而成的沙培技术,在20世纪90年代末,其沙培蔬果的面积占全国无土栽培面积的1/3。

我国是水资源相当贫乏的国家，被列为世界上13个贫水国之一，全国人均水资源占有量仅为世界人均水平的1/4，农业每年缺水约300亿 m^3。无土栽培作为节水农业的有效手段，将在干旱缺水地区发挥其重要的作用。我国设施栽培发展迅速，已成为许多地区农业致富、农业增效的有效手段，但由于长期栽培，设施土壤栽培连作障碍日益加剧，无土栽培作为根治土壤栽培连作障碍的有效手段正在发挥着作用，今后在设施栽培中将广泛得到应用。

另外，随着居民生活水平提高，对农产品种类和质量的要求，参与国际竞争的需要和农业现代化进程的加快，无土栽培技术将会受到更大的重视，发展进程将进一步加快。遵循就地取材、因地制宜、高效低耗的原则，无土栽培形式将呈现以基质栽培为主、多种形式并存的发展格局。经济发达的沿海地区和大中城市将是现代化无土栽培发展的重点地区，作为"都市农业"和"观光农业"的主要组成部分，将会得到更大的发展；具有成本低廉、管理简单的简易基质栽培和其他无土栽培形式将是大规模生产应用、推广的主要形式。

项目一　无土栽培系统构建

【知识目标】

了解无土栽培特点及其应用；理解基质栽培、营养液栽培、气雾栽培系统组成；掌握基质栽培、营养液栽培、气雾栽培应用和管理技术要点。

【技能目标】

掌握基质栽培、营养液栽培、气雾栽培系统构建及使用管理；掌握营养液配制及应用管理技术。

【学习提示】

深入无土栽培生产现场，观察无土栽培系统组成及应用，结合课内实践及课外参观、文献调研等，系统掌握无土栽培技术。

无土栽培的类型很多，目前还没有统一的分类方法。按照是否使用基质，可分为基质栽培和无基质栽培，进而根据技术特点、设施构造和固定材料的不同又细分为多种类型；按其消耗能源多少和对生态环境的影响，可分为有机生态型和无机耗能型无土栽培（图 5-2）。

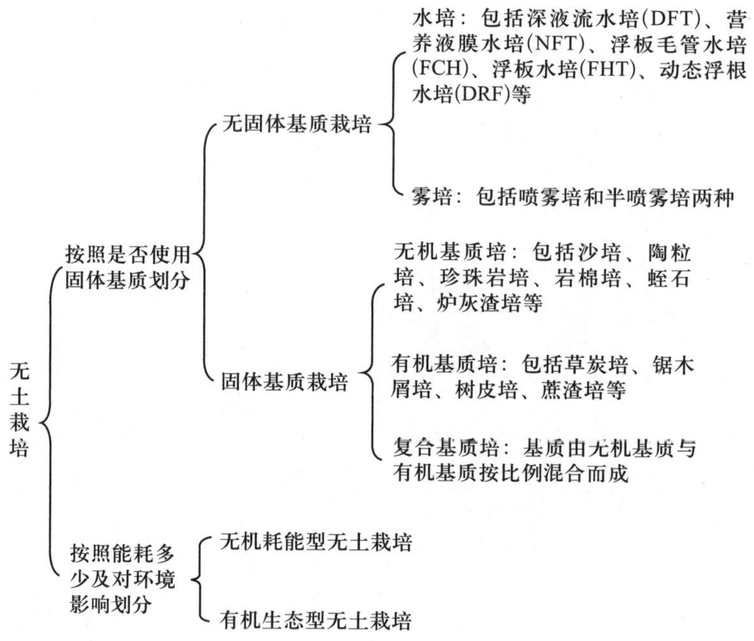

图 5-2　无土栽培的类型

任务一　基质栽培系统

任务描述

选择一种基质栽培类型，构建一套基质栽培系统。

任务分析

基质栽培是目前无土栽培应用面积最大的一种栽培类型，基质栽培的最大特点是有基质固定根系，并借以保持和充分供应营养和空气，能够很好地协调水、肥、气三者矛盾，设备投资较低，便于就地取材，生产性能优良而稳定。基质栽培除了选择合适的基质配方外，还要有配套的栽培床、灌溉施肥设备等的配合。

知识链接

固体基质栽培简称基质培，是指通过各种天然或人工合成的固体基质固定根系，作物从基质中吸收营养和氧气的一类栽培形式。

一、固体基质栽培类型

根据生产上选用的基质不同，基质培分为无机基质培、有机基质培、复合基质培；根据栽培形式不同分为盆(钵)培、槽培、箱培、袋培、立体栽培等；根据营养液是否循环使用，分为开放式和封闭式两种。

1. 无机基质栽培

无机基质栽培是指用河沙、岩棉、珍珠岩、蛭石等无机基质作为栽培基质的栽培形式。其中，应用最广泛的首推岩棉培，在西欧、北美的基质栽培中占绝大多数。我国则以珍珠岩培、蛭石培、煤渣培和沙培等作为常用的无机基质栽培方式。陶粒培大多用于花卉无土栽培。目前，无机基质栽培发展最快，应用范围较广。

2. 有机基质栽培

有机基质栽培是指用草炭、木屑、稻壳、树皮、菇渣等有机基质作为栽培基质的栽培形式。由于这类基质为有机物，所以在使用前多进行发酵处理，以保持理化性状的稳定，达到安全使用的目的。

3. 复合基质栽培

复合基质栽培是指以有机、无机基质按适当比例混合而成的复合基质作为栽培基质的栽培形式。复合基质可以改善单一基质的理化性质，提高基质的使用效果，而且可就地取材，配方选择灵活。复合基质栽培是目前我国应用最广、成本最低、使用效果最稳定的无土栽培形式。

二、岩棉培

用岩棉作为基质的无土栽培称为岩棉培。根据岩棉培营养液利用方式的不同，可分为开放式岩棉培和循环式岩棉培。

(一)开放式岩棉培

开放式岩棉培主要由栽培床、供液设施、排液设施组成(图 5-3)。

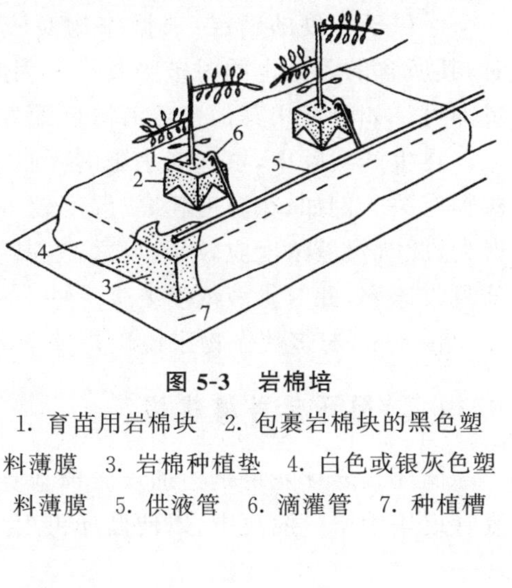

图 5-3　岩棉培

1. 育苗用岩棉块　2. 包裹岩棉块的黑色塑料薄膜　3. 岩棉种植垫　4. 白色或银灰色塑料薄膜　5. 供液管　6. 滴灌管　7. 种植槽

1. 栽培床

栽培床用岩棉垫连接而成，外套黑色或黑白双色聚乙烯塑料薄膜，定植前在薄膜上开定植孔。

栽培床要求：

①栽培床表面一定要平整，否则会造成供液不均，甚至会使盐分积累，pH 升高。

②地面要保持一定的坡度，多数岩棉栽培采用循环供液，便于回收多余的营养液。

栽培床的建造要求：

①隔离层：先在地面铺一层塑料薄膜隔离层，以保持地面清洁，防止杂草滋生和营养液外流。

②岩棉垫准备：长块(宽 15～30 cm)。

③在栽培床表面铺一层黑色或黑白双色聚乙烯塑料薄膜。

④将事先切好的岩棉垫平放其上。

⑤安装滴灌设备。

⑥用夹子将薄膜封住，根际处封口要紧，以减少水分蒸发和营养液外流。

注意事项：为防止供液量大、过急等原因导致栽培床中多余的营养液不能及时排出，放置岩棉垫时可稍向一边倾斜，并在倾斜方向把岩棉的塑料袋钻 2～3 个排水孔。

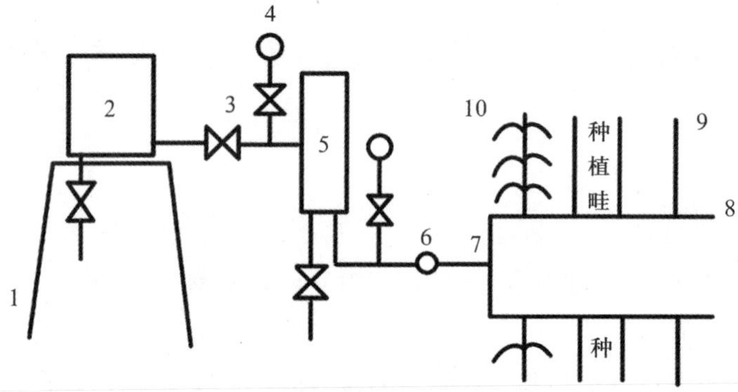

图 5-4　供液装置

1. 铁支架　2. 营养液罐　3. 阀门
4. 压力表　5. 过滤器　6. 水表
7. 干管　8. 支管　9. 毛管　10. 滴头管

2. 供液装置

岩棉多采用滴管系统。大规模种植时，需要用自动控制的滴管系统(图 5-4)。

3. 排液装置

一般在种植垫底部打孔，通过畦沟、排液沟排至室外。

4. 开放式岩棉栽培的营养液管理

①供液量的确定：受基质持水量、每株作物占有的基质体积以及作物的需水量三方面的影响。前两者基本是不变的，而作物的需水量则是随着作物的种类、生育期和环境因素的变化而变化的。

供液量确定方法：a. 用张力计测定基质中的含水量。在温室中选取 5～7 个点，在每个点的岩棉垫上、中、下 3 层中各安装一个张力计，当植株蒸腾失水后，基质中的水分减少就会在张力计中反映出来。一旦张力计显示基质中的水分含量低于设定值，就要启动滴管系统进行供液。如果张力计与传感器相连接，依靠传感器把信号传递给滴灌控制系统，则可以实现灌溉的自动化控制。b. 用经验法来估计植株的耗水量。

②供液浓度的确定：根据作物对吸水和吸肥是按比例进行的理论，作物吸收单位体积的营养液时，其所含的养分也同时被吸收了。因此如果使用山崎配方来供液，只需将营养液的浓度控制在 1 个剂量即可。如果使用其他营养液浓度配方，可参照山崎配方的营养液浓度来进行调整。

在生产实际中，植株对水肥的吸收情况并不完全是山崎所提出的水肥同步，而是与气候条件和作物株龄有关。例如，在温度较高、湿度较小、植株较大时，作物对水分的吸收速率要比对养分的吸收速率来得大，此时供液浓度应较小；反之，当温度较低、湿度较大、植株较小时，作物对养分的吸收速率要大于水分吸收速率，此时供液浓度要大一些。一般认为，供液浓度最低为 0.6～1.0 ms/cm，最高不超过 2.2～2.5 ms/cm，对多数作物来说均是安全的。

(二)循环式岩棉栽培

循环式岩棉栽培是指加入岩棉基质中的营养液的数量较多，多余的营养液从岩棉中流出后，通过回流管道集中于贮液池中，以便循环再用。其优点是营养液的利用率高，但其设施的结构复杂，建设费用和日常运行维护费用较高，需要过滤消毒设备等。

循环式基质栽培的生产设施包括种植槽、岩棉种植垫、供液的滴灌系统和回流系统等。

1. 材料

水泥混凝土、木板、PVC 等。槽内铺放一层黑色塑料薄膜，槽中安放排水管，然后放置岩棉种植垫。

2. 滴灌及回流系统

由各级供液及回流管道、集液池、供液罐、过滤器、水泵、电磁阀、定时器等设备组成。

3. 岩棉种植垫盐分的积累和消除方法

由于用清水进行洗盐的过程中，会使基质中较长时间处于浓度较低的状态，植物易出现“饥饿”。为了避免这种情况出现，最好使用原营养液浓度 1/4～1/2 剂量的稀营养液来洗盐。在循环式岩棉培中，盐分的积累问题不是太严重，只有当流量较小、天气干燥、温度较高时才容易出现，此时只要增大营养液的滴入量和缩短供液时间即可解决这个问题。为了防止岩棉垫表面盐分过分积累而对作物茎基部造成伤害，应每隔 2～3 周用较多的清水冲洗一次茎基部。

4. 岩棉种植垫回收利用

一般经过消毒之后可以再利用。消毒方法主要是蒸汽消毒，也可利用农药消毒，但效果较差。一般在经过 1.5～2 年之后，由于岩棉的纤维断裂，垫中残根较多，通气性下降而影响产量，这时需要更换岩棉垫。

三、袋培法

用一定规格的栽培袋盛装基质，蔬菜植株种植在基质袋上，采用滴灌系统供营养液（图 5-5）。

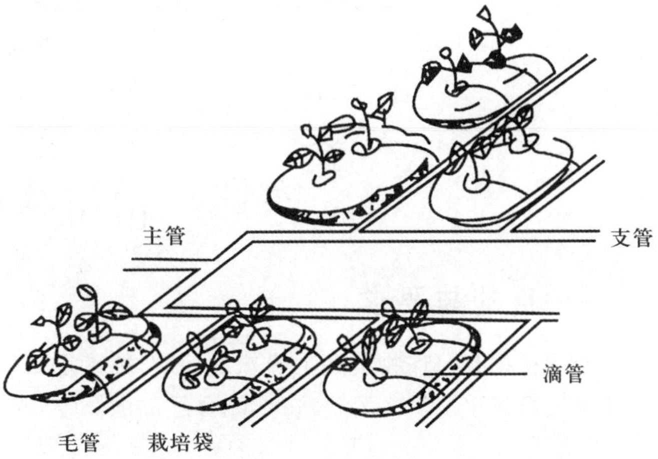

图 5-5　袋培示意图

四、槽培法

用一定规格和形状的栽培槽，在槽内种植蔬菜，用滴灌装置向基质提供营养液和水。如图 5-6 所示。

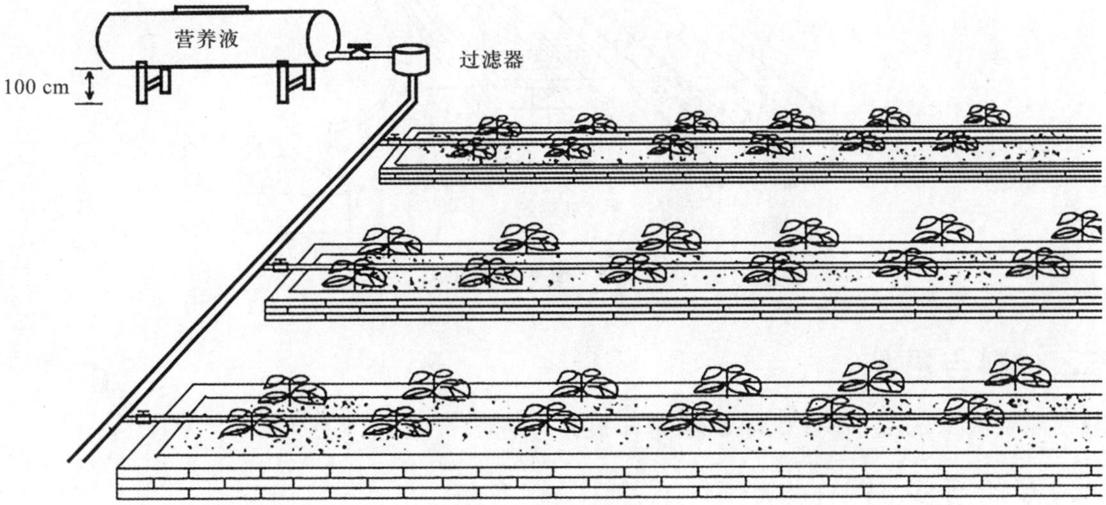

图 5-6　槽培示意图

五、钵培

采用一定尺寸的钵体填装上基质，配合供液系统和排液系统的一种基质栽培形式（图 5-7）。

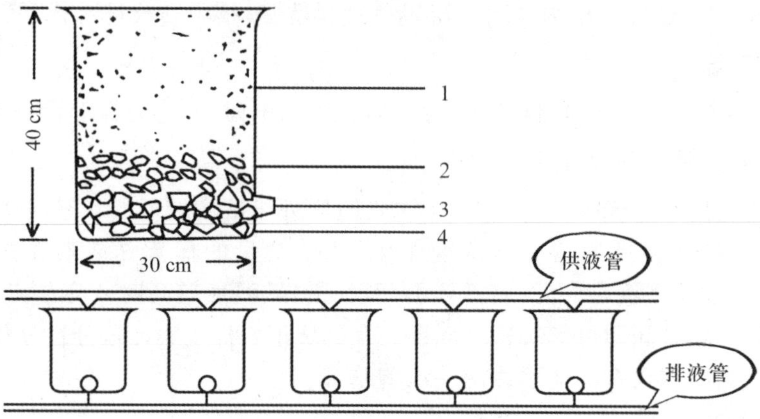

图 5-7　钵培示意图

1. 细沙　2. 粗沙　3 排液口　4. 鹅卵石

实训　槽培栽培系统构建

一、目的与要求

能够根据栽培作物类型正确选用基质，并确定槽培栽培系统基本组成和尺寸；画出设计图，并按照设计图进行槽培栽培系统建造；选配合适的灌溉、施肥设备（参照图 5-8）。

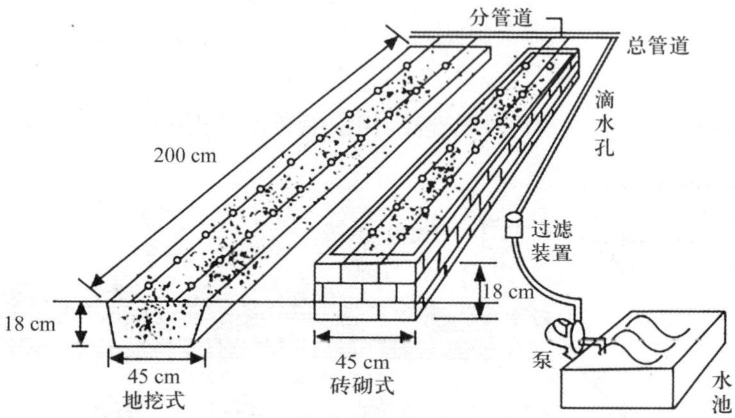

图 5-8　槽培系统组成

二、材料与用具

绘图测量工具、建造材料（塑料薄膜、泡沫板等）、基质、灌溉、施肥设备。

三、方法与步骤

（1）确定栽培作物，并根据作物种类确定株距、行距，同时确定槽长度、高度、宽度等尺寸。

(2)确定施肥、灌溉方式,选择配套设备。

(3)计算并确定贮液池体积及存放位置。

(4)绘制槽培系统结构图,包括详细尺寸、供液系统、回液系统以及配套设备应用情况。

(5)选择合适的建造材料,进行栽培槽建造。

(6)选择合适的基质并投入使用。

(7)育苗移栽及后期管理。

可以根据实际情况采用多种形式的栽培基质槽。以有机基质槽培为例,有 3 种形式的栽培槽可供选择。

①塑料或聚苯乙烯槽:长×宽×高为 200 cm×45 cm×18 cm,在槽底部留有排水沟和小孔。

②砖块砌槽:长×宽×高为 200 cm×45 cm×18 cm,在槽底部土壤上挖一条 5～6 cm 宽、沿栽培槽方向坡度 0.5%的排水沟。

③土壤开槽:可在土壤中直接挖沟作为基质栽培槽,具体结构与砖块槽相同,长×宽×高为 200 cm×45 cm×18 cm。

在基质栽培中为了防止渗漏并使基质与土壤隔离,通常在槽的底部铺 1～2 层塑料薄膜。一般槽长 10～20 m,槽与槽之间距离为 70 cm,槽的坡度至少为 0.5%,以便排水、通气。

任务二　水培系统

任务描述

根据生产需求,构建一套水培系统。

任务分析

水培是植物一部分根系悬挂生长在营养液中,而另一部分根系裸露在潮湿空气中的一类无土栽培方法。水培系统要有储存营养液的贮液池、栽培槽,固定作物的定植板,营养液的循环控制系统等。气雾栽培中植物根系生长在雾状的营养液环境,需要喷雾设备将营养液雾化成细小颗粒并喷洒到植物根部。

知识链接

一、无固体基质栽培类型

无固体基质栽培是指植物根系生长在营养液或含有营养液成分的潮湿空气中的一类栽培形式,又分为水培和雾培两种类型。

1. 水培

水培是指植物大部分根系直接生长在营养液的液层中。根据营养液液层的深浅分为多种栽培形式(表 5-1)。不同水培形式各有优缺点,应根据不同地区的生产实际灵活选用。

表 5-1　不同水培类型的比较

水培类型	英文缩写	液层深度/cm	营养液状态	特点
营养液膜技术	NFT	1～2	流动	根系置于定植槽底
深液流技术	DFT	4～10	流动	植株悬挂在定植板上,部分根系浸入营养液中

续表5-1

水培类型	英文缩写	液层深度/cm	营养液状态	特点
浮板毛管技术	FCH	5～6	流动	营养液中有浮板，上覆无纺布，部分根系分布在无纺布上
浮板水培技术	FHT	10～100	流动或静止	植物定植在浮板上，浮板在营养液中自然漂浮
动态浮根技术	DRF	8、4、8 （液层动态变化）	流动	植株悬挂在定植板上，在营养液灌溉时，根系随营养液的液位变化而上下左右波动

2. 雾培

雾培又称为喷雾培或气培，是作物根系悬挂在封闭、不透光的容器内，营养液通过特殊装置形成水雾，间歇性地将营养液喷到作物根系上，以提供作物生长发育所需水分和养分的一类无土栽培技术。这种方法可同时解决根系对养分、水分和氧气的需求，但因雾培设备投资大，根际温度受气温影响大，设备和管理水平要求高，大多应用在立体栽培和观光农业生产中。雾培的栽培类型有 A 型（梯形）雾培、立柱式雾培和半雾培 3 种类型（图 5-9）。其中，特殊类型是半喷雾培（可看作是水培的一种类型），即部分根系生长在浅层的营养液层或短时间浸没在雾状的营养液中，大部分根系或多数时间根系在雾状营养液的空间内。

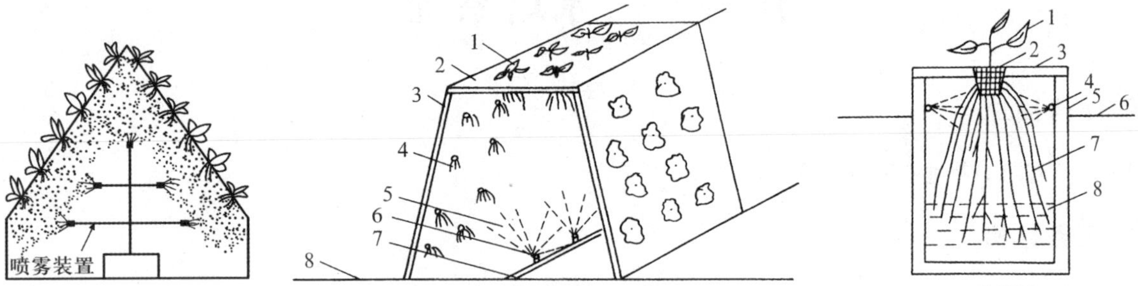

A型雾培　　梯形雾培　　半雾培

梯形雾培：1.植株　2、3.泡沫塑料板　4.根系　5.雾状营养液　6.喷头　7.供液管　8.地面

半雾培：1.植株　2.定植杯　3.定植板　4.喷头　5.种植槽　6.地面　7.根系　8.营养液层

图 5-9　常见的雾培类型

二、深液流水培技术

深液流水培技术是最早成功应用于商业化植物生产的无土栽培技术，1939 年美国的格里克首先将无土栽培技术应用于作物的商业化生产时取得“水培植物设施”专利，采用的就是一种深液流水培技术。

深液流水培技术在日本很普及，我国的台湾地区和大陆许多地方也使用这一技术。华南农业大学是国内研究和使用深液流水培技术最早的单位，目前已在我国广东省的多个地方推广使用，在上海、山东、福建、湖北、广西、四川和海南等许多省市也有一定的推广。据不完全统计，目前的使用面积达 100 多万 m^2。

多年的生产实践证明，深液流水培技术较为适宜我国的经济和技术水平，特别适宜南方热带、亚热带地区的气候条件，而且是种植效果良好、管理较为简便的一种无土栽培技术。

（一）深液流水培技术的特征

1. 深

①盛装营养液的种植槽本身较深。

②种植槽内营养液液层较深。

根系可伸入到较深厚的营养液中，整个种植系统中的营养液总量较多，营养液的组成、浓度（包括各种营养元素浓度、总盐浓度和营养液中溶解氧浓度等）、酸碱度、水分和温度等不易产生急剧变化，根系生长环境相对较稳定，营养的补充和调节方便，这是深液流水培技术的显著特点。

2. 流

指营养液是循环流动的，目的：

① 增加营养液中溶解氧的浓度。

② 消除营养液静置时根表与根外营养液之间的"养分亏竭区"，使得营养及时供应到根表。

③ 降低根系分泌并累积于根表的有害代谢产物，例如有机酸、根系对离子选择吸收而产生的生理性酸碱以及其他的代谢产物。

④ 使得因沉淀而失效的某些营养物质重新溶解，供应作物生长需要。

3. 悬

指植物悬挂种植在营养液液面之上，目的：

① 让根颈部远离液面，防止根颈部浸入营养液中而产生腐烂甚至死亡（沼泽性植物或具有从地上部向地下部的氧气输导组织的作物除外）。

② 提高根系的供氧，部分根系可伸入到营养液中生长，而另外的根系部分则裸露在营养液液面于定植板或定植网框之间的潮湿空气中，这样在营养液和空气中的根系都可以吸收到氧气。根据作物的长势和气候条件来调节营养液的液层深度和液面至定植板或定植网框之间的空间大小，以调节根系对氧气的吸收。

（二）常用深液流水培设施的组成及结构

水泥砖结构固定式水培设施主要包括种植槽、定植板或定植网框、贮液池、营养液循环流动系统。

1. 种植槽

宽度一般为 100～150 cm，一方面易于操作，另一方面防止定植板或定植网框在种植槽过宽时强度不够而产生弯曲变形或折断。槽内深度控制在 12～15 cm，最深不超过 20cm，槽长度为 10～20 m。

种植槽在建造时首先把地面整平、打实，在建槽的位置铺一层 3～5 cm 的河沙或石粉打实，然后在河沙或石粉层上铺 5 cm 厚的混凝土作为槽底，在混凝土槽底上面的四周用水泥砂浆砌砖成为槽框，再用高标号水泥砂浆涂抹种植槽内外，最后再加上一层水泥膏抹光表面，以防止营养液的渗漏。（图 5-10、图 5-11、图 5-12）。

图 5-10　种植槽

建造种植槽的地基必须坚实，否则在种植槽建好之后可能会因地基的不均匀下沉而造成种植槽断裂，进而造成营养液的渗漏。在地基较为松软的地方建造种植槽时，为了防止地基下陷而造成种植槽断裂，可在槽底混凝土层中每隔 20 cm 加入一条钢筋。在建种植槽框时还可加入防水涂料以防渗漏。

2. 定植板

定植板（图 5-13）用硬泡沫聚苯乙烯板块制成，厚 2～3 cm，板面开若干个定植孔，孔径为 5～6 cm，种果菜和叶菜都可通用。定植孔内嵌一只塑料定植杯（图 5-14），高 7.5～8.0 cm，杯口的直径与定植孔相同，杯口外沿有一宽约 5 mm 的唇，以卡在定植孔上，确保定植杯不掉进槽底。杯的下半部及底部开有许多直径 3 mm 的孔。定植板的宽度与种植槽外沿宽度一致，使定植板的两边能架在种植槽

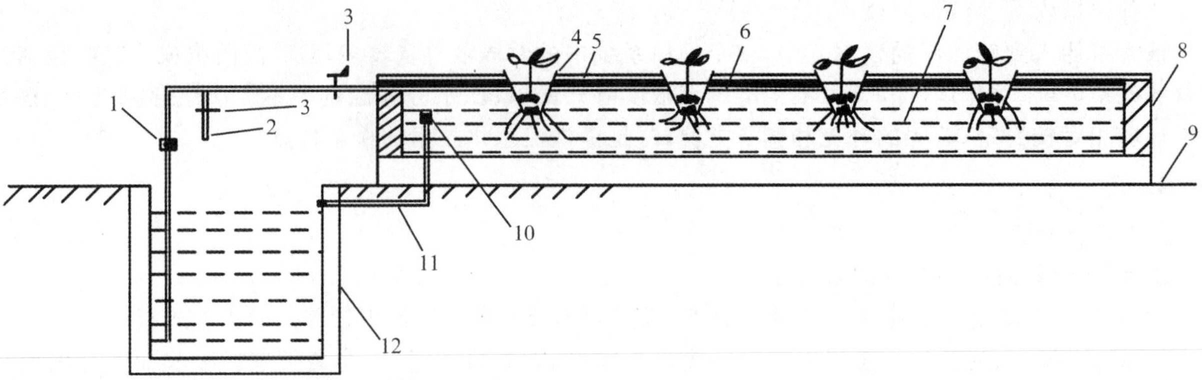

图 5-11　水泥砖结构深液流水培种植系统纵切面示意图

1. 水泵　2. 增氧及回流管　3. 阀门　4. 定植杯　5. 定植板　6. 供液管
7. 营养液　8. 种植槽　9. 地面　10. 液位控制装置　11. 回流管　12. 地下贮液池

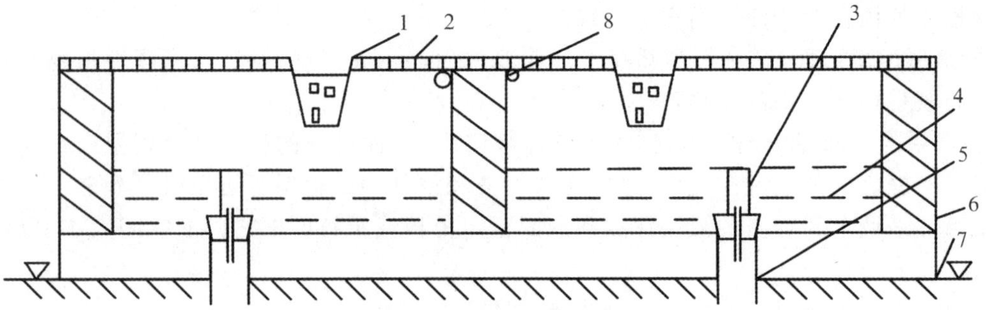

图 5-12　种植槽横切面示意图

1. 定植杯　2. 定植板　3. 液位控制装置　4. 营养液　5. 回流管　6. 种植槽　7. 地面　8. 供液管

的槽壁上，这样可使定植板连同嵌入板孔中的定植杯悬挂起来。定植板的长度一般为 150 cm，视工作方便而伸缩，定植板一块接一块地将整条种植槽盖住，使光线透不进槽内。

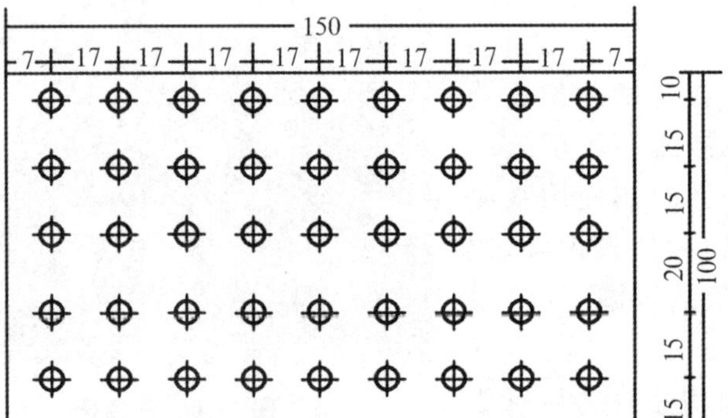

图 5-13　定植板平面图(单位：cm)

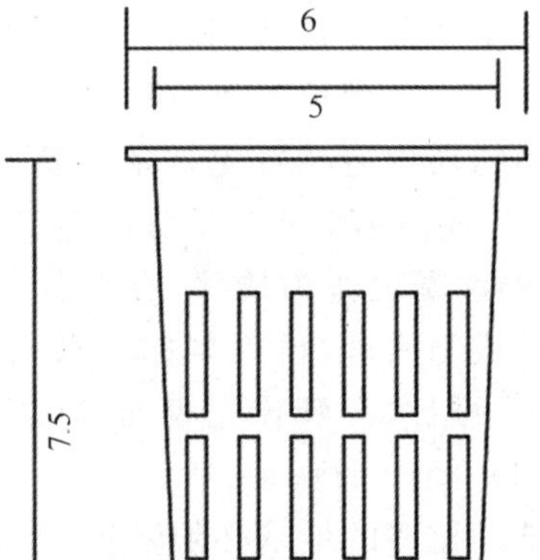

图 5-14　定植杯(单位：cm)

当槽内液面低于槽壁顶部时，定植板底与液面之间形成一段空间，为空气中的氧向营养液中扩散创造了条件。在槽宽 80～100 cm，而定植板的厚度维持 2.0～2.5 mm 不变时，需在槽的宽度中央架设支承物以支持定植板的重量，使定植板不会由于植株长大增重而向下弯成弧形。支持物可用截锥体水泥墩制成，沿槽的宽度中线每隔 70 cm 左右设置 1 个，墩上架一条硬塑料供液管，一方面起供液作用，同时起支持定植板重量的作用。水泥墩的截锥底面直径为 10 cm，顶面直径为 5 cm，墩的高度加上供液管的直径应等于种植槽内壁的高度，墩顶面要有一小凹坑，使供液管放置其上时不会滑落。架在墩上的供液管应紧贴于定植板底，以承受定植板的重力而保持其水平状态。在槽壁顶面保证是水平状态下，定植板的板底连同定植杯的杯底与液面之间各点都应是等距的，以使每个植株接触到液面的机会均等。

3. 地下贮液池

地下贮液池是为了增大营养液的缓冲能力、为根系创造较稳定的生存环境而设置的。有些类型的深液流水培设施不设地下贮液池，而直接从种植槽底部抽出营养液进行循环，日本 M 式水培设施就是这样设置的，可以节省用地和费用，但也失去了地下贮液池所具有的优点。

设置地下贮液池的好处：

①作为营养液调节的场所。营养液 pH 的调整、养分和水分的补充等均在贮液池中进行。

②增大种植系统营养液的总量。增大每株占有的营养液量，从而使营养液的浓度、组成、pH、溶解氧含量以及液温等不易发生较剧烈的变化。

地下贮液池以不渗漏原则来建造。建造时池底要用 10～15 cm 厚的混凝土加入钢筋倒制而成，池壁用 18～24 cm 砖砌，#100 水泥砂浆批荡，水泥膏抹光，建池所用的水泥应为高标号、耐腐蚀的。同时地下贮液池池面要比地面高出 10～20 cm 并要有盖，防止雨水或其他杂物落入池中，保持池内黑暗以防藻类滋生。

4. 营养液循环系统

由供液系统和回流系统两大部分组成，所有管道均用塑料制成。

供液系统由供液管道、水泵、调节流量的阀门等组成；回流系统由回流管道、种植槽中的液位调节装置等组成。

①供液管道。由水泵从贮液池中将营养液抽起后，分成两条支管，每支管各自有阀门控制。一条转回贮液池上方，将一部分营养液喷回池中作增氧用；若要清洗整个种植系统时，此管可作彻底排水之用。另一条支管接到总供液管上，总供液管再分出许多分支通到每条种植槽边，再接上槽内供液管。槽内供液管为一条贯通全槽的长塑料管，其上每隔一定距离开有喷液小孔，使营养液均布全槽(图 5-15)。

在槽宽为 80～90 cm 的种植槽内的供液管，用直径 25 mm 的聚乙烯硬管制成，每间距 45 cm 开一对孔径为 2 mm 的小孔，位置在管的水平直径线以下两侧，小孔至管圆心线与水平直径之间的夹角为 45°，每条种植槽的供液管在其进槽前设有控制阀门，以便调节流量。

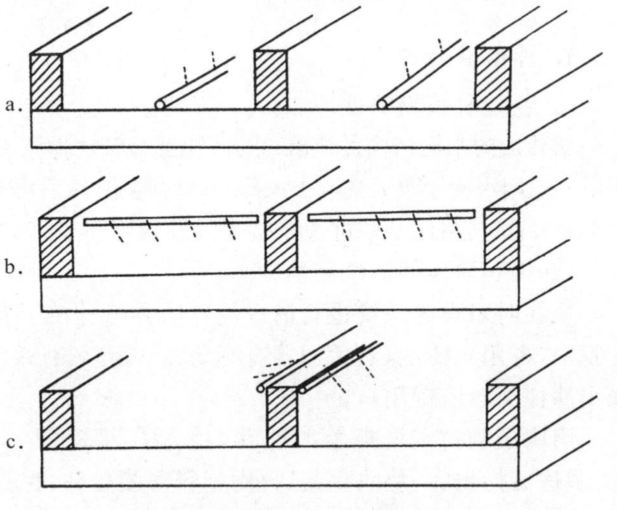

图 5-15 深液流种植槽中供液管道的三种布置方法

a. 供液管放置在槽底，从槽的一端延伸至另一端

b. 供液管架设在种植槽的一端，营养液从槽的一端流向另一端

c. 供液管架设在种植槽分隔墙的侧上部，从槽的一端延伸至另一端

②回流管道及种植槽内液面调节装置。回流管道与种植槽内液面调节装置如图 5-16 所示。在种植槽的一端底部设一回流管，管口与槽底面持平，管下段埋于地下外接到总回流管上去。槽内回流管口如无塞子塞住，进入槽内的营养液可彻底流回贮液池中。为使槽内留存一定深度的营养液，要用一段带橡胶塞的液面控制管塞住回流管口。当液面由于供液管不断供液而升高，超过液面控制管的管口时，便通过管口回流。另可在液面控制管的上段再套一段活动的胶管，将其提高，液面随之升高，将其降低，液面随之降低。液面控制管外再套

上一个宽松的围堰圆筒(图 5-17)(用塑料制成,筒内径比液面控制管大 1 倍即可),筒高要超过液面控制管管口,筒脚有锯齿形缺口,使营养液回流时不能从液面流入回流管口,迫使营养液从围堰脚缺口通过才转上回流管口,这样可使供液管喷射出来的富氧营养液驱赶槽底原有的缺氧的营养液回流,同时围堰也可以阻止根系长入回流管口。若将整个带胶塞的液面控制管拔下,槽内的营养液便可彻底排净。

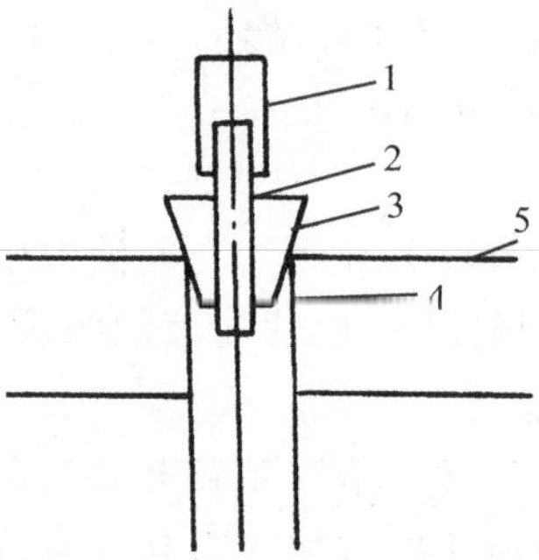

图 5-16　种植槽内液位调节装置

1. 可上下移动的橡胶管　2. PVC 硬管
3. 开孔的橡皮塞　4. 回流管　5. 槽底

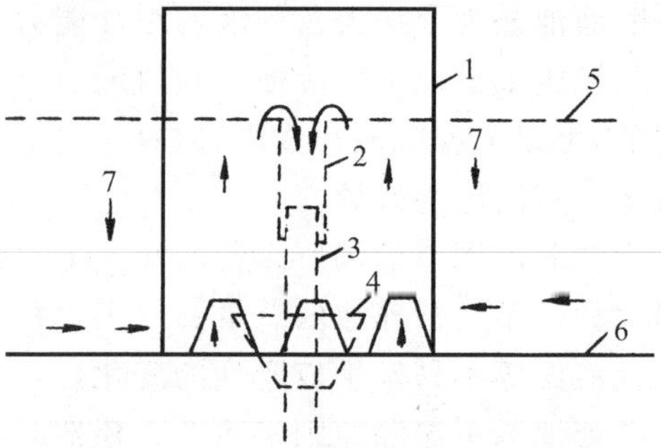

图 5-17　罩住液位调节装置的塑料管

1. 带缺刻的硬塑料管　2. 液位调节管
3. PVC 硬管　4. 橡胶塞　5. 液面
6. 槽底　7. 营养液及其流向(箭头表示)

③水泵和定时器。水泵配以定时控制器,按需控制水泵的工作时间。大面积栽培时,可将温室内种植槽分组,每组有一个供液控制阀,分组轮流供液,以保证供液时有足够的供液压力,提高增氧效果。

(三)深液流水培栽培管理技术要点

1. 种植槽处理

(1)新建种植槽的处理

新建成的水泥结构种植槽和贮液池会有碱性物质渗出,要用稀硫酸或磷酸浸渍中和,除去碱性后才开始使用。先用水浸渍数天洗刷去大部分碱性物质,然后再放酸液浸渍,开始时酸液调至 pH=2 左右,浸渍时 pH 会再度升高,应继续加酸进去,浸渍到 pH 稳定在 6~7,排去浸渍液,用清水冲洗 2~3 次即可。

(2)换茬阶段的清洗与消毒

换茬时对设施系统进行清洗消毒后方可种植下茬作物。将定植杯板集中到清洗池中,将杯中的残茬脱出,再用水清洗,然后用含有 0.3%~0.5%有效氯的次氯酸钠或次氯酸钙溶液浸泡消毒,浸泡后用清水冲掉消毒液待用。

用刷子刷掉定植板上的残茬,用含有 0.3%~0.5%有效氯的次氯酸钠或次氯酸钙溶液浸泡消毒,湿透后捞出,一块块叠起,再用塑料薄膜盖住,保持湿润 30 min 以上,然后用清水冲洗待用。

用含有 0.3%~0.5%有效氯的次氯酸钠或次氯酸钙溶液喷洒种植槽、贮液池内外所有部位使其湿透(每平方米约用 250 mL),再用定植板和池盖板盖住保持湿润 30 min 以上,然后用清水洗去消毒液待用。全部循环管道内部用含有 0.3%~0.5%有效氯的次氯酸钠或次氯酸钙溶液循环流动 30 min。

2. 栽培管理

(1)栽培作物种类的选定

初次进行水培生产时,应选定一些较适应水培的作物种类来种植,如直叶莴苣、鸭儿芹等,以取得水培的成功。在没有控温的大棚内种植,要选用完全适应当季生长的作物来种植,切忌不顾条件地去搞反季节种植。

(2)育苗准备与定植

用穴盘育苗法育出幼苗,准备好定植用的小石砾放入定植杯底部(1~2 cm 厚度),以防幼苗的根茎直压到杯底，然后将幼苗移入定植杯中，再在幼苗根团上覆盖一层小石砾稳住幼苗，小石砾没有毛管作用，可以防营养液上升而结成盐霜之弊。

将幼苗移入定植杯后可随即移入种植槽上的定植板孔中，称为正式定植。如幼苗细小，为提高温室及水培设施的利用率，可将很小的幼苗密集置于一条过渡槽内，不用定植板，直接置于槽底，作过渡性寄养。槽底放入营养液 1～2 cm 深，使能浸住杯脚，幼苗即可吸收水分和养分，待长到足够大时，才正式移植到种植槽的定植板上。

正式定植后，因幼苗根系未能伸出杯外或只有几根伸出杯外，槽内液面要能浸住杯脚 1～2 cm，以使每一株幼苗有同等机会及时吸收到水分和养分，这是保证植株生长均匀，不致出现大小苗现象的关键措施。但液面也不能太高，贴住定植板底，会妨碍氧向液中扩散，同时也会浸住植株的根茎使其窒息死亡。当植株发出大量根系深入营养液后，液面随之调低，空间得以扩大，露于湿润空气中的根段就较长，这对解决根系呼吸是相当有用的。由于悬挂栽培，植株和根系的绝大部分重量不是压在种植槽底部，而是漂浮于营养液中，不会形成厚实的根垫阻塞根系底部的营养液流通，同时避免了因形成厚实的根垫以致根垫内部严重缺氧而坏死，克服了营养液膜技术的这一突出缺点。需注意的是，液面高度不能随意升降，原则上液面降低以后，若上部的根段已产生大量根毛时，液面就稳定在这个水平。还要注意使存留于槽底的液量有足够植株 2～3 天吸水的需要，不能降得很浅。

另外还要建立科学高效的管理制度，每个技术部门和每项技术措施都要有专人负责，明确岗位职责，建立管理档案，列出需要记录的项目，制成表格和工作日志，逐项进行登记。

3. 深液流水培技术的特点

优点：

① 营养液总量较多，组成和浓度稳定，短期的停水停电或设备故障对作物生长没有影响。管理较为方便。

② 根系部分裸露在空气中(全温室水培技术除外)，部分浸没在营养液层中，较好地解决水气矛盾。

③ 设施建造容易，经久耐用，后续生产资料少。

④ 适种作物广泛。

⑤ 养分利用率高，可达 95%以上，不会或很少对周围的环境造成污染。

缺点：

① 环境相对封闭，营养液不断循环利用，一旦根系病害发生，易造成蔓延。

② 设施的投资较大，特别是固定式的深液流水培设施的建设费用较拼装式的高。

③ 技术要求比基质栽培的高，但比营养液膜技术要求来得低。

三、营养液膜技术

营养液膜技术(NFT)是将植物种植在浅层流动的营养液中的水培方法，由英国温室作物研究所库柏于 1973 年发明。1979 年以后，该项技术迅速在世界范围内推广应用。我国于 1984 年开始开展这种无土栽培技术的研究和应用工作，效果良好。

NFT 的基本特征是：

①营养液以数毫米至 1～2 cm 的浅层状态流动，根系一部分浸没在这一浅层营养液中，而绝大部分裸露在种植槽潮湿的空气里，较好地解决了供氧问题，同时也能保证作物对水分和养分的需求。

②种植槽主要是由塑料薄膜或其他轻质材料做成的，结构简单和轻便，安装和使用便捷，降低了基本建设投资，更易于推广应用。

(一)设施结构

NFT 的设施主要由种植槽、贮液池、营养液循环流动装置 3 部分组成(图 5-18)。此外，还根据生产实际和资金情况，选择配置一些其他辅助设施，如浓缩营养液储备罐以及自动投放装置，营养液加温、冷却装置等。

1. 种植槽

NFT 的种植槽按种植作物种类的不同可分为两类：一是栽培大株型作物用的（图 5-18），二是栽培小株型作物用的（图 5-19）。

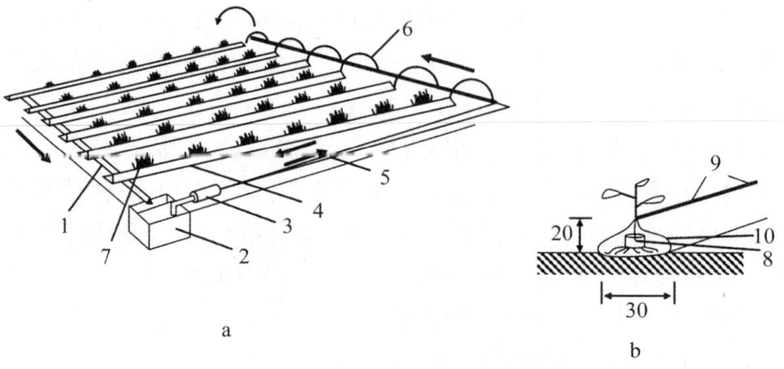

图 5-18　NFT 设施组成示意图

a. 全系统示意图　b. 种植槽剖视图（cm）

1. 回流管　2. 贮液池　3. 泵　4. 种植槽　5. 供液主管　6. 供液支管　7. 苗　8. 育苗钵　9. 夹子　10. 聚乙烯薄膜

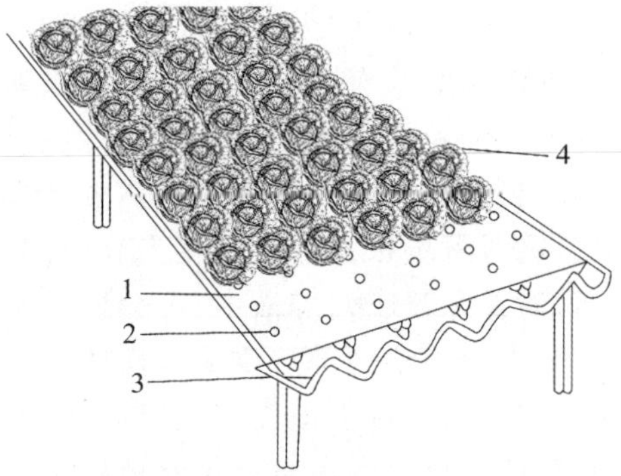

图 5-19　小株型作物种植槽

1. 泡沫塑料定植板　2. 定植孔　3. 波纹瓦　4. 结球生菜

(1)栽培大株型作物用的种植槽是由 0.1～0.2 mm 厚的面白底黑的聚乙烯薄膜临时围合起来的等腰三角形槽，槽长 20～25 m，槽底宽 25～30 cm，槽高 20 cm。即取一幅宽 75～80 cm、长 21～26 m 的上述薄膜，铺在预先平整压实、且有一定坡降（1∶75 左右）的地面上，长边与坡降方向平行。定植时将带有苗钵的幼苗置于膜宽幅的中央排成一行，然后将膜的两边拉起，使膜幅中央有 20～30 cm 的宽度紧贴地面，拉起的两边合拢起来用夹子夹住，成为一条高 20 cm 的等腰三角形槽。植株的茎叶从槽顶的夹缝中伸出槽外，根部置于不透光的槽内底部。

营养液要从高端流向低端，故槽底下的地面不能有坑洼，以免槽内积水。用硬板（木材或塑料）垫槽，可调整坡降，坡降不要太小，也不要太大[1∶(75～100)为宜]，以营养液能在槽内流动畅顺为好。营养液在槽内要以浅层流动，液层深度不宜超过 1～2 cm。在槽底宽 20～30 cm，槽长不超过 25 m 的槽内，每分钟注入 2～4 L 营养液是适宜的。

为改善作物的吸水和通气状况，可在槽内底部铺垫一层无纺布，它可以吸水并使水扩散，而根系又不能穿过它，然后将植株定植于无纺布上。其作用主要是：

①浅层营养液直接在塑料薄膜上流动会产生乱流，在植株幼小时，营养液会流不到根系中，造成缺水。无纺布可使营养液扩散到整个槽底部，以保证植株吸到水分。

②根系直接贴住塑料薄膜生长，植株长到足够大时，根量多，重量大，形成一个厚厚的根垫与塑料薄膜贴得很紧，营养液在根的底部流通不畅，造成根垫底部缺氧，容易坏死。有一层根系穿不过的无纺布，根只能长在无纺布上面，根与塑料薄膜之间隔一层无纺布，营养液可在其间流动，解决了根垫底缺氧的问题。

③无纺布可吸持大量水分，当停电断流时，可缓解作物缺水而迅速出现萎蔫的危险。

(2)栽培小株型作物用的种植槽使用玻璃钢或水泥制成的波纹瓦作槽底，波纹瓦的谷深 2.5～5.0 cm，峰距视植株大小而伸缩，宽度为 100～120 cm，可种 6～8 行。全槽长 20 m 左右，坡降 1∶75 左右。波纹瓦连接时，叠口要有足够深度而吻合，以防营养液漏掉。一般槽都架设在木架或金属架上，高度以方便操作为度。波纹瓦上面要加一块板盖将其遮住，使其不透光。板盖用硬泡沫塑料板制成，上面钻有定植孔，孔距参照种植的株行距，板盖的长宽与波纹瓦槽底相匹配，厚度 2 cm 左右。

2. 贮液池

一般设在地面以下，以便让种植槽中流出的营养液回流到贮液池中。如果是种植小株型作物有架子架设的种植槽，则可把贮液池建在地面上。贮液池容积应保证植株有足够的供水和循环流动需要前提下来确定。

3. 营养液循环流动系统

主要由水泵、各级管道及流量调节阀门等部分组成。

(1)水泵

应遵循耐用及出水量足够大为原则。可用耐酸碱、耐腐蚀的自吸泵或潜水泵。

(2)管道

不能采用镀锌水管或其他金属管道，应采用耐腐蚀的塑料管道。在安装时要严格密封，防止营养液在接合部位渗漏。为了生产操作上的方便和防止日晒老化，一般把供液管道系统埋设于地下。管道分两种，一是供液管，从水泵接出主管，在主管上接出支管，其中一条支管引回贮液池上，使一部分营养液流回贮液池中，一方面起搅动营养液作用，使之更均匀并增加溶液中的存溶氧；另一方面可通过其上的阀门调节流量。在支管上再接许多毛管输到每个种植槽的高端，毛管上设流量调节阀，然后在毛管上接出小输液管引入种植槽中。大株型种植槽每槽设几条直径 2～3 mm 的小输液管，管数以控制到每槽 2～4 L/min 的流量为度。多设几条小输液管的目的：一是在其中有 1～2 条堵塞时，还有 1～2 条畅通，以保证不缺水，小株型种植槽每个波谷都设有 2 条小输液管，流量每谷 2 L/min；二是回流管，种植槽的低端设排液口，用管道接到集液回流主管上，再引回贮液池中。集液回流的主管管径要足够大，以确保能够快速排到贮液池中，防止漫溢出来。

4. 其他辅助设施

NFT 因营养液用量少，致使营养液变化较快，必须经常进行调节。为减轻劳动强度并使调节及时，可选用一些自动化控制的辅助设施进行自动调节。辅助设施包括定时器、电导率(EC)自动控制、pH 自动控制装置、营养液温度调节装置和安全报警器等(图 5-20)。

(1)定时器

间歇供液是 NFT 特有的管理措施。通过在水泵上安装一个定时器从而实现间歇供液的准确控制，设定的间歇时间要符合作物实际生长需要。

(2)电导率自控装置

由电导率(EC)传感器和控制仪表以及浓缩营养液罐(一般有 A、B、C 3 种)加注入泵组成。当 EC 传感器检测到营养液的浓度降低到设定的限度时，就会由控制仪表指令注入泵将浓缩营养液注入贮液池中，使营养液浓度恢复。反之，如营养液浓度过高，则会指令水源阀门打开，注入清水稀释营养液，使其达到规定的浓度。

(3)pH 自控装置

由 pH 传感器和控制仪表以及带注入泵的浓酸(碱)贮存罐组成。其工作原理与 EC 自控装置类似(酸一般为硝酸或磷酸，碱一般用氢氧化钠，有时也用氢氧化钾)。

(4)营养液加温和冷却装置

根际温度与气温对作物的生长有一定的补偿作用，即当根际温度处于作物较适宜生长的温度范围之内，即使气温稍偏离作物生长最适的温度范围，作物仍可较好地生长。因此，通过调节营养液的温度来改善作物的生长调节，要比进行整个大棚或温室的加温或降温来得经济而有效。

营养液温度控制装置主要由加温或降温装置及温度自动仪两部分组成。加温可采用热水锅炉和电

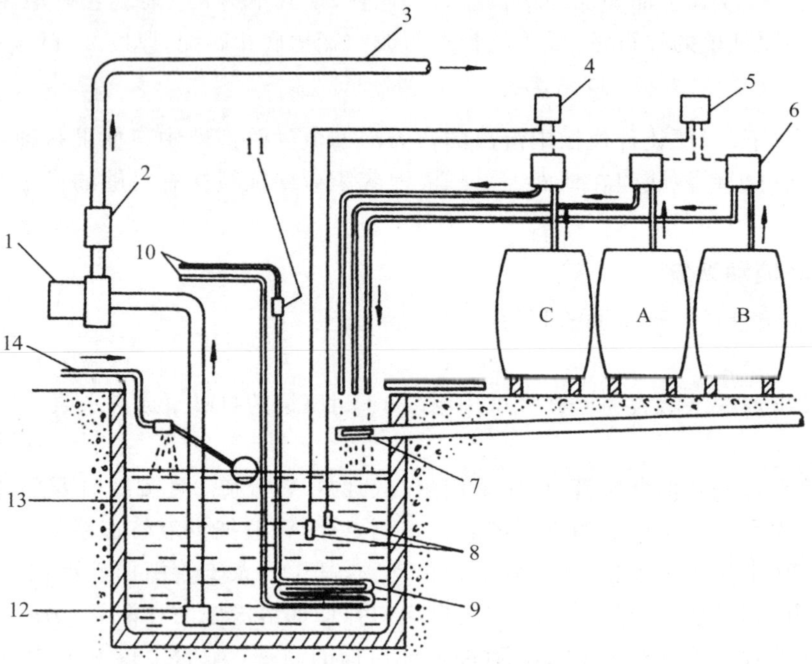

图 5-20 NFT 的自动控制装置示意图

A、B. 浓缩营养液罐 C. 浓酸液/碱液罐

1. 水泵 2. 定时器 3. 供液管 4. pH 控制仪 5. EC 控制仪 6. 注入泵 7. 营养液回流管 8. EC 及 pH 探头(感应器) 9. 加温或冷却管 10. 暖气(冷水)螺纹管 11. 暖气(冷水)控制阀 12. 水泵滤网 13. 贮液池 14. 水源及浮球开关

热管来进行。有些地方地下热资源丰富,也可以利用地热进行加温。

(5)安全装置

NFT 的特点决定了种植槽内的液层很薄,一旦停电或水泵故障而不能及时循环供液,很容易因缺水而造成作物萎蔫。特别是在温度较高、植株较大、湿度较小时更容易出现这种情况。即使是在种植槽底设有无纺布"假底"可吸收较多水分而维持作物一定时间的生长,但时间稍长作物仍易出现缺水萎蔫的情况,在夏季条件下,停液 2 h 就会发生萎蔫;如果没有无纺布衬垫,停液 30 min 以上即会萎蔫。因此 NFT 系统必须配置备用水泵和电机,还要在循环系统中装设报警装置,水泵发生失灵时及时发出警报以便及时补救。

(二)栽培管理技术要点

1. 种植槽处理

检查槽底是否平整,塑料薄膜是否破裂渗漏。如果是换茬后重新使用的种植槽,在使用前也要检查塑料薄膜是否渗漏,同时要彻底地清洗和消毒种植槽。

2. 育苗与定植

(1)大株型作物种植槽的育苗与定植

因 NFT 的营养液层较浅,定植时作物的根系都置于槽底,故定植的苗都需要带有固体基质或有多孔的塑料钵以锚定植株。育苗时就应用固体基质块(一般用岩棉块)或有多孔的塑料钵育苗,定植时不要将固体基质块脱去,与苗一起置于定植槽。

大株型作物种植槽的三角形槽体封闭较高,故所育成的苗应有足够的高度才能定植,以便置于槽内时苗的茎叶能伸出三角形槽顶的缝以上。

(2)小株型作物种植槽的育苗与定植

可用岩棉块或海绵块育苗。岩棉块规格大小以可旋转入定植孔、不倒卧于槽底即可。在育苗条块上端切一条小缝，将催芽的种子置于其中，密集育成 2～3 叶的苗，然后移入盖板的定植孔中，定植后要使育苗条块触及槽底而幼叶伸出板面之上。

3. 营养液的配置与管理

(1)营养液配方的选择

由于 NFT 系统营养液的浓度和组成变化较快，因此要选择一些稳定性较好的营养液配方。

(2)供液方法

NFT 的供液方法是比较讲究的。因为该方法的特点是液层要浅，不超过 1～2 cm，这样浅的液层，其中含有的养分和氧很容易被消耗到很低的水平。当营养液从槽头一端输入，流经一段相当长的路程(以限 25 m 计算)以后，许多植株吸收了其中的养分和氧，这样到槽尾时，营养液中的养分和氧已所剩不多，造成槽头和槽尾的植株生长差异很大。当供液量降至一定限度时就会造成对产量的影响。

NFT 的供液法分为两种：连续供液法和间歇供液法。

①连续供液法　指营养液无论是在白天或是在夜晚均不断地流入种植槽中的供液形式。NFT 的根系吸收氧气的情况可分为两个阶段，即从定植后到根垫开始形成，根系浸渍于营养液中，主要从营养液中吸收溶存氧，这是第一阶段。随着根量的增加，根垫形成后有一部分根露在空气中，这样就从营养液和空气中两方面吸收氧，这是第二阶段。第二阶段出现的快慢，与供液量多少有关。供液量多，根垫要达到较厚的程度才能露于空气中，从而进入第二阶段较迟；供液量少，则很快就进入第二阶段。第二阶段是根系获得较充分氧源的阶段，应促其及早出现。

连续供液的供液量可在 2～4 L/min 的范围内，随作物的长势而变化，原则上白天、夜晚均需供液。如夜间停止供液，则抑制了作物对养分和水分的吸收，可导致作物减产。

②间歇供液法　在槽长超过 30 m 以上，而植株又比较密集的情况下，要采用间歇供液法以解决根系需氧的问题。此外，在正常的槽长和正常株数情况下，间歇供液与连续供液相比，产量也是间歇供液高。间歇供液在供液停止时，根垫中大空隙里的营养液随之流出，通入空气，使根垫里直至根底部都吸收到空气中的氧，这样就增加了整个根系的吸氧量。

间歇供液开始的时期，以根垫形成初期为宜。根垫未形成时，间歇供液没有什么效果。

(3)液温的管理

由于 NFT 种植槽隔热性能差，再加上用液量少，因此液温的稳定性也差，容易出现同一条槽内头部和尾部的液温有明显差别。尤其是冬春季节，槽的进出液口之间的温差可达 6℃。适当地提高供液量有助于稳定种植槽内液温的变化，而且对于水分和养分的供应也是有好处的。稳定槽内液温还可以利用保温性能较好的材料例如泡沫塑料等做成种植槽，把管道尽可能埋于地下、将贮液池建在室内等方法也有助于稳定液温。有些人还在冬季低温时在铺设种植槽的地面预先铺设电热线，然后在电热线上铺上作为种植槽的塑料薄膜，通过加热来提高液温。

各种作物对液温的要求有差异，以夏季不超过 28～30℃，冬季不低于 12～15℃为宜。

(三)NFT 优缺点

1. 优点

①种植槽内的液层浅薄，可以较好地解决根系氧气的供应问题，作物的生长良好，产量较高。

②设施的投资较少，建造过程较为方便、简捷。

③在配套自动控制装置的情况下，易于实现生产过程的自动化。

2. 缺点

①设施(主要是指种植槽部分)的耐用性较差,后续的生产资料耗费较多,维护工作频繁,投资于后续的维修、更换的资金较多。

②NFT 种植系统中的营养液总量较少,营养液的浓度和组成以及温度等的变化较快,稳定性差,要求管理工作上做得更精细,对管理员工的技术水平要求也较高,同时对设备的精确性、稳定性和安全性的要求也较高。

③NFT 为封闭的循环系统,一旦发生根系的病害,较容易在整个系统中传播、蔓延,因此,在使用前对设施的清洗和消毒要求较高。

四、雾培技术

(一)栽培设施

1. 种植槽

喷雾培的种植槽可用硬质塑料板、泡沫塑料板、木板或水泥混凝土制成,形状可多种多样。种植槽的形状和大小也考虑到植株的根系深入到槽内之后,安装在槽内的喷头要有充分的空间将营养液均匀喷射到各株的根系上。因此种植槽不能做得太狭小而使雾状的营养液喷洒不开,但也不能做得太宽大,否则喷头也不能将营养液喷洒到所有根系上。

2. 供液系统

供液系统主要包括营养液池、水泵、管道、过滤器、喷头等部分。有些喷雾培不用喷头,而用超声气雾机来雾化营养液。

(1)营养液池

较大规模的雾培可用水泥砖砌成较大体积的营养液池,规模较小的可用大的塑料桶代替。体积要保证水泵有一定的供液时间而不至于很快就将池中的营养液抽干,如果条件许可,营养液池的容积可做得大一些,但最少也要保证植物 1～2 天的耗水需要。

(2)水泵

水泵的功率应依种植面积的大小、管道的布置以及选用的喷头及其所要求的工作压力综合考虑而确定。选用的水泵需为耐腐蚀的。一般 667 m^2 的大棚需用 1 000～1 500 W 的水泵。

(3)管道

管道应选用塑料管。各级管道的大小应根据选用的喷雾装置所安装的喷头要求的工作压力大小而定。

(4)过滤器

因在水中或配制营养液的原料中含有一些杂质,可能会堵塞喷头,因此,要选择过滤效果良好的过滤器。

(5)喷头

可根据喷雾培形式以及喷头安装位置的不同来选用不同的喷头。有些喷头的喷洒面为平面扇形,而有些则是 360°全面喷射。喷头的选用以营养液能够喷洒到设施中所有的根系并且雾滴较细小为原则。

(6)超声气雾机

超声气雾机是利用超声波发生装置产生的超声波把营养液雾化为细小雾滴的雾流,并布满根系生长范围之内(栽培床内),取代上述的供液系统。

(二)栽培管理要点

1. 定植

喷雾栽培技术的定植方法可与深液流水培的类似。但如果定植板是倾斜的,则不能用小石砾来固定植株,应用少量的岩棉纤维或聚氨酯纤维或海绵块裹住幼苗的根颈部,然后放入定植杯中,再将定植杯放入定植板中的定植孔中。也可以不用定植杯,直接把用岩棉、聚氨酯纤维或海绵裹住的幼苗塞入定植孔中,此时,裹住幼苗的岩棉、聚氨酯纤维或海绵的量以塞入定植孔后幼苗不会从定植孔中脱落为宜,但也不要塞得过紧,以防影响作物生长。

2. 营养液管理

喷雾培的营养液浓度可比其他水培的高一些,一般要高20%~30%。主要是由于营养液以喷雾的形式来供应时,附着在根系表面的营养液只是一层薄薄的水膜,因此总量较少,而为了防止在停止供液的时候植株吸收不到足够的养分,就要把营养液的浓度稍为提高。如果是半喷雾培,则不需提高营养液的浓度,可与深液流水培的一样。

喷雾培是间歇供液。供液及间歇时间应视植株的大小和气候条件的不同而定。植株较大,阳光充沛,湿度较小时,供液时间应较长,间歇时间可较短一些,白天供液时间应比夜晚长一些。

(三)雾培的优缺点

1. 优点

①很好地解决根系氧气供应问题。

②养分及水分利用率高,供应快速而有效。

③充分利用温室内的空间,提高单位面积的种植数量和产量。温室空间的利用率要比传统的平面式栽培提高2~3倍。

④易实现栽培管理的自动化。

2. 缺点

①生产设备投资较大,设备的可靠性要求高。

②营养液的浓度和组成易产生较大幅度的变化,因此管理技术要求较高。

③在短时间停电的情况下,喷雾装置就不能运转,很容易造成对植物的伤害。

④作为一个封闭的系统,如控制不当,根系的病害易于传播、蔓延。

实训 水培系统构建

一、目的与要求

能够根据实际情况,正确选用水培类型,确定水培系统基本组成和尺寸;画出设计图,并按照设计图进行水培系统建造。

二、材料与用具

绘图测量工具、建造材料(栽培槽、栽培管道等)、定植杯、储液桶、水泵、软管、锯子、橡胶锤、打孔机、定时控制器等。

以立体管道式水培为例介绍具体方法和步骤。

三、方法与步骤

(1)根据实际情况，确定水培系统尺寸，并画出设计图(注意留出营养液上水口和排水口)(图 5-21)。

(2)根据设计图，截取栽培管道，根据株距，测量并画出打孔位置及孔的大小。

(3)打孔器打孔，按照设计图组装。

(4)按照设计图组装完成后，每个管道连接处用橡胶锤敲紧，防止漏水。

(5)安装水泵、定时器等，循环试水。

图 5-21　立体管道栽培

任务三　潮汐式灌溉系统

任务描述

了解潮汐式灌溉原理、特点及其应用；熟悉潮汐式灌溉系统组成。

任务分析

熟悉潮汐式灌溉系统的使用和管理。通过深入生产实际，观察潮汐式灌溉系统组成及工作过程，熟悉潮汐式灌溉基本工作原理。

知识链接

一、潮汐式灌溉系统描述

潮汐式灌溉系统是基于潮水涨落原理而设计的一种高效节水灌溉系统，适用于各类盆栽植物的种植和管理，可有效提高水资源和营养液的利用效率。潮汐式灌溉主要分为两类，地面式和种植床式(图 5-22)。地面式潮汐灌溉系统是在地表砌一个可蓄水的苗盘装水池，在其中分布若干出水孔和回水孔；种植床式潮汐灌溉系统则是在苗床上搭建出一层大面积的蓄水苗盘，在苗盘上预留了出水和回水孔。

a. 地面式

b. 种植床式

图 5-22　潮汐式灌溉

在应用时，灌溉水或配比好的营养液由出水孔漫出，使整个苗床中的水位缓慢上升并达到合适的液位高度(称为涨潮)，将栽培床淹没 2～3 cm 的深度；在保持一定时间(作物根系充分吸收后)，营养液因毛细作用而上升至盆中介质的表面，此时，打开回水口，将营养液排出，回营养液池(称为落潮)，待另一栽培床需水时再将营养液送出。植床潮汐灌溉系统都须使用架高的特制栽培床，所以，相对应的设备费用也较高。

二、潮汐式灌溉系统优点

潮汐式灌溉是一项成熟的农业灌溉技术，在发达国家得到了广泛应用，很好地解决了灌溉与供氧的矛盾，且灌溉基本不破坏基质的"三相"构成，是一项高效高能的农业技术，在我国也正处于广泛利用的发展阶段。

(1)节水高效，完全封闭的系统循环，可以达到 90%的利用率。

(2)植物生长速度更快，每周苗龄可比传统育苗方式提前 1 天，提高设施利用率；避免植物叶面产生水膜，使叶片接受更多的光照进行光合作用，促使蒸腾拉力从根部吸收更多的营养元素；稳定的根部介质水气含量，避免毛细根因靠近容器边部及底部干旱而死；相对湿度容易控制，保持叶面干燥，减少化学药物的使用量；植床下无杂草生长，减少菌类滋生，因为植床下非常干燥。

(3)管理成本降低，无论是手动操作或辅助以微电脑控制器管理下，一个人在 20～30 min 内可完成 0.2～0.5 hm^2 穴盘苗的灌溉；可以随时使用，不受品种、规格、时间限制。

(4)一般的喷灌方法，每棵植物吸收的肥料及水分不平均，成品率下降，而潮汐灌溉成品率接近 100%，而且生产达到标准化，每棵植物高度统一，质量有保证。

(5)潮汐式灌溉是由根部直接吸取肥料，水分不接触叶表面，叶面有光泽，卖价更高，单以每平方米生产 25 盆计算，如改善质量每盆可多卖 5～10 元，每平方米增加收益多达 125～250 元，投资回报相当可观。

三、潮汐式灌溉系统原理

1. 涨潮

在每一个植床的两侧边都有输送管道，管道的前端设置一台水泵，由自动灌溉控制器控制营养液从施肥系统送到植床上，保证在一定时间内完成涨潮。

2. 退潮

当涨潮水泵停止工作，植物经过灌溉后，由自动灌溉控制器控制回水泵启动将营养液送回到回液箱中(图 5-23)。

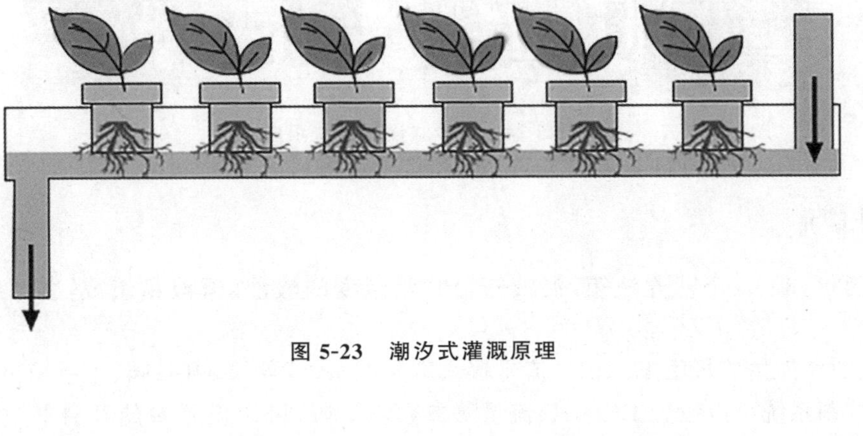

图 5-23　潮汐式灌溉原理

四、潮汐式灌溉系统配置

潮汐式灌溉系统配置分为地面植床式灌溉系统配置和种植床式灌溉系统配置。地面植床式灌溉系统适用于较大型植物种植，种植床式灌溉系统适用于较小型植物种植。

1. 地面植床式灌溉设计

根据温室的尺寸和业主的要求，砌筑植床。在植床上南北和东西两个方向砌筑深度不同的水流槽。在涨潮时，南北向的深沟槽将进入的水分布到植床上。由于水位不断升高，东西向的浅水槽将水送到花盆底部，水源的进水口设置一个防溅装置盖。植床上的水几乎是在同一时间到达花盆底部。在退潮时，从花盆流出的水经东西向浅水槽而直接汇集到南北向的深水槽内，然后南北向深水槽将多余液送回到回液箱内。

2. 种植床式灌溉系统设计

在每一个植床的端部下面都有一个营养液供应箱，箱内设置一台潜水泵，将营养液从箱内通过送液管道送到植床上，泵的流量应保证在一定时间内完成涨潮。送液管道的顶部设有一个缓冲装置，以免喷湿植物的叶子。当水泵停止工作时，余液经同一管道和水泵返回到液箱中，这样在灌溉、回收时可以使用同一管道。种植床式潮汐灌溉系统配置，除床面使用潮汐进水排水盘与地面式潮汐灌溉系统不同外，其他与地面式潮汐灌溉系统配置基本相同。

灌溉计划可由在每个植床上的基质张力仪传给温室内环境控制计算机，计算机通过控制器来控制水泵进行工作。当计算机接收到低于所设定的张力值时程序就启动水泵工作，工作时间为一定值。基质湿度张力仪由一个高流动的陶瓷尖端附加一个计算机环境控制的灵敏的压力传感器组成，张力仪将在顷刻间对基质中的湿度张力变化做出反应。

五、潮汐式灌溉系统组成

潮汐式灌溉系统一般由施肥单元、灌溉单元、控制系统、消毒单元组成，如图 5-24 所示。

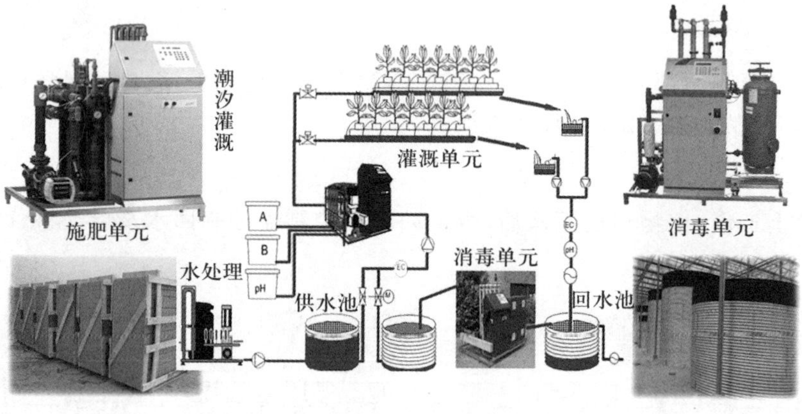

图 5-24　潮汐式灌溉系统组成

(一) 施肥单元

主要由施肥机，3～4 个营养液箱，混液箱，调酸、碱度的酸液、碱液箱组成，主要组成和工作过程如下。

(1)施肥机的硬件集成板由 EC、pH、流量输入端及酸泵、营养泵、电磁阀、主泵输出端口等组成。通过控制面板或控制系统可以设置 EC、pH、流量等参数上下限，可以设置泵的开启形式、开启时间等；参数设置完成后，施肥机按照设定参数自动完成相关作业。

(2)各类泵将营养液、酸液、水等根据施肥机要求按照一定比例抽出，同时由输液管送入混液箱混合均匀，灌溉过程中随着 EC、pH 等的检测不断修正。

(3)混液箱的主泵把混合好的营养液送入灌溉单元。

(二)灌溉单元

灌溉单元由水泵、电磁阀、供液管、液面控制装置、回液管组成。一般由控制系统精确控制水、肥的比例，同时根据系统设置和信号采集计算出水流量，通过程序判断实际的水流量是否达到预设值，当灌溉水量达到设定值时就自动切断电磁阀，从而实现自动控制灌溉水量。灌溉完成后，营养液自回液管流回，通过过滤、消毒单元后，又回到营养液池循环使用。按照供液及回液顺序可分为先灌后排式和边灌边排式。

1. 先灌后排式

所有下水管道均设置电磁开关，供液系统向苗床灌溉营养液时，所有下水口的电磁阀关闭，等到苗床上营养液的水位达到设置的水位时，营养液灌入的电磁阀关闭。等控制系统中设定的营养液的滞留时间达到设定值时，开启下水口的电磁阀，排出苗床中的营养液。

2. 边灌边排式

此种灌溉方式不需要在排水口设置电磁开关，可以节省设备成本。营养液从供液口排入，流过栽培床从排液口排出。只需要保证进水流速大于排水流速，经过一段时间的供液后，苗床内的营养液水位仍然能够达到设定水位。当苗床内营养液达到设定水位后，调节进水流速，使之与排水流速相同，达到设定时间后，关闭进水口电磁阀，营养液通过排水口排出。

(三)消毒单元

消毒单元通常有紫外线消毒和臭氧消毒两种类型，通常在消毒单元前面会设有过滤系统。

1. 紫外线消毒

紫外线消毒是利用波长为 225～275 nm 的紫外线对微生物强烈的灭杀作用，对营养液中的微生物进行灭杀。通常安装在回液管道中，与水处理筒一体化安装，可定时对营养液进行消毒。紫外线消毒灭菌速度快，效率高，灭菌率达 98%以上，且不改变营养液的理化性质，不增加水的嗅味，不产生对人体有害的卤代甲烷化合物，无副作用，因此应用范围较广泛。

2. 臭氧消毒

利用臭氧技术，通过射流法进行消毒。系统包括臭氧发生器、氧气发生器、气水射流混合器 3 部分。通过射流器，使强劲的水流与臭氧发生器产生的臭氧混合喷射，使之与营养液搅拌均匀、完全。

(四)控制系统

控制系统由软件程序来控制水流和营养配比，整套系统由软件、硬件、传输设备、传感器、环境控制、灌溉控制及营养控制组成。其主要工作原理是：控制器通过采集电子水表信号计算出水流量，通过程序判断实际的水流量是否达到设定量，当灌溉水量达到设定值时就自动切断电磁阀，从而达到自动控制灌溉水量。营养液池安装有液位传感器，通过测量水位的电阻变化来自动检测水位。当营养液用尽时电阻值就会很大，传感器检测到阻值变化信号后传送给控制器，控制器驱动报警器发出报警声音，并切断进水口电磁阀，停止工作。

系统为了检测 pH 和 EC，系统设计的传感器接口可以采集传感器模拟量，并将数值显示在液晶屏上，通过人机交互界面，可以随时查看系统工作时的 pH 和 EC，并且数据可以自动保存，可以查看历史数据文档，外接的光照传感器和水分传感器信号采集到控制器中，可以作为施肥灌溉程序的参考值。

另外，潮汐式灌溉系统还配有水处理设备、增压系统等(图 5-25)。为保证水源水质标准，水源水在进入水肥灌溉系统前需进行水净化处理，使用储水罐储存净化原水和灌溉肥水，水罐采用镀锌波浪钢板现场组装而成，内衬防老化材质，于地面进行安装布置。增吸氧系统主要为了增加营养液溶存氧，以保证作物根系能吸收到充足的氧气，该系统将微纳米气泡发生装置安装于母液罐旁边，其管道通到地下营养液池中。

水处理设备

水存储设备

施肥、消毒设备

苗床、苗盘

图 5-25　潮汐式灌溉设备

项目二　营养液的配制及管理

【知识目标】

理解营养液的组成原则；理解原液、母液、工作液之间的关系，并掌握其配制技术；掌握营养液使用及管理技术要点。

【技能目标】

能够根据配方配制母液及工作液；能够对营养液进行正确的使用和管理。

【学习提示】

了解营养液配方组成原则，并通过营养液配制实践和营养液使用管理，深入了解营养液相关知识。

在无土栽培中，作物要维持其正常的生长与发育，必须含有16种必要元素，这些元素都必须是植物可以吸收的状态，即离子解离状态。此外，离子间的比例还必须适当。营养液是将含有植物生长发育所必需的各种营养元素的化合物(含少量可提高某些营养元素有效性的辅助材料)按适宜的比例溶解于水中配制而成的溶液。无论是何种无土栽培形式，都是主要通过营养液为植物提供养分和水分。无土栽培的成功与否在很大程度上取决于营养液配方和浓度是否合适、营养液管理是否能满足植物不同生长阶段的需求，因此，营养液的配制与管理是无土栽培的基础和关键的核心技术。不同的气候条件、作物种类、品种、水质、栽培方式、栽培时期等都对营养液的配制与使用效果有很大的影响。只有深入了解营养液的组成和变化规律及其调控技术，才能真正掌握无土栽培的精髓；只有正确、灵活地配制和使用营养液，才能保证获得高产、优质、快速的无土栽培效果，无土栽培才能取得成功。

任务一　营养液的配制

任务描述

根据配方配制母液及工作液。

任务分析

在无土栽培中用于配制营养液的原料是水和含有营养元素的各种盐类化合物及辅助物质。经典或被认为合适的营养液配方须结合当地水质、气候条件及所栽培的作物品种，适当调整营养液中的营养物质种类、用量和比例，才能最大程度发挥营养液的使用效果。因此，只有对营养液的组成成分及要求有清楚的了解，才能配成符合要求的营养液。

视频学习：营养液配制

知识链接

一、营养液的原料及其要求

(一)营养液对水源、水质的要求

1. 对水源的要求

配制营养液的用水十分重要。在研究营养液新配方及营养元素缺乏症等试验水培时，要使用蒸馏水或去离子水；无土生产上一般使用井水和自来水。河水、泉水、湖水、雨水也可用于营养液配制。但无论采用何种水源，使用前都要经过分析化验以确定水质是否适宜。必要时可经过处理，使之达到符合卫生规范的饮用水的程度。流经农田的水、未经净化的海水和工业污水均不可用作水源。

雨水含盐量低，用于无土栽培较理想，但常含有铜和锌等微量元素，故配制营养液时可不加或少加。使用雨水时要考虑到当地的空气污染程度，如污染严重则不能使用。

以自来水作水源，生产成本高，水质有保障。以井水作水源，要考虑当地的地层结构，并要经过分析化验。无论采用何种水源，最好对水质进行一次分析化验或从当地水利部门获取相关资料，并据此调整营养液配方。

无土栽培生产时要求有充足的水量保障，尤其在夏天不能缺水。如果单一水源水量不足时，可以把自来水和井水、雨水、河水等混合使用，又可降低生产成本。

2. 对水质的要求

水质好坏对无土栽培的影响很大。因此，无土栽培的水质要求比国家生态环境部颁布的《农田灌溉水质标准》(GB 5084—2021)的要求稍高，与符合卫生规范的饮用水相当。无土栽培用水必须检测多种离子含量，测定电导率和酸碱度，作为配制营养液时的参考。水质要求的主要指标如下。

①硬度　用作营养液的水，硬度不能太高，一般以不超过 10°为宜。

②酸碱度(pH)　一般要求为 5.5～8.5。

③溶解氧　使用前的溶解氧应接近饱和，即 4～5 mgO_2/L。

④NaCl 含量　小于 2 mmol/L。不同作物、不同生育期要求不同。

⑤余氯　主要来自自来水消毒和设施消毒所残存的氯。氯对植物根有害。因此，自来水进入设施系统之前最好放置半天以上，设施消毒后空置半天，以便余氯散逸。

⑥悬浮物　小于 10 mg/L。以河水、水库水作水源时要经过澄清之后才可使用。

⑦重金属及有毒物质含量　无土栽培的水中重金属及有毒物质含量不能超过国家标准(表 5-2)。

另外，从电导率 EC 及 pH 来看，无土栽培用优质水其电导率 EC，在 0.2 ms/cm 以下，pH5.5～6.0，多为饮用水、深井水、天然泉水和雨水；允许用水的 EC 为 0.2～0.4 ms/cm，pH5.2～6.5。

在无土栽培允许用水的水质中，包括部分硬水，要求水中钙含量在 90～100 mg/L 以上，电导度在 0.5 ms/cm 以下，不允许用水的 EC≥0.5 ms/cm。pH≥7.0 或 pH≤4.5，且含盐量过高的水质，如因水源缺乏必须使用时，必须分析水中各种离子的含量，调整营养液配方和调节 pH 使之适于进行无土栽培，如个别元素含量过高则应慎用。

表 5-2　无土栽培水中重金属及有毒物质含量标准

名称	标准/(mg/L)	名称	标准/(mg/L)
汞(Hg)	≤0.005	铜(Cu)	≤0.10

续表5-2

名称	标准/(mg/L)	名称	标准/(mg/L)
镉（Cd）	≤0.01	铬（Cr）	≤0.05
砷（As）	≤0.01	锌（Zn）	≤0.20
硒（Se）	≤0.01	铁（Fe）	≤0.50
铅（Pb）	≤0.05	氟化物（F^-）	≤3.00
六六六	≤0.02	酚	≤1.00
苯	≤2.50	大肠杆菌	≤1000 个 /L
DDT	≤0.02		

(二)营养液对肥料及辅助物质的要求

1. 肥料选用要求

(1)根据栽培目的，选择合适的盐类化合物

在无土栽培中，要研究营养液新配方及探索营养元素缺乏症等试验，需用到化学试剂，除特别要求精细的外，一般用到化学纯级即可。在生产中，除了微量元素用化学纯试剂或医药用品外，大量元素的供给多采用农用品，以降低成本。如无合格的农业原料可用工业用品代替，但会增加肥料成本。

(2)肥料种类适宜

对提供同一种营养元素的不同化合物的选择要以最大限度地适合组配营养液的需要为原则。如选用硝酸钙作氮源就比用硝酸钾多一个硝酸根离子。一种化合物提供的营养元素的相对比例，必须与营养液配方中需要的数量进行比较后选用。

(3)根据作物的特殊需要来选择肥料

铵态氮(NH_4^+)和硝态氮(NO_3^-)都是作物生长发育的良好氮源。铵态氮在植物光合作用快的夏季或植物缺氮时使用较好，而硝态氮在任何条件下均可使用。如果不考虑植物体中对人体硝态氮的积累问题，单纯从栽培效果来讲，两种氮源具有相同的营养价值，但有研究表明，无土栽培生产中施用硝态氮的效果远远大于铵态氮。现在世界上绝大多数营养液配方都使用硝酸盐作主要氮源。其原因是硝酸盐所造成的生理碱性比较弱而缓慢，且植物本身有一定的抵抗能力，人工控制比较容易；而铵盐所造成的生理酸性比较强而迅速，植物本身很难抵抗，人工控制十分困难。所以，在组配营养液时，两种氮源肥料都可以用，但以使用安全的硝态氮源为主，并且保持适当的比例。

(4)选用溶解度大的肥料

如硝酸钙的溶解度大于硫酸钙，易溶于水，使用效果好，故在配制营养液需要的钙时，一般都选用硝酸钙。硫酸钙虽然价格便宜，但因它难溶于水，故一般很少用。

(5)肥料纯度高

适当采用工业品，因为劣质肥料中含有大量惰性物质，用作配制营养液时会产生沉淀，堵塞供液管道，妨碍根系吸收养分。营养液配方中标出的用量是以纯品表示的，在配制营养液时，要按各种化合物原料标明的百分纯度来折算出原料的用量。原料中本物以外的营养元素都作杂质处理。但要注意这类杂质的量是否达到干扰营养液平衡的程度。在考虑成本的前提下，可适当采用工业品。

(6)其他要求

肥料中不含有毒或有害成分。肥料取材方便，价格便宜。

2. 无土栽培常用的肥料

(1)氮肥

主要有硝态氮和铵态氮两种。蔬菜为喜硝态氮作物,硝态氮多时不会产生毒害,而铵态氮多时会使生长受阻形成毒害。两种氮源以适当比例同时使用,比单用硝态氮好,且能稳定酸碱度。常用氮源肥料有硝酸钙、硝酸钾、磷酸二氢铵、硫酸铵、氯化铵、硝酸铵等。

(2)磷肥

常用的磷肥有磷酸二氢铵、磷酸二铵、磷酸二氢钾、过磷酸钙等。磷过多会导致铁和镁的缺乏症。

(3)钾肥

常用的钾肥有硝酸钾、硫酸钾、氯化钾以及磷酸二氢钾等。钾的吸收快,要不断补给,但钾离子过多会影响到钙、镁和锰的吸收。

(4)钙肥

钙源肥料一般使用硝酸钙,氯化钙和过磷酸钙也可适当使用。钙在植物体内的移动比较困难,无土栽培时常会发生缺钙症状,应特别注意调整。

(5)中微量元素肥料

营养液中使用镁、锌、铜、铁等硫酸盐,可同时解决硫和微量元素的供应。

(6)铁肥

pH 偏高、钾的不足以及过量地存在磷、铜、锌、锰等情况下,都会引起缺铁症。为解决铁的供应,一般都使用螯合铁。营养液中以螯合铁(有机化合物)作铁源,效果明显强于无机铁盐和有机酸铁。常用的螯合铁有乙二胺四乙酸一钠铁和乙二胺四乙酸二钠铁。螯合铁的用量一般按铁元素重量计,每升营养液用 3～5 mg。

(7)硼肥和钼肥

多用硼酸、硼砂和钼酸钠、钼酸钾。

3. 辅助物质

营养液配制中常用的辅助物质是螯合剂,它与某些金属离子结合可形成螯合物。无土栽培上用的螯合物加入营养液中,应具有以下特性:一是不易被其他多价阳离子所置换和沉淀,又必须能被植物的根表所吸收和在体内运输与转移;二是易溶于水,又必须具抗水解的稳定性;三是治疗缺素症的浓度以不损伤植物为宜。目前无土栽培中常用的是铁与络合剂形成的螯合物,以解决营养液中铁源的沉淀或氧化失效的问题。

二、营养液的组成

营养液的组成直接影响到植物对养分的吸收和生长,涉及栽培成本。根据植物种类、水源、肥源和气候条件等具体情况,有针对性地确定和调整营养液的组成成分,能更加发挥营养液的使用功效。

(一)营养液的组成原则

1. 营养元素齐全

现已明确的高等植物必需的营养元素有 16 种,其中碳、氢、氧由空气和水提供,其余 13 种由根部从根际环境中吸收。因此,所配制的营养液要含有这 13 种营养元素。因为在水源、固体基质或肥料中已含有植物所需的某些微量元素的数量,因此配制营养液时不需另外加入。

2. 营养元素可以被植物吸收

即配制营养液的肥料在水中要有良好的溶解性,呈离子态,并能有效地被作物吸收利用。通常都是无机盐类,也有一些有机螯合物。某些基质培营养液也选用一些其他的有机化合物,例如用酰胺态氮—

尿素作为氮素组成。不能被植物直接吸收利用的有机肥不宜作为营养液的肥源。

3. 营养元素均衡

营养液中各营养元素的数量比例应是符合植物生长发育要求的、生理均衡的，可保证各种营养元素有效性的充分发挥和植物吸收的平衡。在确定营养液组成时，一般在保证植物必需营养元素品种齐全的前提下，所用肥料种类尽可能少，以防止化合物带入植物不需要和引起过剩的离子或其他有害杂质（表 5-3）。

表 5-3 营养液中各元素浓度范围

元素	浓度/(mg/L)			浓度/(mmol/L)		
	最低	适中	最高	最低	适中	最高
硝态氮(NO_3^-—N)	56	224	350	4	16	25
铵态氮(NH^+—N)	—	—	56	—	—	4
磷(P)	20	40	120	0.7	1.4	4
钾(K)	78	312	585	2	8	15
钙(Ca)	60	160	720	1.5	4	18
镁(Mg)	12	48	96	0.5	2	4
硫(S)	16	64	1440	0.5	2	45
钠(Na)	—	—	230	—	—	10
氯(Cl)	—	—	350	—	—	10
铁(Fe)	2	—	10	—	—	—
锰(Mn)	0.5	—	5	—	—	—
硼(B)	0.5	—	5	—	—	—
锌(Zn)	0.5	—	1	—	—	—
铜(Cu)	0.1	—	0.5	—	—	—
钼(Mo)	0.001	—	0.002	—	—	—

4. 总盐度适宜

营养液中总浓度（盐分浓度）应适宜植物正常生长要求（表 5-4）。

表 5-4 营养液总浓度范围

浓度表示方法	范围		
	最低	适中	最高
渗透压/Pa	0.3×10^5	0.9×10^5	1.5×10^5
正负离子合计数/(mmol/L) 在 20℃时的理论值	12	37	62
电导率/(mS/cm)	0.83	2.5	4.2
总盐分含量/(g/L)	0.83	2.5	4.2

5. 营养元素有效期长

营养液中的各种营养元素在栽培过程中应长时间地保持其有效性，有效性不因空气的氧化、根的吸收以及离子间的相互作用而在短时间内降低。

6. 酸碱度适宜

营养液的酸碱度及其总体表现出来的生理酸碱反应应是较为平稳的，且适宜植物正常生长要求。

(二)营养液组成的确定方法

营养液配方，是作物能在营养液中正常生长发育、有较高产量的情况下，对植株进行营养分析，了解各种大量元素和微量元素的吸收量，据此利用不同元素的总离子浓度及离子间的不同比率而配制的。同时又根据作物栽培的结果，再对营养液的组成进行修正和完善。

1. 确定营养液组成的理论依据

由于科学家使用方法的不同，因而提出的营养液组成的理论也不同。目前，世界上主要有 3 种配方理论，即园试标准配方、山崎配方和斯泰纳配方。

(1)园试标准配方

日本园艺试验场经过多年的研究而提出的，是从分析植株对不同元素的吸收量来决定营养液配方的组成。

(2)山崎配方

日本植物生理学家山崎肯哉以园试标准配方为基础，以果菜类为材料研究提出的。他根据作物吸收元素量与吸水量之比，即表观吸收成分组成浓度(n/w)来决定营养液配方的组成。

(3)斯泰纳配方

荷兰科学家斯泰纳依据作物对离子的吸收具有选择性而提出的。斯泰纳营养液是以阳离子(Ca^{2+}、Mg^{2+}、K^{+})之摩尔和与相近的阴离子(NO_3^-、PO_4^{3-}、SO_4^{2-})之摩尔和相等为前提，而各阳、阴离子之间的比值，则是根据植株分析得出的结果而制定的。根据斯泰纳试验结果，阳离子之比值为 $K^+:Ca^{2+}:Mg^{2+}=45:35:20$，阴离子比值为 $NO_3^-:PO_4^{3-}:SO_4^{2-}=60:5:35$ 时最恰当。

2. 营养液总盐度的确定

首先，根据不同作物种类、不同品种、不同生育时期在不同气候条件下对营养液含盐量的要求，大体确定营养液的总盐分浓度。一般情况，营养液的总盐分浓度控制在 0.4%～0.5%及以下，对大多数作物来说都可以较正常地生长；当营养液的总盐分浓度超过 0.5%，很多蔬菜、花卉植物就会表现出不同程度的盐害。不同作物对营养液总盐分浓度的要求差异较大，例如番茄、甘蓝、康乃馨对营养液的总盐分浓度要求为 0.2%～0.3%，荠菜、草莓、郁金香对营养液的总盐分浓度要求为 0.15%～0.20%，显然前者比后者更耐盐。因此，在确定营养液的盐分总浓度时要考虑到植物的耐盐程度。

三、营养液配方

在规定体积的营养液中，规定含有各种必需营养元素的盐类数量称为营养液配方。配方中列出的规定用量，称为这个配方的一个剂量(表 5-5)。如果使用时将各种盐类的规定用量都只使用其一半，则称为用某配方的半剂量或 1/2 剂量，余类推。

现在世界上已发表了无数的营养液配方。营养液配方根据应用对象不同，分为叶菜类和果菜类营养液配方；根据配方的使用范围分为通用性(如霍格兰配方、园试配方)和专用性营养液配方；根据营养液盐分浓度的高低分为总盐度较高和总盐度较低的营养液配方。

四、营养液的种类

营养液的种类有以下几种：原液、浓缩液、稀释液、栽培液(工作液)。

表 5-5　常用营养液配方

配方	化合物浓度											元素浓度							备注
	四水硝酸钙	硝酸钾	硝酸铵	磷酸二氢钾	磷酸氢二钾	磷酸氢二铵	硫酸铵	硫酸钾	七水硫酸镁	二水硫酸钙	总盐含量(mg/L)	N: NH_4^+-N	N: NO_3^--N	P	K	Ca	Mg	S	
Knop (1865) 古典水培配方	1150	200	—	200	—	—	—	—	200	—	1750	—	11.7	1.47	3.43	4.88	0.82	0.82	现在仍可使用
Hoagland 和 Arnon (1938)	945	607	—	—	—	115	—	—	493	—	2160	1.0	14.0	1.0	6.0	4.0	2.0	2.0	通用配方，1/2 剂量为宜
Hoagland 和 Snyder (1938)	1180	506	—	136	—	—	—	—	693	—	2315	—	15.0	1.0	6.0	5.0	2.0	2.0	通用配方，1/2 剂量为宜
Arnon 和 Hoagland (1952)	708	1011	—	—	—	230	—	—	493	—	2442	2.0	16.0	2.0	10.0	3.0	2.0	2.0	番茄配方，可通用，1/2 剂量为宜
Rothansted 配方 A (pH4.5) (1952)	—	1000	—	450	67.5	—	—	—	500	500	2518	—	9.89	3.70	14.0	2.9	2.03	2.03	
Rothansted 配方 B (pH5.5) (1952)	—	1000	—	400	135	—	—	—	500	500	2535	—	9.89	3.72	14.4	2.9	2.03	2.03	英国洛桑试验站配方，可通用
Rothansted 配方 C (pH6.2) (1952)	—	1000	—	300	270	—	—	—	500	500	2570	—	9.89	3.75	15.2	2.9	2.03	2.03	
Copper (1975)推荐 NFT 上使用的配方	1062	505	—	140	—	—	—	—	738	—	2445	—	14.0	1.03	6.03	4.5	3.0	3.0	可通用，1/2 剂量为宜
荷兰温室作物研究所岩棉培滴灌配方	886	303	—	204	—	—	33	218	247	—	1891	0.5	10.5	7.0	1.5	3.75	1.0	2.5	以番茄为主，可通用

续表5-5

配方	化合物浓度											元素浓度							备注
	四水硝酸钙	硝酸钾	硝酸铵	磷酸二氢钾	磷酸氢二钾	磷酸氢二铵	硫酸铵	硫酸钾	七水硫酸镁	二水硫酸钙	总盐含量(mg/L)	N		P	K	Ca	Mg	S	
												NH_4^+-N	NO_3^--N						
荷兰花卉研究所，岩棉培滴灌配方	660	378	64	204	—	—	—	—	148	—	1394	0.8	8.94	1.5	5.24	2.2	0.6	0.6	以非洲菊为主，可通用
荷兰花卉研究所，岩棉培滴灌配方	786	341	20	204	—	—	—	—	185	—	1536	0.25	10.3	1.5	4.87	3.33	0.75	0.75	以玫瑰为主，可通用
日本园试配方(1966)	945	809	—	—	—	153	—	—	493	—	2400	1.33	16.0	1.33	8.0	4.0	2.0	2.0	通用配方，1/2剂量为宜
山崎甜瓜配方(1978)	826	607	—	—	—	153	—	—	370	—	1956	1.33	13.0	1.33	6.0	3.5	1.5	1.5	按照吸水吸肥同步的规律 n/w 值确定的配方，性质较为稳定

(一)原液

是指按配方配成的一个剂量标准液。

(二)浓缩液

又称浓缩贮备液、母液，是为了贮存和方便使用而把原液浓缩数倍的营养液。

浓缩倍数是根据营养液配方规定的用量、各盐类在水中的溶解度及贮存需要配制的，以不致过饱和而析出为准。其倍数以配成整数值为好，方便操作。

(三)稀释液

是将浓缩液按各种作物生长需要加水稀释后的营养液。一般稀释液是指稀释到原液的浓度，如浓缩 100 倍的浓缩液，再稀释 100 倍又回到原液，如果只稀释 50 倍时，浓度是原液的 2 倍。有时是根据作物种类、生育期所需要的浓度稀释的稀释液，所以稀释液不能认为就是原液。

(四)栽培液(工作液)

是指直接为作物提供营养的人工营养液，一般用浓缩液稀释而成。可以说稀释液就是栽培液，因为稀释的目的就是为了栽培。

五、营养液浓度的表示方法

营养液浓度的表示方法很多，常用一定体积的溶液中含有多少数量的溶质来表示其浓度。

(一)化合物重量/升

即每升溶液中含有某化合物的重量数，重量单位可以用克(g)或毫克(mg)表示。例如，KNO_3 0.81 g/L 是指每升营养液中含有 0.81 g 的硝酸钾。这种表示法通常称为工作浓度或操作浓度。具体配制营养液时是按照这种单位来进行操作的。

(二)元素重量/升

即每升溶液含有某营养元素的重量数，重量单位通常用毫克(mg)表示。例如，N 210 mg/L 是指每升营养液中含有氮元素 210 mg。用元素重量表示浓度是科研比较的需要。但这种用元素重量表示浓度的方法不能用来直接进行操作，实际上不可能称取多少毫克的氮元素放进溶液中，只能换算为一种实际的化合物重量才能操作。换算方法为：用要转换成的化合物含该元素的百分数去除该元素的重量。例如，NH_4NO_3 含 N 为 35%，要将氮素 175 mg 转换成 NH_4NO_3，则 175/0.35＝500 mg，即 175 mg N 相当于 500 mg 的 NH_4NO_3。

(三)摩尔/升(mol/L)

即每升溶液含有某物质的摩尔(mol)数。某物质可以是元素、分子或离子。由于营养液的浓度都很稀，因此常用毫摩尔/升(mmol/L)表示浓度。

(四)渗透压

渗透压表示在溶液中溶解的物质因分子运动而产生的压力。单位是帕斯卡(Pa)。溶解的物质愈多，分子运动产生的压力愈大。渗透压与电导率一样，只用以间接表示营养液的总浓度。无土栽培的营养液的渗透压可用理论公式计算：

$$P = c \times 0.0224 \times (273 + t)/273$$

式中：P 为溶液的渗透压，以标准大气压(atm)为单位；c 为溶液的浓度以溶液中所有的正负离子的总浓度表示(即正负离子以 mmol/L 为单位)；t 为使用时溶液的温度(℃)；0.0224 为范特荷甫常数；273 为绝对温度。

(五)电导率(EC)

电导率，又称电导度，代表营养液的总浓度。常用单位为毫西门子/厘米，符号为 ms/cm，一般简化为 ms(毫西)。在一定浓度范围内，溶液的含盐量与电导率成正比，含盐量越高，电导率越大，渗透压也越大。所以电导率能间接反映营养液的总含盐量，从而可用电导率表示营养液的总盐浓度，但电导率不能反映营养液中某一无机盐类的单独浓度。

实训一　营养液母液的配制

一、目的与要求

能够根据配方选用合适的化合物种类，并进行计算和称量；能够根据化合物性质，正确对化合物进行混合分类，并分出 A、B、C 等 3 类母液；能够根据配制步骤准确地进行母液的配制和储存管理。

二、材料与用具

配制所需各类化合物、电子秤、量筒、烧杯、搅拌棒、母液储存罐等。

三、方法与步骤

无土栽培的第一步就是正确配制营养液，这是无土栽培的关键技术环节。如果配制方法不正确，某些营养元素会因沉淀而失效，或影响植物吸收，甚至导致植物死亡。

（一）营养液的配制原则

营养液配制总的原则是确保在配制后和使用营养液时都不会产生难溶性化合物的沉淀。每一种营养液配方都潜伏着产生难溶性物质沉淀的可能性，这与营养液的组成是分不开的。营养液是否会产生沉淀主要取决于浓度。几乎任何化学平衡的配方在高浓度时都会产生沉淀。如 Ca^{2+} 与 SO_4^{2-} 相互作用产生 $CaSO_4$ 沉淀；Ca^{2+} 与磷酸根（PO_4^{3-} 或 HPO_4^{2-}）产生 $Ca_3(PO_4)_2$ 或 $CaHPO_4$ 沉淀；Fe^{3+} 与 PO_4^{3-} 产生 $FePO_4$ 沉淀，以及 Ca^{2+}、Mg^{2+} 与 OH^- 产生 $Ca(OH)_2$ 和 $Mg(OH)_2$ 沉淀。实践中运用难溶性物质溶度积法则，采取以下两种方法避免营养液中产生沉淀：一是对容易产生沉淀的盐类化合物实施分别配制，分罐保存，使用前再稀释、混合；二是向营养液中加酸，降低 pH，使用前再加碱调整。

（二）配制前的准备工作

（1）合理选择配方

根据植物种类、生育期、当地水质、气候条件、肥料纯度、栽培方式以及成本大小，正确选用和调整营养液配方。这是因为不同地区间水质和肥料纯度等存在着差异，会直接影响营养液的组成；栽培作物的品种和生育期不同，要求营养元素比例不同，特别是 N、P、K 三要素比例；栽培方式，特别是基质栽培时，基质的吸附性和本身的营养成分都会改变营养液的组成。不同营养液配方还涉及栽培成本的问题。因此，配制前要正确、灵活调整所选用的营养液配方，在证明其确实可行之后再大面积应用。

（2）选择适当的肥料（无机盐类）

所选肥料既要考虑肥料中可供使用的营养元素的浓度和比例，又要注意选择溶解度高、纯度高、杂质少、价格低的肥料。

（3）阅读有关资料

在配制营养液之前，先仔细阅读有关肥料或化学品的说明书或包装说明，注意盐类的分子式、含有的结晶水、纯度等。

（4）合理选择水源

选择水源并进行水质化验，化验结果作为配制营养液时的参考。

（5）准备好贮液罐及其他必要物件

营养液一般配成浓缩 100～1 000 倍的母液备用。每一配方要 2～3 个母液罐。母液罐的容积以 25 L 或 50 L 为宜，以深色不透光的为好。

（三）营养液配制方法

营养液的配制方法有浓缩液（也称母液）和工作液（也称栽培液）两种配制方法。生产上一般用浓缩贮备液稀释成工作液，方便配制，如果营养液用量少时也可以直接配制工作液。

浓缩液的配制程序是：计算—称量—溶解—分装—保存。

1. 计算

按照要配制的浓缩液的体积和浓缩倍数计算出配方中各种化合物的用量。计算时注意以下几点。

(1)无土栽培肥料多为工业用品和农用品,常有吸湿水和其他杂质,纯度较低,应按实际纯度对用量进行修正。

(2)硬水地区应扣除水中所含的 Ca^{2+}、Mg^{2+}。例如,配方中的 Ca^{2+}、Mg^{2+} 分别由 $Ca(NO_3)_2 \cdot 4H_2O$ 和 $MgSO_4 \cdot 7H_2O$ 来提供,实际的 $Ca(NO_3)_2 \cdot 4H_2O$ 和 $MgSO_4 \cdot 7H_2O$ 的用量是配方量减去水中所含的 Ca^{2+}、Mg^{2+} 量。但扣除 Ca^{2+} 后的 $Ca(NO_3)_2 \cdot 4H_2O$ 中氮用量减少了,这部分减少了的氮可用硝酸(HNO_3)来补充,加入的硝酸不仅起到补充氮源的作用,而且可以中和硬水的碱性。加入硝酸后仍未能够使水中的 pH 降低至理想的水平时,可适当减少磷酸盐的用量,而用磷酸来中和硬水的碱性。如果营养液偏酸,可增加硝酸钾用量,以补充硝态氮,并相应地减少硫酸钾用量。扣除营养液中镁的用量,$MgSO_4 \cdot 7H_2O$ 实际用量减少,也相应地减少了硫酸根(SO_4^{2-})的用量,但由于硬水中本身就含有大量的硫酸根,所以一般不需要另外补充,如果有必要,可加入少量硫酸(H_2SO_4)来补充。在硬水地区硝酸钙用量少,磷和氮的不足部分由硝酸和磷酸供给。

2. 称量

分别称取各种肥料,置于干净容器或塑料薄膜袋中,或平摊在地面的塑料薄膜上,以免损失。在称取各种盐类肥料时,注意稳、准、快。

3. 溶解

将称好的各种肥料摆放整齐,最后一次核对无误后,再分别溶解,也可将彼此不产生沉淀的化合物混合一起溶解。注意溶解要彻底,边加边搅拌,直至盐类完全溶解。

4. 分装

浓缩液分别配成 A、B、C 三种浓缩液,分别用三个贮液罐盛装。A 罐:以钙盐为中心,凡不与钙盐产生沉淀的化合物均可放在一起溶解;B 罐:以磷酸盐为中心,凡不与磷酸盐产生沉淀的化合物均可放在一起溶解;C 罐:预先配制螯合铁溶液,然后将 C 液所需称量的其他各种化合物分别在小塑料容器中溶解,再分别缓慢倒入螯合铁溶液中,边加边搅拌。A、B、C 浓缩液均按浓缩倍数的要求加清水至需配制的体积,搅拌均匀后即可。浓缩液的浓缩倍数,要根据营养液配方规定的用量和各盐类的溶解度来确定,以不致过饱和而析出为准。其浓缩倍数以配成整数值为好,方便操作。一般比植物能直接吸收的均衡营养液高出 100～200 倍,微量元素浓缩液可浓缩至 1 000 倍。

5. 保存

浓缩液存放时间较长时,应将其酸化,以防沉淀的产生。一般可用 HNO_3 酸化至 pH3～4,并存放于塑料容器中,阴凉避光处保存。

实训二 | 工作液的配制

一、目的与要求

能够采用配方直接配制工作液,或者通过将母液稀释,配制出工作液。

二、材料与用具

配制所需的各类化合物、电子秤、量筒、烧杯、搅拌棒、母液、储存罐等。

三、方法与步骤

工作液的配制有两种形式，一种是根据配方直接配制，步骤参考母液配制；另一种是由配制好的母液进行稀释。下面介绍配制过程。

1. 浓缩液稀释

浓缩液稀释的步骤如下(图 5-26)。

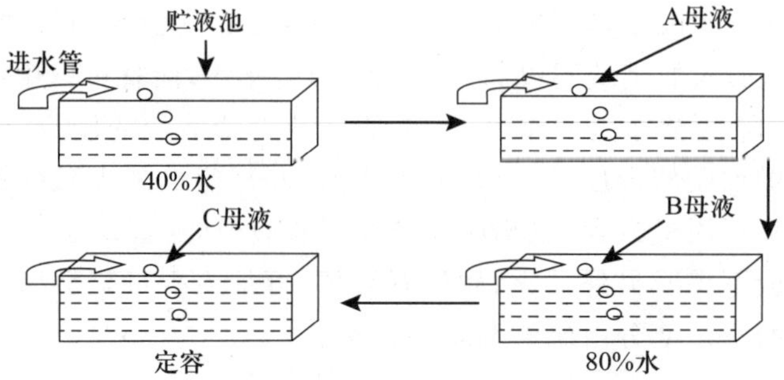

图 5-26　工作液配制过程

第一步，计算好各种浓缩液需要移取的液量，并根据配方要求调整水的 pH。

第二步，在贮液池或其他盛装栽培液的容器内注入所配制营养液体积 50%～70%的水量。

第三步，量取 A 母液倒入其中，开动水泵循环流动 30 min，或搅拌使其扩散均匀。

第四步，量取 B 母液慢慢注入贮液池的清水入口处，让水源冲稀 B 母液后带入贮液池中参与流动扩散，此过程加入的水量以达到总液量的 80%为度。

第五步，量取 C 母液随水冲稀带入贮液池中参与流动扩散。加足水量后，循环流动 30 min 或搅拌均匀。

第六步，用酸度计和电导率仪分别检测营养液的 pH 和 EC，如果测定结果不符合要求，应及时调整。pH 可用稀酸溶液如硫酸、硝酸，或稀碱溶液如氢氧化钾、氢氧化钠调整。调整完毕的营养液，在使用前先静置一段时间，然后在种植床上循环 5～10 min，再测试一次 pH，直至与要求相符。

第七步，做好营养液配制的详细记录，以备查验。

2. 直接配制

第一步，按配方和欲配制的营养液体积计算所需各种肥料用量，并调整水的 pH。

第二步，配制 C 母液。

第三步，向贮液池或其他盛装容器中注入 50%～70%的水量。

第四步，称取相当于 A 母液的各种化合物，在容器中溶解后倒入贮液池中，开启水泵循环流动 30 min。

第五步，称取相当于 B 母液的各种化合物，在容器中溶解，并用大量清水稀释后，让水源冲稀 B 母液带入贮液池中，开启水泵循环流动 30 min。此过程所加的水以达到总液量的 80%为度。

第六步，量取 C 母液并稀释后，在贮液池的水源入口处缓慢倒入，开启水泵循环流动至营养液均匀为止。

在荷兰、日本等国家，现代化温室中进行大规模无土栽培生产时，一般采用 A 、B 两母液罐，A 罐中主要含硝酸钙、硝酸钾、硝酸铵和螯合铁，B 罐中主要含硫酸钾、硝酸钾、磷酸二氢钾、硫酸镁、硫酸锰、硫酸铜、硫酸锌、硼砂和钼酸钠，通常制成 100 倍的母液。为了防止母液罐出现沉淀，有时还配备酸液罐以调节母液酸度。整个系统由计算机控制调节，稀释、混合形成工作液。

在工作液的过程中，要防止由于加入母液速度过快造成局部浓度过高而出现大量沉淀。如果较长时间开启水泵循环之后仍不能使这些沉淀溶解时，应重新配制营养液。

3. 营养液配制的操作规程

为了保证营养液配制过程中不出差错，需要建立一套严格的操作规程，应包括如下内容。

(1)仔细阅读肥料或化学品说明书,注意分子式、含量、纯度等指标,检查原料名实是否相符,准备好盛装贮备液的容器,贴上不同颜色的标识。

(2)原料的计算过程和最后结果要经过 3 名工作人员 3 次核对,确保准确无误。

(3)各种原料分别称好后,一起放到配制场地规定的位置上,最后核查无遗漏,才动手配制。切勿在用料及配制用具未到齐的情况下匆忙动手操作。

(4)原料加水溶解时,有些试剂溶解太慢,可以加热;有些试剂如硝酸铵,不能用铁质的器具敲击或铲,只能用木、竹或塑料器具取用。

(5)建立严格的记录档案,以备查验。记录表格见表 5-6、表 5-7。

表 5-6　浓缩液配制记录簿

配方名称			使用对象	
A 母液	浓缩倍数		配制日期	
	体积		计算人	
B 母液	浓缩倍数		审核人	
	体积		配制人	
C 母液	浓缩倍数		备注	
	体积			
原料名称及称取量				

表 5-7　工作液配制记录簿

配方名称		使用对象		备注
营养液体积		配制日期		
计算人		审核人		
配制人		水 pH		
EC		营养液 pH		
原料名称及称(移)取量				

任务二　营养液的使用及管理

任务描述

营养液使用及管理。

任务分析

营养液的管理是无土栽培的关键技术,尤其在自动化、标准化程度较低的情况下,营养液的管理更重要。如果管理不当,则直接关系到营养液的使用效果,进而影响植物生长发育的质量。

知识链接

营养液的管理主要指循环供液系统中营养液的管理,非循环使用的营养液不回收使用,管理方法较为简单,这里不作讨论。

一、营养液中溶存氧的调整

无土栽培尤其是水培，氧气供应是否充分和及时往往成为植物能否正常生长的限制因素。生长在营养液中的根系，其呼吸所用的氧，主要依靠根系对营养液中溶存氧的吸收。若营养液的溶解氧含量低于正常水平，就会影响根系呼吸和吸收营养，植物就表现出各种异常，甚至死亡。

（一）水培对营养液溶存氧浓度的要求

在水培营养液中，溶存氧的浓度一般要求保持在饱和溶解度50%以上，相当于在适合多数植物生长的液温范围（15～18℃）内保持4～5 mg/L的含氧量。这种要求是对栽培不耐淹浸的植物而言。对耐淹浸的植物（即体内可以形成氧气输导组织的植物）该要求可以降低。

（二）影响营养液氧气含量的因素

营养液中溶存氧的多少，一方面是与温度和大气压力有关，温度越高、大气压力越小，营养液的溶存氧含量就越低；反之，温度越低、大气压力越大，其溶存氧的含量就越高。另一方面是与植物根和微生物的呼吸有关，温度越高，呼吸消耗营养液中的溶存氧越多，这就是为什么在夏季高温季节水培植物根系容易缺氧的原因。例如，30℃下溶液中饱和溶解氧含量为7.63 mg/L，植物的呼吸耗氧量是0.2～0.3 mg/(h·g根)，如每升营养液中长有10 g根，则在不补给氧的情况下，营养液中的氧2～3 h就消耗完了。

（三）增氧措施

1. 溶存氧的消耗速度

主要取决于植物种类、生育阶段及单株占有营养液量。一般瓜类、茄果类作物的耗氧量较大，叶菜类的耗氧量较小。植物处于生长茂盛阶段、占有营养液量少的情况下，溶存氧的消耗速度快；反之则慢。例如，夏种网纹甜瓜白天每株每小时耗氧量，始花期为12.6 mg/(株·h)；结果网纹期为40 mg/(株·h)。若设每株用营养液15 L，在25℃时饱和含氧量为$8.38\times15=125.7$ mg，则在始花期经6 h后可将含氧量消耗到饱和溶氧量的50%以下；在结果网纹期只经2 h即将含氧量降到饱和溶氧量的50%以下。

2. 增氧措施

溶存氧的补充来源，一是从空气中自然向溶液中扩散；二是人工增氧。自然扩散的速度较慢，增量少，只适宜苗期使用，水培及多数基质培中都采用人工增氧的方法。

人工增氧措施主要是利用机械和物理的方法来增加营养液与空气的接触机会，增加氧在营养液中的扩散能力，从而提高营养液中氧气的含量。具体的加氧方法有落差、喷雾、搅拌、压缩空气、循环流动、间歇供液、滴灌供液、夏季降低液温、降低营养液浓度、使用增氧器和化学增氧剂等。多种增氧方法结合使用，增氧效果更明显。

营养液循环流动有利于带入大量氧气，此法效果很好，是生产上普遍采用的办法。循环时落差大、溅泼面较分散、增加一定压力形成射流等都有利于增大补氧效果。

在固体基质的无土栽培中，为了保持基质中有充足的空气，可选用如珍珠岩、岩棉和蛭石等合适的多孔基质，还应避免基质积水。

二、营养液浓度的调整

由于作物生长过程中不断吸收养分和水分，加之营养液中的水分蒸发，从而引起营养液浓度、组成发生变化。因此，需要监测和定期补充营养液的养分和水分。

(一)水分的补充

水分的补充应每天进行,一天之内补充多少次,视作物长势、每株占液量和耗水快慢而定,以不影响营养液的正常循环流动为准。在贮液池内标注刻度,定时使水泵关闭,让营养液全部回到贮液池中,如其水位已下降到加水的刻度线,即要加水恢复到原来的水位线。

(二)养分的补充

养分的补充方法有以下几种。

方法一:根据化验了解营养液的浓度和水平。先化验营养液中 NO_3^- N 的减少量,按比例推算其他元素的减少量,而后加以补充,使营养液保持应有的浓度和营养水平。

方法二:从减少的水量来推算。先调查不同作物在无土栽培中水分消耗量和养分吸收量之间的关系,再根据水分减少量推算出养分的补充量,加以补充调整。例如:已知硝态氮的吸收与水分消耗的比例,黄瓜为 70∶100 左右;番茄、甜椒为 50∶100 左右;芹菜为 130∶100 左右。据此,当总液量 10 000 L 消耗 5 000 L 时,黄瓜需另追加 3 500 L(5 000×0.7)营养液,番茄、辣椒需追加 2 500 L(5 000×0.5)营养液,然后再加水到总量 10 000 L。其他作物也依此类推。但作物的不同生育阶段,吸收水分和消耗养分的比例有一定差异,在调整时应加以注意。

方法三:从实际测定的营养液的电导率变化来调整。这是生产上常用方法。根据电导率与营养液浓度的正相关性,求出线性回归方程($EC=a+bS$),再通过测定工作液的电导率,就可计算出营养液浓度,据此再计算出需补充的营养液量。

在无土栽培中营养液的电导率目标管理值经常进行调整。营养液 EC 不应过高或过低,否则会对作物生长产生不良影响。因此,应经常通过检查调整,使营养液保持适宜的 EC。在调整时应逐步进行,不应使浓度变化太大。电导率调整的原则是。

(1)针对栽培作物不同调整 EC

不同蔬菜作物对营养液 EC 的要求不同,这与作物的耐肥性和营养液配方有关。如在相同栽培条件下,番茄要求的营养液比莴苣要求的浓度高些。虽然如此,各种作物都有一个适宜浓度范围。就多数作物来说,适宜的 EC 范围为 0.5~3.0 ms/cm。过高不利于生育。

(2)针对不同生育期调整 EC

作物在不同生育期要求的营养液 EC 不应完全一样,一般苗期略低,生育盛期略高。如番茄在苗期的适宜 EC 为 0.8~1.0 ms/cm,定植至第一穗花开放为 1.0~1.5 ms/cm,结果盛期为 1.5~2.0 ms/cm。

(3)针对不同栽培季节、温度条件调整 EC

营养液的 EC 受温度影响而发生变化,在一定范围内,随温度升高有增高的趋势。一般来说,营养液的 EC,夏季要低于冬季。Adams 认为,番茄用岩棉进行冬季栽培的营养液 EC 应为 3.0~3.5 ms/cm,夏季降至 2.0~2.5 ms/cm 为宜。

(4)针对栽培方式调整 EC

同一种作物采用无土栽培方式不同,EC 调整也不一样。例如,番茄水培和基质培相比,一般定植初期营养液的浓度都一样,到采收期基质培的营养液浓度比水培的低,这是因为基质会吸附营养之故。

(5)针对营养液配方调整 EC

同样用于栽培番茄的日本山崎配方和美国 A-H 营养液配方的总浓度相差 1 倍以上。因此补充养分的限度就有很大区别(以每株占液量相同而言)。采用低浓度的山崎配方补充养分的方法是:每天都补充,使营养液常处于 1 个剂量的浓度水平。即每天监测电导率以确定营养液的总浓度下降了百分之几个剂量,下降多少补充多少。采用高浓度的美国 A-H 配方种植时补充养分的方法是:以总浓度不低于 1/2 个剂量为补充界限。即定期测定液中电导率，如发现其浓度已下降 1/2 个剂量的水平时，即行补充养分，补回到原来的浓度。隔多少天会下降到此限，视生育阶段和每株占液量多少而变，应在实践中自行积累经验而估计天数。初学者应每天监测浓度的变化。

应该注意的是营养液浓度的测定要在营养液补充足够水分使其恢复到原来体积时取样，而且一般生产上不作个别营养元素的测定，也不作个别营养元素的单独补充，要全面补充营养液。

三、营养液酸碱度的控制

（一）营养液 pH 对植物生长的影响

营养液的 pH 对植物生长有直接和间接两方面影响。直接的影响是，当溶液 pH 过高或过低时，都会伤害植物的根系。Hewitt 概括历史资料认为，明显的伤害范围在 pH 4～9 之外。有些特别耐碱或耐酸的植物可以在这范围之外正常生长。例如，蕹菜在 pH3 时仍可生长良好。在 pH4～9 范围内各种植物还有其较适的小范围。间接的影响是，营养液中的营养元素有效性降低以至失效。pH＞7 时，P、Ca、Mg、Fe、Mn、B、Zn 等的有效性都会降低，特别是 Fe 最突出；pH＜5 时，由于 H^+ 浓度过高而对 Ca^{2+} 产生显著的拮抗，使植物吸收 Ca^{2+} 不足而出现缺 Ca 症。有时营养液的 pH 虽然处在不会伤害植物根系的范围（pH 4～9），仍会出现由于营养失调而生长不良的情况。所以，除了一些特别嗜酸或嗜碱的植物外，一般将营养液 pH 控制在 5.5～6.5。

（二）营养液 pH 发生变化的原因

营养液的 pH 变化主要受营养液配方中生理酸性盐和生理碱性盐的用量和比例、栽培作物种类、每株植物根系占有的营养液体积大小、营养液的更换速率等因素的影响。生产上选用生理酸碱变化平衡的营养液配方，可减少调节 pH 的次数。植株根系占有营养液的体积越大，则其 pH 的变化速率就越慢、变化幅度越小。营养液更换频率越高，则 pH 变化速度延缓、变化幅度也小。但更换营养液不控制 pH 变化不经济，费力费时，也不实际。

（三）营养液 pH 的检测方法

检测营养液 pH 的常用方法有试纸测定法和电位法。

（1）试纸测定法

取一条试纸浸入营养液样品中，几秒钟后取出与标准色板比较，即可知营养液的 pH。试纸最好选用 pH4.5～8.0 的精密试纸。

（2）电位法

电位法是采用 pH 计测定营养液 pH 的方法。在无土栽培中，应用 pH 计测试 pH，方法简便、快速、准确、精度较高，适合于大型无土栽培基地使用。

（四）营养液 pH 的控制

控制有两种含义：一是治标，即 pH 不断变化时采取酸碱中和的办法进行调节。二是治本，即在营养液配方的组成上，使用适当比例的生理酸性盐和生理碱性盐，使营养液内部酸碱变化稳定在一定范围内。

（1）选用生理平衡的配方

营养液的 pH 因盐类的生理反应而发生变化，其变化方向视营养液配方而定。选用生理平衡的配方能使 pH 变化比较平稳，可以减少调整的麻烦，达到治本的目的。

（2）酸碱中和

pH 上升时用稀酸溶液如 H_2SO_4 或 HNO_3 溶液中和。H_2SO_4 溶液的 SO_4^{2-} 虽属营养成分，但植物吸收较少，常会造成盐分的累积；NO_3^- 植物吸收较多，盐分累积的程度较轻，但要注意植物吸收过多的氮而造成体内营养失调。生产上多用 H_2SO_4 调节 pH。中和的用酸量不能用 pH 作理论计算来确定。因营养液中有高价弱酸与强碱形成的盐类存在，例如 K_2HPO_4、$Ca(HCO_3)_2$ 等，其离解是逐步的，会对酸起缓冲作用。因此，必须用实际滴定曲线的办法来确定用酸量。具体做法是取出定量体积的营养液，用已知浓度的稀酸逐滴加入，随时测其 pH 的变化，达到要求值后计出其用酸量，然后推算出整个栽培系统的总用酸量。应加入的酸要先用水稀释，以浓度为 1～2 mol/L 为宜，然后慢慢注入贮液池中，随注随搅拌或开启水泵进行循环，避免加入速度过快或溶液过浓造成局部过酸而产生 $CaSO_4$ 沉淀。

pH 下降时，用稀碱溶液如 NaOH 或 KOH 中和。Na^+ 不是营养成分，会造成总盐浓度的升高。K^+ 是营养成分，盐分累积程度较轻，但其价格比较贵，且多吸收了也会引起营养失调。生产上最常用的还是 NaOH。具体进行可仿照以酸中和碱性的做法。这里要注意的是局部过碱会产生 $Mg(OH)_2$、$Ca(OH)_2$ 等沉淀。

四、光照与液温管理

（一）光照管理

营养液受阳光直照时，对无土栽培是不利的。因为阳光直射使溶液中的铁产生沉淀，另外，阳光下的营养液表面会产生藻类，与栽培作物竞争养分和氧气。因此在无土栽培中，营养液应保持暗环境。

（二）营养液温度管理

1. 营养液温度对植物的影响

营养液温度即液温，直接影响根系对养分的吸收、作物呼吸和生长，以及微生物活动。植物对低液温或高液温的适宜范围都是比较窄的。温度的波动会引起病原菌的滋生和生理障碍的产生，同时会降低营养液中氧的溶解度。稳定的液温可以减少过低或过高的气温对植物造成的不良影响。例如，冬季气温降到 10℃以下，如果液温仍保持在 16℃ ，则对番茄的果实发育没有影响，在夏季气温升到 32～35℃时，如果液温仍保持不超过 28℃，则黄瓜的产量不受影响，而且显著减少劣果数。即使是喜低温的鸭儿芹，如能保持液温在 25℃以下，也能使夏季栽培的产量正常。

一般来说，夏季的液温保持不超过 28℃，冬季的液温保持不低于 15℃，对适应于该季栽培的大多数作物都是适合的。

2. 营养液温度的调整

除大规模的现代化无土栽培基地外，我国多数无土栽培设施中没有专门的营养液温度调控设备，多数是在建造时采用各种保温措施。具体方法是：①种植槽采用隔热性能高的材料建造，如泡沫塑料板块、水泥砖块等；②加大每株的用液量，提高营养液对温度的缓冲能力；③设深埋地下的贮液池。

营养液加温可采取在贮液池中安装不锈钢螺纹管，通过循环于其中的热水加温或用电热管加温。热水来源于锅炉加热、地热或厂矿余热加温。最经济的强制冷却降温方法是抽取井水或冷泉水，通过贮液池中的螺纹管进行循环降温。

无土栽培中应综合考虑营养液的光、温状况，光照强度高，温度也应该高；光照强度低，温度也要低，强光低温不好，弱光高温也不好。

五、供液时间与供液次数

营养液的供液时间与供液次数，主要依据栽培形式、植物长势长相、环境条件而定。在栽培过程中都应考虑适时供液，保证根系得到营养液的充分供应，从经济用液考虑，最好采取定时供液。掌握供液的原则是：根系得到充分的营养供应，但又能达到节约能源和经济用肥的要求。一般在用基质栽培的条件下，每天供液 2～4 次即可，如果基质层较厚，供液次数可少些，基质层较薄，供液次数可多些。NFT 培每日要多次供液，果菜每分钟供液量为 2 L，而叶菜仅需 1 L。作物生长盛期，对养分和水分的需要大，因此，供液次数应多；每次供液的时间也应长。供液主要集中在白天进行，夜间不供液或少供液。晴天供液次数多些，阴雨天可少些；气温高、光线强时供液多些；温度低、光线弱时供液少些。供液时间和次数应因时因地制宜，灵活掌握。

六、营养液的更换

循环使用的营养液在使用一段时间以后，需要配制新的营养液将其全部更换。更换的时间主要决定于有碍作物正常生长的物质在营养液中累积的程度。这些物质主要来源于：营养液配方所带的非营养成分（$NaNO_3$ 中的 Na、$CaCl_2$ 中的 Cl 等）；中和生理酸碱性所产生的盐；使用硬水作水源时所带的盐分；植物根系的分泌物和脱落物以及由此而引起的微生物分解产物等。有碍作物生长的物质积累多了，可造成总盐浓度过高而抑制作物生长，也干扰了对营养液养分浓度的准确测量。判断营养液是否需要更换的方法如下。

①经过连续测量，营养液的电导率居高不降。

②经仪器分析，营养液中的大量元素含量低而电导率高。

③营养液有大量病菌而致作物发病，且病害难以用农药控制。

④营养液浑浊。

⑤如无检测仪器，可考虑用种植时间来决定营养液的更换时间。一般在软水地区，生长期较长的作物（每茬 3～6 个月，如果菜类）可在生长中期更换 1 次或不换液，只补充消耗的养分和水分，调节 pH。生长期较短的作物（每茬 1～2 个月，如叶菜类），可连续种 3～4 茬更换 1 次。每茬收获时，要将脱落的残根滤去，可在回水口安置网袋或用活动网袋打捞，然后补足所欠的营养成分（以总剂量计算）。硬水地区，生长期较短的蔬菜一般每茬更换一次营养液，生长期较长的果菜每 1～2 个月更换一次营养液。

七、废液处理与再利用

无土栽培系统中排出的废液，并非含有大量的有毒物质而不能排放，主要是因为大面积栽培时，大量排出的废液将会影响地下水水质，如大量排向河流或湖泊将会引起水体的富营养化。另外，即使由基质栽培的废液排出量少，但随着时间推移也将对环境产生不良的影响。因此，经过处理后重复循环利用或用作肥料等是比较经济且环保的方法。处理方法有杀菌和除菌、除去有害物质、调整离子组成等。营养液杀菌和除菌的方法有紫外线照射、高温加热、砂石过滤器过滤、药剂杀菌等。除去有害物质可采用砂石过滤器过滤或膜分离法。

经过处理的废液收集起来，用于同种作物或其他作物的栽培或用作土壤栽培的肥料，但需与有机肥合理搭配使用。

任务巩固

1. 如何理解营养液的含义及其在无土栽培中的地位和作用？
2. 营养液的组成原则、配制原则有哪些？如何保证正确组配营养液？
3. 何谓营养液配方？什么是配方的 1 个剂量、1/2 剂量、3/4 剂量？营养液配方有几种类型？
4. 营养液的增氧措施有哪些？营养液的浓度如何监控和调整？
5. 如何调控液温和营养液的 pH？营养液的供液时间和次数有何要求？
6. 营养液经多次补充养分后，作物虽然正常生长，但电导率却居高不降，这种现象说明什么？

项目三　植物工厂认知

【知识目标】

了解植物工厂类型与系统构成;理解植物工厂生产工艺流程;理解智能种植柜结构及工作原理。

【技能目标】

能够进行植物工厂育苗、移栽及管理实践。

【学习提示】

了解植物工厂组成及运行原理,并通过植物工厂育苗、移栽及管理实践,深入了解植物工厂相关知识。

任务一　植物工厂类型与系统构成

任务描述

认识植物工厂组成,理解植物工厂工作原理。

任务分析

植物工厂是通过设施内高精度环境控制实现农作物周年连续生产的高效农业系统,是现代农业的重要组成部分,是科学技术发展到一定阶段的必然产物。了解常见的植物工厂的结构、类型及功能,为后续植物工厂生产、运行和管理打下基础。

知识链接

一、植物工厂概述

植物工厂的概念最早是由日本提出来的。植物工厂是通过设施内高精度环境控制实现农作物周年连续生产的高效农业系统,是利用计算机、电子传感系统、农业设施对植物生育的温度、湿度、光照、CO_2浓度以及营养液等环境条件进行自动控制,使设施内植物生育不受或很少受自然条件制约的省力型生产。植物工厂是现代农业的重要组成部分,是科学技术发展到一定阶段的必然产物,是现代生物技术、建筑工程、环境控制、机械传动、材料科学、设施园艺和计算机科学等多学科集成创新、知识与技术高度密集的农业生产方式,多年来一直被国际上公认为设施农业的最高级发展阶段,是衡量一个国家农业高技术水平的重要标志之一。同时,由于植物工厂可不占用农用耕地,产品安全无污染,又被认为是21世纪解决人口、资源、环境问题的重要途径,也是未来航天工程、月球和其他星球探索过程中实现食物自给的重要手段。

二、植物工厂类型

按照不同的划分方式,植物工厂可分为以下几类。

(1)建设规模

可分为大型(5 000 m^2 以上)、中型(1 000~5 000 m^2)、小型(100~1 000 m^2)、微型(100 m^2 以下)四种。

(2)生产功能

可分为植物种苗工厂,叶菜、瓜果、花卉植物工厂,还有一部分大田作物、药用植物、食用菌等工厂。

(3)生产、研究对象的组织角度

可分为植物体生产型植物工厂、组培型植物工厂、细胞生产型植物工厂(光生物反应器)。

(4)光能的利用方式

可分为三种类型,即太阳光利用型植物工厂、全人工光利用型植物工厂、太阳光和人工光并用的综合型植物工厂。其中,全人工光利用型植物工厂又称为密闭式植物工厂,是植物工厂发展的高级阶段。

广义上来说,一切通过改变植物的生活环境的设施,包括大棚、温室、种苗繁育箱等都属于植物工厂概念范畴,但目前,比较习惯的分类方法是按照植物生长中最重要的条件之一光能来进行分类。本项目中主要对狭义植物工厂——人工光利用型植物工厂进行系统论述。

三、发展植物工厂的意义

近年来,植物工厂受到了前所未有的关注,原因是多方面的,最为突出的有以下几个方面的考虑。

(1)人均可耕地数量不断减少

据联合国预测,到 2050 年全球人口将达 95 亿,人类的食物需求也将要比现在增加 70%~100%,而人均耕地面积在最近 30 年从 0.33 hm^2 下降至 0.22 hm^2 以下。如何利用有限的耕地资源满足人们日益增长的社会需求,已经成为世界各国尤其是资源紧缺国家必须面对的严峻问题,资源高效利用型植物工厂被认为是解决这一问题的重要途径之一。

(2)药残超标问题日益突出

目前杀虫剂和农药的使用仍非常普遍,药残超标的现象时有发生,随着人们生活水平的不断提高,对安全食品的需求也越来越迫切。植物工厂由于不使用或少用农药,所生产的蔬菜洁净无污染,正在受到社会的广泛追捧。

(3)农业从业人口老龄化日趋严重

据统计,我国目前从事农业劳动力中 60 岁以上老人也已经占 60%以上,吸引年轻人务农将是很多国家面临的社会难题。植物工厂以其舒适的工作环境和工厂化的生产方式进行农事操作,将是吸引有知识的年轻人参与农业生产的重要方式。

此外,植物工厂作为技术高度密集、资源高效利用的农业生产方式,还具有其他农业无法比拟的优势,具体表现如下。

①作物生产计划性强,可在不受外界环境影响的条件下,实现周年均衡生产,叶菜类蔬菜一年可收获 15~18 茬。

②单位面积产量高,资源利用率高。生菜年产量可达 150 t/1 000 m^2,为露地栽培的 30~40 倍。

③机械化、自动化程度高,劳动强度低,工作环境舒适,可吸引一大批有知识的年轻人从事农业生产。

④不施农药,产品安全无污染,通过人工环境控制手段,可有效阻止病虫害侵入,生产过程不用或少用农药。

⑤多层式、立体栽培。人工光植物工厂的栽培层数可达 8~10 层,甚至更高,显著地提升了土地利用效率。

⑥可在非耕地上生产,不受或很少受土地的限制。在城郊荒地,建筑物屋顶或地下室,楼宇之间的空地,沙漠、戈壁、岛礁,甚至在空间站及其他星球上都可以进行植物生产。

⑦可建立在城市周边或市区,蔬菜就近生产、就近销售,减少了中间环节,既能保持蔬菜的新鲜度;又可大幅度缩短产地到市场的运输距离,减少物流成本和碳排放。

因此，植物工厂被认为是未来解决人口增长、资源紧缺、新生代劳动力不足、食物需求不断上升等问题的重要途径，尤其是以植物工厂技术为基础的“垂直农业”或“摩天大楼农业”，更是为未来人类的食物供给找到了一条希望之路（图 5-27）。

图 5-27　日本未来 MIRAI 植物工厂立体栽培

四、植物工厂生产工艺流程

人工光植物工厂按照作物从种子到收获、上市全过程的生产要求，其基本工艺流程包括播种、催芽、育苗、栽培、收获、包装与贮藏、上市等，这些流程都是在人工可控的环境下进行的，而且还必须保证蔬菜洁净无污染工艺的要求，其系统结构也将围绕这一目标来设计。

（一）播种、催芽（2～3 天）

大型植物工厂的播种与催芽都是在一个独立的车间或在植物工厂栽培室一个独立的区域内完成的。播种的床板一般由海绵垫和白色塑料泡沫制成，通过专用机械或人工将海绵垫浸泡在箱板内。使用播种机将种子播入海绵垫上的凹处。播种后，将吸足营养液的海绵垫苗盘，置放在多层育苗床上，送到催芽室，通过温、湿度调节催芽 2～3 天后发芽；催芽室的环境条件为：无光、恒温（23℃）、恒湿（相对湿度 95%～100%）（图 5-28）。

图 5-28　播种育苗

（二）育苗（16～18 天）

出芽后的植物种苗移动到多层（一般 3～4 层）人工光育苗装置中，在完全人工光环境下，经过 1 周左右的时间使其绿化。所谓绿化就是通过光照，促进在暗期发芽的植物形成叶绿体，为光合作用做准备。植物经过绿化、开始光合成之后，再将这些绿化过的幼苗移栽到含有营养液的栽培床中生长。再经过 2 周左右的时间就可以作为小苗来使用。苗化期的环境控制包括温度、光环境及营养液浓度、营养液温度等。

（三）定植与栽培（20～25 天）

苗化结束后，将小苗连同海绵块一同移植到栽培室内进行定植，通过人工将小苗定植于带孔的栽培浮板上，在人工光环境下经过 3 周左右的培育，生菜就可以收获。所采用的人工光源目前主要为荧光灯或发光二极管(LED)，属于冷光源范畴，不仅可以使栽培层的间距缩小(仅为 40 cm 左右)，提高栽培空间利用率，而且还不会烤伤作物造成伤害。在这些冷光源下，植物工厂的栽培层数一般设计为 3～4 层，也有些可达到 8～10 层。生菜从定植到收获期的栽培密度一般设计为每个 585 mm×885 mm 栽培板种植 12 株(4 株×3 列)，即 23.2 株/m^2(图 5-29)。

图 5-29　移栽与定植

（四）收获（1 天）

经过 3 周左右的栽培后，将成熟期的蔬菜种植槽移动到收获室进行采收、包装和贮藏等作业，收获过程中采用人工或机械手协助，一边切断作物根部，一边清洗种植槽，随后将蔬菜搬运到包装车间，进行包装、冷藏(图 5-30)。

图 5-30　收获与包装

（五）包装、贮藏

蔬菜收获后被搬运到收获与贮藏室，采用塑料袋进行包装。包装好的蔬菜送到保鲜库进行预冷，预冷是蔬菜运输或贮藏前进行适当降温处理的有效措施。通过预冷可以降低活体温度，抑制蔬菜采后的生理生化活动，减少微生物的侵染和营养物质的损失，提高保鲜效果。预冷室温度控制在 4～5℃，相对湿度接近 100%，常年不变。

（六）上市

植物工厂的蔬菜上市都是按计划完成的，在生产进行之前，一般应有一定的销售计划，通过与有关批发商达成供销协议，对产品的数量、规格、上市日期等应有详尽的合同，整个产品将围绕这些合同来进行。出售时一般都是每天用保鲜冷藏车运货，或通过专递公司运送。

五、植物工厂系统构成

（一）外围护结构与材料

人工光植物工厂是在完全封闭的条件下进行植物周年高效生产的一种方式，尽可能减少系统内的物质、能量和资源消耗，获取更多的终端产品是其努力实现的目标。因此，为了减少室内外物质、能量交换，隔断室外光照、热量对室内环境的影响，在外围护材料上应选择隔热、避光与防风效果较好的建筑材料。目前，在生产上使用较多的外围护材料有聚乙烯彩钢夹芯板、聚氨酯夹芯板和洁净板材等，这些材料是通过在两层成型金属版面（或其他材料版面）和直接在面板中间发泡、熟化成型的高分子隔热内芯构建而成，具有洁净、防腐、防潮、保温隔热等特征，能满足植物工厂内部的高湿环境以及清洁消毒等操作的需要。

外围护结构一般要求构建在混凝土结构基础上及轻钢龙骨结构的骨架上，按照洁净板材的安装工艺要求进行拼接安装；观察窗采用全封闭式，配以专用铝合金型材与玻璃板结合；门采用彩钢板配以专用铝型材门框，周边嵌入橡胶密封条；墙与吊顶、墙与地面均采用半圆弧铝型材交接；地面底层采用水泥砂浆地面，上层铺自流平地面，自流平地面防尘、防潮、耐磨、防滑、防静电，且应具备便于清洁、施工快捷、维护方便、耐重压、耐冲击等特点。

（二）植物工厂系统构成

外围护结构是保障植物工厂环境稳定的基础，但要实现植物工厂的周年连续生产还必须配置相应的配套系统，主要包括营养液循环与控制系统、环境控制系统、立体水耕栽培系统、人工光源系统以及计算机智能控制系统等。

1. 营养液循环与控制系统

营养液栽培是人工光植物工厂的主要栽培方式，目前使用最为普及的有 DFT（深液流）和雾培两种栽培模式，这两种模式均可采用封闭式营养液自动循环系统进行植物栽培的全过程管理。封闭式营养液自动循环系统主要由营养液池（罐）、检测传感器（EC、pH、DO 和液温等）、循环水泵、过滤与消毒装置、电磁阀与连接管路、栽培床以及自动控制装置等部分组成。在系统运行过程中，通过各传感器在线实时检测营养液池（罐）的 EC、pH、DO 和液温等参数，并由控制软件确定是否需要调整。如果需要调整，则由电磁阀控制与营养液池（罐）相连的调配罐组合（包括大量元素、微量元素、酸液、碱液罐），实现对营养液浓度的自动调配；营养液的液温则是通过加热或制冷装置来控制，溶氧量的提升主要是通过搅拌装置或加强营养液的循环流动来调节。配置好的营养液由循环管路直接送到栽培床或由雾化装置送到作物根部，持续不断地为作物提供营养；回液在经过过滤和消毒后，再次回到营养液池（罐）中，完成一个完整的循环过程，如图 5-31 所示。

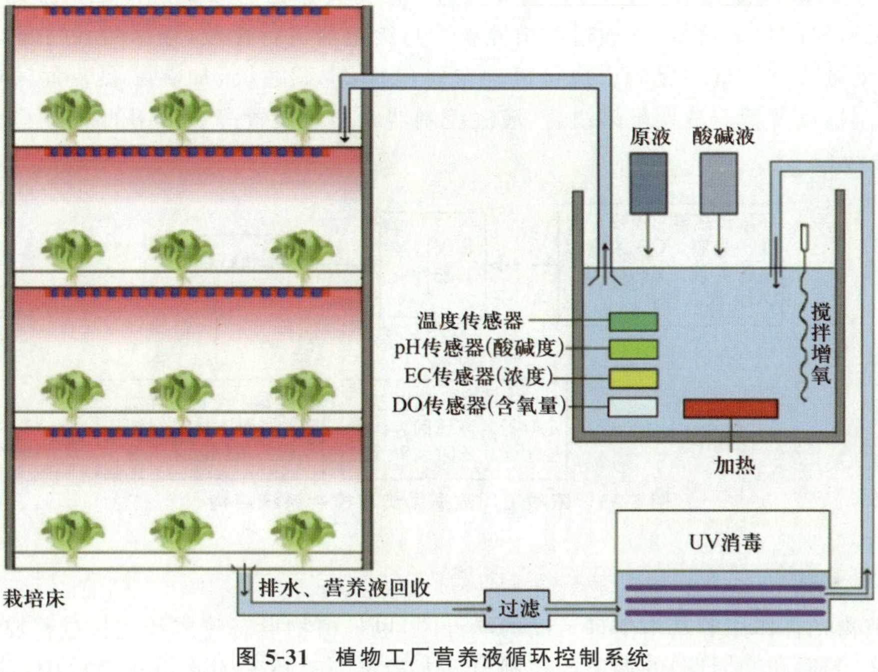

图 5-31　植物工厂营养液循环控制系统

2. 立体水耕栽培系统

早期的植物工厂由于使用高压钠灯等发热量大的人工光源，栽培床架多数仅有一层，即使采用两层结构，其层架之间的距离也在 1 m 以上，随着荧光灯、LED 等冷光源的应用，使得栽培层架之间的距离缩小为 0.3～0.4 m，植物工厂的栽培层数可达 3～4 层，有些甚至达 10 层以上，形成多层立体水耕栽培系统。这种立体水耕栽培系统一般由固定支架、人工光源、栽培槽、防水塑料膜、带孔泡沫栽培板、进水管、溢水管、循环管路等组成，通过循环管路与营养液自动循环系统连接，实现植物工厂的立体多层栽培，大幅度提高空间利用率和单位面积产量(图 5-32)。

图 5-32　立体水耕栽培

3. 环境控制系统

环境控制系统是植物工厂的重要子系统之一，包括对植物工厂的温度、相对湿度、CO_2 浓度、光照强度和光照周期等根上部环境因子，以及根际环境因子(EC、pH、DO 和液温)的综合控制。环境控制系统由传感器、控制器和执行机构三部分组成。

传感器是获取环境信息的重要工具，植物工厂传感器类型一般根据所需采集的环境因子来选定，主要包括：温度传感器、湿度传感器、光照度传感器、CO_2 浓度传感器、营养液酸碱度(pH)传感器、营养液电导率(EC)传感器、液温传感器和溶氧(DO)传感器等。将传感器所采集的模拟信号经过 A/D 转换器转换为控制单元所需的数字信号，并通过对被控参数与给定值进行比较，根据两者的偏差来控制有关执行机构，达到自动调节被控量的目的。执行机构主要包括：空调系统、加湿除湿装置、CO_2 钢瓶及其释放系统、光照控制器以及营养液调配罐组合、液温控制器和增氧装置等。常用的植物工厂环境控制系统原理如图 5-33 所示。

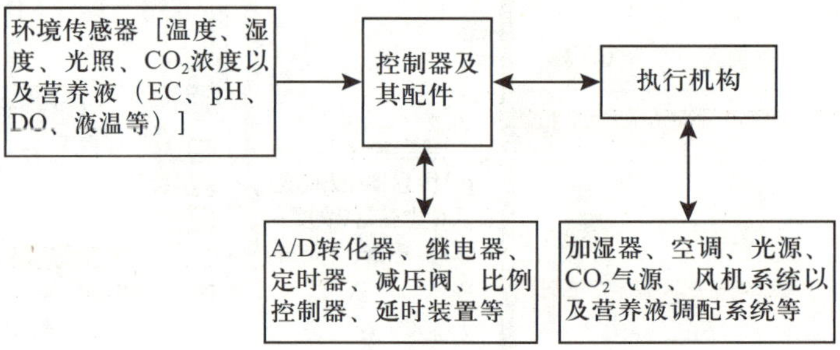

图 5-33　植物工厂数据采集与控制系统结构

4. 人工光源系统

光源既是植物光合作用等基本生理活动的能量源，也是植物形态建成和生长过程控制的信息源，因此，光环境(光强、光质和光周期)的调节与控制显得尤为重要。在密闭式植物工厂中，植物生长发育主要依赖于人工光源，早期在植物工厂使用的人工光源主要有高压钠灯和荧光灯等，这些光源的突出缺点是能耗大、运行费用高，能耗费用占全部运行成本的50%～60%。近年来，随着发光二极管(LED)技术的发展，使LED在植物工厂的应用成为可能。LED不仅具有体积小、寿命长、能耗低、发热低、可近距离照明等优点，而且还能根据植物的需要进行发光光质(红/蓝光比例或红/远红光比例等)的精确组合，显著促进植物的生长发育，提高其产量和品质。LED既可以实现节能，又可以使栽培层间距进一步缩小，大幅度提高空间利用率。一般植物工厂的人工光源系统主要由灯具、调压整流装置、控制装置等部分组成，可根据植物生长发育的需要进行精确调控。植物工厂人工光源系统如图5-34所示。

图5-34 植物工厂人工光源系统

5. 计算机控制系统

计算机控制系统是植物工厂的心脏，所有环境信息通过传感器进入计算机系统进行贮存、显示，并通过控制软件进行分析、判断，再指挥相关的执行机构完成对系统的控制。计算机控制系统主要由三部分组成：数据采集单元、控制器和执行机构。各传感器对植物工厂内的温度、湿度、CO_2、光照以及营养液等参数进行实时检测，经A/D转换器后送入单片机，完成数据采集；采用PLC为核心控制器，PC机与组态软件作为监控模块，两者通过串口进行通信来控制系统的执行部件，从而实现整个过程的智能化、人性化控制(图5-35)。

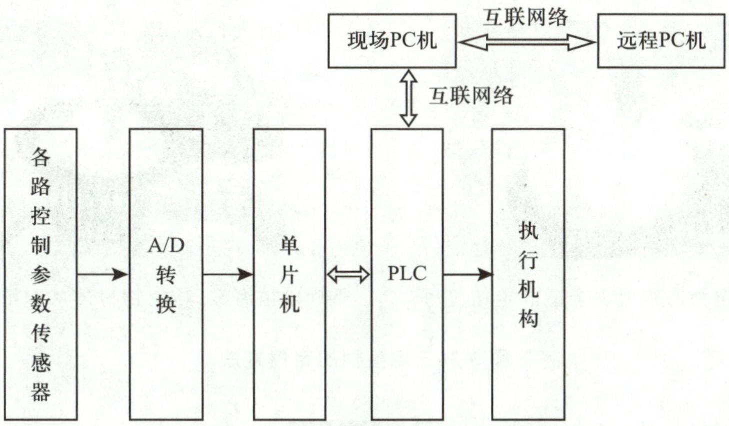

图5-35 智能控制系统整体设计方案

实训 植物工厂育苗实训

一、目的与要求

能够根据栽培作物种类，选择合适的育苗方式；熟练掌握育苗技术及苗期管理技术。

二、材料与用具

蔬菜种子若干、育苗盘、育苗聚氨酯泡沫小方块(海绵)、水桶、纱布、营养液、镊子、次氯酸钠溶液或甲醛溶液等。

三、方法与步骤

(1)播种前先用1%~2%的次氯酸钠溶液或1%甲醛溶液对育苗盘、镊子等进行消毒。

(2)准备好种子,先对种子进行催芽处理(机器播种可省略此步骤)。

(3)育苗聚氨酯泡沫小方块投入清水浸泡。

(4)把催完芽的种子播进育苗聚氨酯泡沫小方块定植方法见图5-36。

(5)播种后的育苗聚氨酯泡沫小方块摆放入育苗盘,并在盘中加入清水(或营养液)。

(6)育苗盘放入植物工厂或催芽室,注意监测温度和湿度情况。

(7)出芽后的植物移动到人工光源下经过1周左右的时间使其绿化,注意适时添加营养液。

(8)经过2周左右小苗可以移植,移植密度要考虑植株成熟时的大小情况。

育好的苗夹进圆形的定植海绵里

植物根包裹在定植海绵里

用镊子把定植海绵放进合适的定植篮里

整理定植海绵,让植物根须从定植篮的底孔穿出

图5-36 定植棉的定植方法

拓展知识:微型植物工厂——家庭智能种植柜

模块六　设施园艺智能物流栽培系统

学习目标

1. 了解智能物流栽培系统类型。
2. 理解皮带输送系统基本组成和工作原理。
3. 了解温室物流输送车类型和工作特点。
4. 理解物流苗床系统特点和排布。
5. 理解天车系统组成和工作过程。

知识先导

温室生产中物流输送量很大，尤其是穴盘及各类容器内作物，需要根据生产工艺的安排成批地转移，人工转运存在作业效率低及劳动成本高等问题，因此，规模化生产要求建设并应用机械化、智能化物流输送系统。

常见的智能温室物流输送系统包括皮带输送、运输车转运、苗床输送等。本模块围绕皮带输送系统、物流输送车、物流苗床系统等，详细介绍其类型、结构组成及工作原理、特点等。

项目一　温室输送系统

【知识目标】

了解温室输送系统作用、组成和应用特点；了解温室皮带输送系统组成及应用；了解温室输送车类型、特点和应用。

【技能目标】

能够通过查阅资料，深入了解目前国际先进温室物流系统的组成、功能和应用情况。

【学习提示】

通过文献调研等方式，深入了解温室自动物流系统的发展现状，理解温室物流系统基本类型、组成和应用情况。

任务一　皮带输送系统

任务描述

了解温室输送系统类型、组成和工作特点。

任务分析

皮带输送装置是温室内常用的输送设备之一，主要用于小型作物的传输与转运。

知识链接

温室生产中物流输送量很大，尤其是穴盘及各类容器内作物，需要根据生产工艺的安排成批地转移，如果缺乏必要的输送设备，需要投入大量的劳动力，成为园艺生产者重要的支出负担之一。在生产旺季，由于人工操作速度存在极限，经常会出现人工操作效率无法满足生产需求的情况。在园艺产业发达国家，劳动力成本更高，规模化生产对各个环节效率提高的需求更为明显，因此，改善并提高温室生产中物流输送效率的各类机械设备应运而生。

输送机械设备有两类，一类是用于穴盘、盆花等作物产品的中小型传送带，完成这些作物在同一生产区域内不同生产环节之间的转移，这一类传送带以完成某两个或多个环节的工作衔接为目标，结构较为简单。另一类则实现作物在不同生产区域内不同生产环节之间的转移，在整个生产区内形成一个可完成全部输送工作的物流链，并与栽培生产系统紧密结合，某些部件甚至共同使用，结构复杂。

中小型传送带一般分为移动式与固定式两种，可单独使用，替代人工搬运工作，也常常作为其他设备的配套。在园艺发达国家，移动式传送带已经广泛地应用于生产的各个角落。由于移动式传送带具有占地面积小、灵活方便的优点，很多企业都大量配置，以满足生产旺季的需求。最常见的用途是用于播种车间、催芽室、生产区三者之间的穴盘、盆花的输送，当传送带的设计强度满足时，也用于基质、成品包装箱等物品的输送。固定式传送带往往配置在操作车间里，用于完成基质混合、包装生产线等大型设备的前后输送工作。

无论是移动式传送带还是固定式传送带，都是由支撑架、输送皮带与动力装置三者构成。带式输送的主要优点是机动性很好，能保持产品的平稳传送。通常传送带都配有可调节速度的液压或马达动力装置，使用时可根据工人操作的复杂程度与速度调整传送带的行进速度，使工人的操作与传送带同步运行。传送带的存在加快了工人的操作速度，也提高了工作效率。

某些时候，为了适应室内空间的要求，传送带需要转换角度输送物品，采用涡轮传动的方式以及叠片式皮带，可以使传送带在输送过程中转向。

图 6-1 温室内皮带输送装置

如图 6-1 所示，皮带输送装置通过辊筒转动带动皮带转动进行输送，皮带通过拉紧装置张紧在辊筒上，辊筒由电机直接驱动，从而实现传动装置的连续运转。

皮带输送装置真正的实现了自动化运输，且传动形式精度高、可靠性高、运转速度稳定且可调，而且皮带输送装置可以采用拨杆和轨道式导杆，实现输送轨道的转向，从而更合理地利用温室空间。但该装置的成本较高，且需要定期维护，相较于纯机械的秸秆移动苗床，存在一定的故障发生率。受限于辊筒的尺寸，该装置所输送作物的重量也有一定限制。因此皮带输送装置适用于前期投入资金充足的中小型温室。

一、穴盘输送装置

温室穴盘输送一般用于流水线育苗系统，通过人工或穴盘自动投放装置，将穴盘放在输送带上，依次经过填土、压穴、播种、覆土、浇水等环节，最后将穴盘搬送到催芽室或育苗温室。该系统一般由电机驱动皮带运行，或者通过气缸驱动(图 6-2)。一般采用传统皮带传输，为配合各作业环节，皮带运动设计为节拍式。一般由驱动电机，工作气缸，主、从动辊筒，张紧辊，橡胶皮带，传感器，控制系统等组成(图 6-2)。

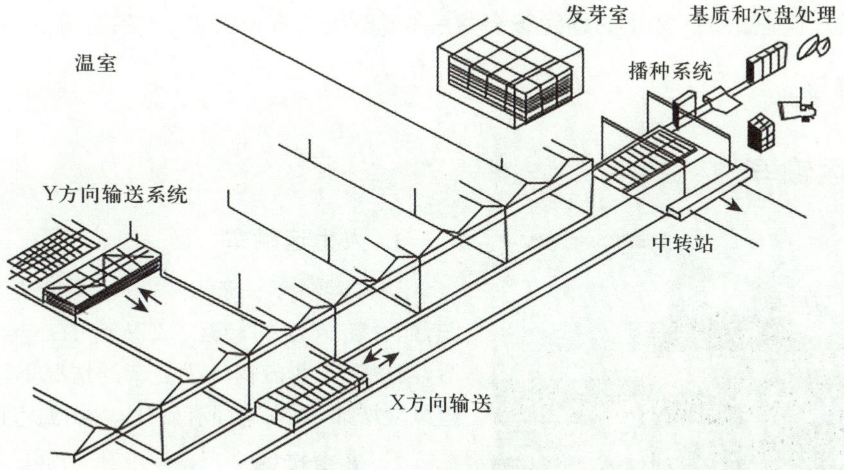

图 6-2 穴盘输送装置

二、盆花阵列输送装置

荷兰温室园艺自动化生产系统中广泛采用现代工业自动化技术，内部物流技术实现了工厂化自动作业和计算机信息化管理，有效提高了温室土地利用率和劳动生产率。荷兰温室内部自动化生产装备系统可实现盆花生产的基质装盆、种苗移植、盆花搬运、灌溉、疏盆、盆花分级、成品包装等一系列自动化作业，大大节省了劳动力，提高了作业生产效率和产品品质。

盆花阵列输送装置用于盆花的搬运环节（图 6-3），首先由输送带将盆花送入盆花阵列装置，阵列装置为一宽幅输送带，可根据要求设定阵列间距和阵列形式（隔行错位或不错位），然后叉车将阵列装置上排好的盆花搬运至指定地点，搬运叉的间距与盆花的阵列间距一致。

图 6-3　盆花阵列输送装置

任务二　温室物流输送车

任务描述

掌握温室物流输送车类型和工作特点。

任务分析

温室物流输送车是温室内常用的输送设备之一，主要用于育苗穴盘、成品苗等的传输与转运。

知识链接

一、地面运输车

图 6-4　人力运输车

1. 人力运输车

这种运输车一般用以解决局部运输环节的衔接问题，如育苗穴盘的转运、成品苗的运输转移等。工作灵活，当生产工艺流程较为复杂的情况下，人工成本突出，搬运风险增加，要求地面有硬化，占用温室面积（图 6-4）。

2. 叉车运输

叉车运输有效提高了生产效率，降低了劳动强度，解决了快速批量运输问题，适用于地面种植，需要配套熟练操作员，如图 6-5 所示。该运输方式对温室地面硬化率要求高；对穴盘容器要求高，要求穴盘容器有一定的强度和硬度，不易变形，便于清洗回收、堆垛搬运等（图 6-6）。

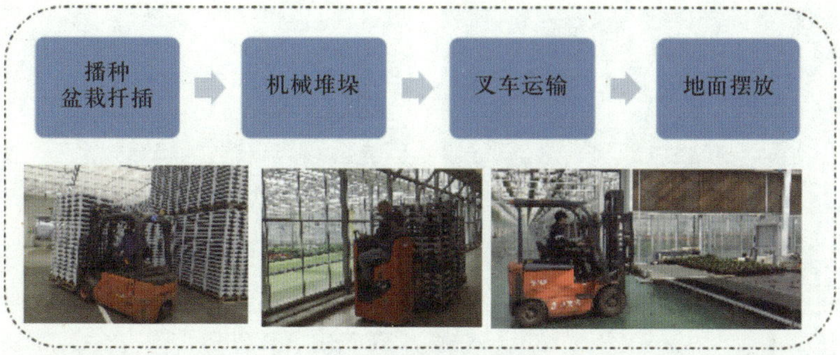

图 6-5 叉车运输方式

图 6-6 叉车运输穴盘容器与盆栽容器

二、轨道运输车

一般由铺设在温室内的两根平行钢材作为运输车行驶的路线，也有些采收轨道车行走在栽培床之间铺设的供暖管道上。这种运输车可在固定轨道上运行输送货物，一般可实现手动行驶和遥控行驶，一般以电机驱动，可手动控制和无线遥控控制电机正反转、加速、减速。该种运输车行驶稳定性、可靠性较好，便于操作维护，使用方便，地表无须硬化，但需要铺设轨道。

有些轨道车可以针对农业地形和材质的多样性，提供轮式或轨道式多种行走系统和驱动方式以满足不同场景要求，并搭载视觉、感应传感器完成路径规划和导航（图 6-7）。

图 6-7 温室轨道运输车

三、GAV 智能牵引车

该种运输方式需要在现场进行地面磁导系统施工，利用磁场对车辆的吸引力，牵引车辆前进，一般需要配备地面磁导系统、地面射频信号系统（如需远程功能此项必选）、无线 AP 系统（如需远程功能此项必选）、调度系统等。可在调度系统或手机呼叫系统中对设备进行监控；实现定点自动停车、调头、分岔行驶；实现多任务排队作业（图 6-8）。

GAV 智能牵引车对地面硬化率要求高，运输效率快，适用于种植规模大、出货周期短的生产模式。EMSFLOWER 温室面积达 64 hm^2，1 h 内可以调度数百辆 CC 车到发货区。

图 6-8　GAV 智能牵引车运输

项目二　温室物流苗床系统

【知识目标】

了解温室苗床类型、组成和应用特点；了解温室物流苗床系统组成、原理和应用情况；了解天车系统组成、原理和应用情况。

【技能目标】

理解温室物流苗床布局和输送特点。

【学习提示】

能够通过查阅资料，深入了解目前国际先进温室物流苗床系统的组成、功能和应用情况。

目前，温室是我国设施农业的主要形式，截至 2009 年，我国温室面积已达到 300 万 hm^2。其中，大量的温室移动设备主要还是以老式的传统机械为主，而苗床作为设施农业中一种重要的育苗设备在我国部分地区虽已有推广，但仍然还存在机械设备陈旧、自动化水平不高及区域分布不均匀等问题。“十三五”期间，随着我国制造业转型契机的到来，在“中国制造 2025”的大环境下，现代自动化农业设备越来越受到关注和重视，而传统的完全依靠人工完成的农业由于设备成本过高、作业效率低下，不再适应现代农业设备的发展需要。现代自动化农业设备尤其是自动化移动苗床控制系统，作为解决当前人力成本过高及苗盘搬运设备自动化程度过低等问题的一种智能农业控制系统，将得到快速的发展。移动苗床控制系统作为致力于促使现代农业从粗放型向集约型方向发展的一整套智能化移动设备，在未来几十年将逐渐被关注与研发。随着互联网技术与智能制造技术的不断发展，移动苗床控制系统也将与现代 IT 技术和工业自动化技术相结合，不断推进移动苗床控制系统向智能化方向发展。移动苗床控制系统作为温室移动设备中的重要组成部分，是产品和运输设备之间的沟通纽带，可有效降低劳动力成本、提高设备运输可靠性，具有智慧控制和智能感知的特点。在未来的温室移动设备中，移动苗床控制系统将利用物联网技术和信息传感技术，以一定的协议为基础，更加智能、有效地连接互联网与产品，实现移动苗床控制系统的智能化，促进温室农业设备的可持续发展。

一、移动苗床

苗床是温室设施中的重要组成部分，苗床的主要作用是培育温室作物，它的存在可以提高温室的空间利用率。苗床一般可以分为固定式苗床和移动式苗床，二者之间的区别在于苗床本身是否支持一定范围的移动。固定式苗床又可分为拆装式和全固定式，固定式苗床如图 6-9 所示。固定式苗床不具备移动的功能，一般需要在温室大棚内提前规划好其摆放的区域。可移动式苗床在固定式苗床的基础上进行了改进，如图 6-10 所示，它具有一定的移动能力，通过转动手轮可以控制它沿着宽度方向进行一定范围的移动，但它并不能实现长度方向的移动。

移动式苗床由于采用纯机械的结构，因此具有成本低、可靠性高的特点，但其缺点也很明显，移动范围小，自动化程度低，无法解决苗床的搬运问题和连续运输问题，人工劳动强度依然很大，并不适用于较大规模的温室自动化生产。

图 6-9　温室固定式苗床

图 6-10　温室移动式苗床

二、物流苗床

我国温室内普遍使用上述的传统移动苗床，因此机械化程度低，生产效率低。荷兰等国家普遍使用物流输送装置，该装置可以很大程度提升苗床输送效率(表 6-1)，节省人力，称之为物流苗床。

表 6-1　苗床性能对比表

名称		运输范围	人工	苗床规格	自动化程度	温室利用率
平移苗床		仅可左右 平移约 0.6 m	100%	长 25 m 宽 1.7 m	无	74.63%
物流苗床系统	手动物流苗床系统	温室内循环	60%	长 5.9 m 宽 1.7 m	低	83.1%
	半自动物流 苗床系统	温室内循环	20%	长 5.9 m 宽 1.7 m	中	83.1%
	智控自动化 物流苗床系统	温室内循环	5%	长 5.9 m 宽 1.7 m	高	83.1%

物流苗床按其运动的动力和控制水平差异，又分为手动(气动机构辅助转向、全程人工推送苗床)、半自动(PLC 控制的电动主传送、气动转向、人工辅推苗床)、智控自动化(计算机和 PLC 协同控制的苗床全程电动传送和气动转向运动)三种物流苗床育苗系统。

任务一　温室物流苗床系统认知

任务描述

了解悬挂物流苗床输送系统、地面自动物流苗床系统。

视频学习：温室物流苗床输送系统

任务分析

以苗床为单位进行输送，能很大程度上提高生产效率，有利于温室实现全栽培过程的自动化，可以大量节省劳动力。

知识链接

苗床的输送可分为地上运输和空中运输，如图 6-11 所示。

a. 地上运输　　　　b. 空中运输

图 6-11　苗床输送系统

一、悬挂式物流苗床输送系统

悬挂式物流苗床输送系统采用悬挂轨道天车进行大型温室连续搬运输送，主要包括：输送轨道、移动牵引机构、移动输送车、悬挂移动架、轨道对接定位机构等，如图 6-12 所示。

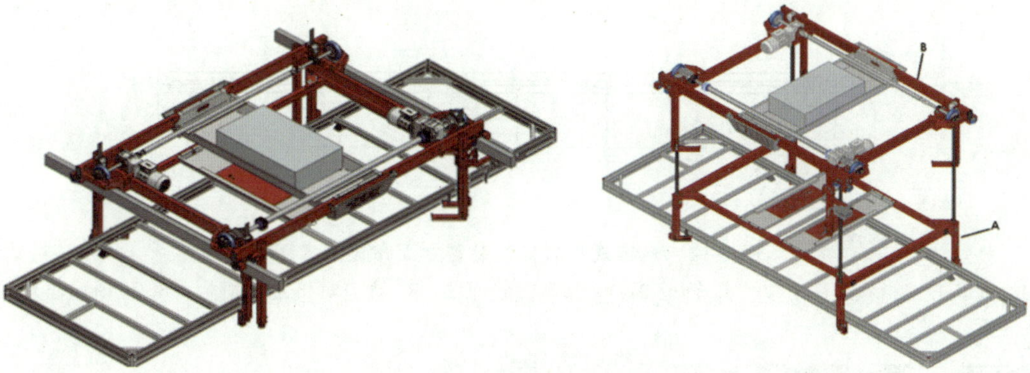

图 6-12　悬挂式输送装置

悬挂式物流输送装置在温室内平面布置情况见图 6-13，相对应的立面布置情况见图 6-14。其工作过程主要是：启动驱动装置，移动输送车 1 带着移动输送车 2 在轨道 1 上移动，实现温室纵向的物流输送；轨道对接定位机构一般运用螺杆式传动原理，采用机械螺杆式插销伸缩方式，在减速电机的带动下，插销由螺杆推动插入轨道 2 对接输送导轨中，与轨道 2 完成对接，输送车 2 进入轨道 2，定位插销脱离对接输送导轨；与轨道 2 相连接的悬挂移动架运用移动牵引机构在钢丝绳牵引下实现温室内纵向往复运动，进而完成温室内纵横向平面物流输送。

主要技术特点如下。

①移动输送车 1 上安装有制动装置，可以实现定点停留。

②轨道 2 采用圆管滑轨，利用滑轮在圆管上滑动，通过吊钩悬挂于温室悬挂移动架上。

③输送位置准确，无输送死角，可以远距离遥控操作，温室空间利用率高。

④不需要在温室地面铺设轨道，节约土地资源，可以通过提升形式任意调取、运输苗床。

⑤对温室结构强度要求较高，因而温室制造及设备维护成本会相应提高。

二、自动化物流苗床输送系统

自动化物流苗床输送系统，如图 6-15 所示，其工作原理是通过电机驱动苗床轨道上的滚轮，来实现

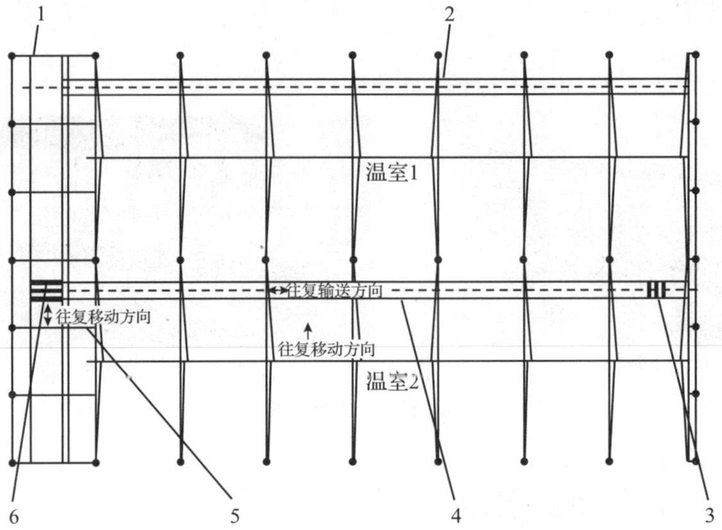

图 6-13　悬挂式物流输送装置平面布置示意图

1. 轨道 1　2. 移动牵引机构　3. 移动输送车 2　4. 悬挂移动架　5. 轨道对接定位机构　6. 移动输送车 1

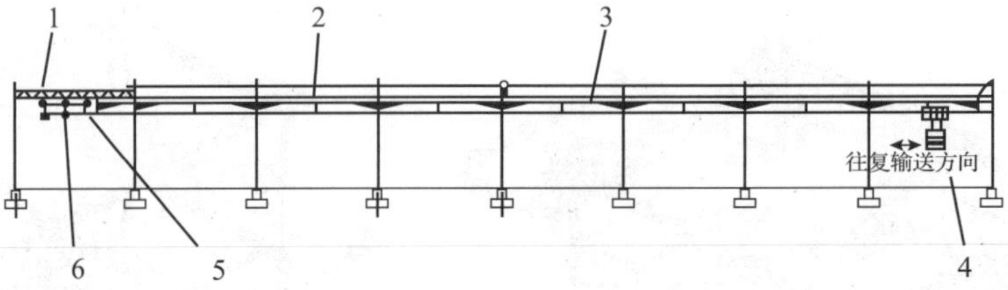

图 6-14　悬挂式物流输送装置立面布置示意图

1. 轨道 1　2. 悬挂移动架　3. 轨道 2　4. 移动输送车 2　5. 轨道对接定位机构　6. 移动输送车 1

图 6-15　自动物流苗床系统

苗床的移动运输。

物流系统主要包括七个组成部分，分别是横向框架模块、驱动模块、限位模块、苗床托起模块、苗床对位模块、纵向驱动模块及纵向基础模块。在安装时以横向框架模块轮式线方向为横向，以纵向基础模块的导轨方向为纵向。

其主要功能是通过两端的横向框架模块对苗床进行转运，并通过纵向驱动模块、苗床托起模块、苗床对位模块的相互配合，采用步进形式，将苗床送入纵向基础模块，即导轨上方，进行苗床存储和种苗培育，待种苗培育完成后，再通过上述模块的相互配合，将成品从导轨上方移出，转运至下一个生产流程。

（一）选用全自动苗床的优点

（1）生产效率提升　平移式苗床是以穴盘为运输单位，以多层车为载体，人工进入温室逐一摆放。物流苗床系统是以苗床为运输单元，以整张床的形式进入温室。

（2）劳动强度降低　使用全自动运输系统，育苗温室运输部分将实现无人值守。辅助型的人工作业将集中在装备作业区，路径短，任务集中，便于管理和沟通。

(3)降低病虫害发生率 温室育苗区域内日常生产中,除了管理员,很少有人员进出作业,阻挡了病虫害进入育苗区域的传播途径,育苗区卫生洁净度大幅提高,对大型生产非常重要。

(4)生产过程管理可追溯 采用智控管理系统平台,对每个苗床的登记信息可查询、可调度、可追溯。

(5)市场需求与生产排期精准控制 基于智控系统平台的实时全局生产信息,管理者能够恰当安排育苗生产,准时保质保量交付。

(二)苗床运输路径

如图 6-16 所示,苗床运输路径有横向路径和纵向路径两种。横向路径一般与前后生产环节相连接,其工作流程是:电机驱动输送轨道上的滚轮带动苗床在轨道运行,到达指定苗床位置后,通过苗床升降对接锁定系统,完成纵向轨道对接,苗床面随之上升,通过推板推动,转入纵向路径,在纵向驱动机构的带动下到达栽培区域,实现规模化生产。作业过程中,苗床按“先进先出”的程序路线输送。

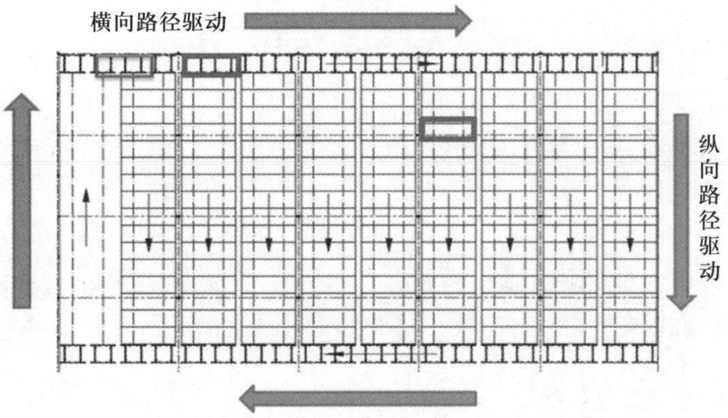

图 6-16 苗床运输路径

模块七　设施园艺收获、包装设备

学习目标

1. 了解白菜联合收割机的工作原理。
2. 了解播蓝特小型收割收获机的工作原理。
3. 了解果蔬收获机器人的组成。
4. 了解果蔬收获机器人的工作原理。
5. 了解果蔬清洗机械的工作原理。
6. 了解果蔬分级机械的工作原理。
7. 了解果蔬包装技术。
8. 了解果蔬包装机械的工作原理。

知识先导

果品的机械采摘是利用机械振动式或气动式采果机，使果实振摇掉落，由设置于果树下面的承接装置接收，并由输送装置输送至运输车上。机械振摇采果的工效高，但造成果品的损伤率也高，需要及时加工。这种无选择性采收方法，由于未成熟与过成熟果品都掉落，致使损失较多，产量降低。进行多次采收可以减少熟果品的数量，但又会加重果树的损伤。

机械化收获蔬菜的工序包括切割、采摘、挖取或拔取各种蔬菜的可食用部分，并进行装运、清理、分级等作业。由于蔬菜的食用部分极易损伤，机械收获难度较大，现有的蔬菜收获机械多为一次性收获，选择性收获机械尚处于初级的发展阶段。随着现代化科技的进步，特别是光电控制技术、计算机图像处理与识别技术、机器人技术的发展，选择性蔬菜收获机械越来越成熟并用于实际生产。

项目一　设施园艺收获设备

【知识目标】

了解叶菜类收获机械的工作原理；熟悉叶菜类收获机械的作业方式、设计特点；了解一般果品收获机的结构与工作原理。

【技能目标】

能熟练运用采摘机械进行果蔬的采摘。

【学习提示】

结合农业生产实际，深入菜地、果园观察采摘机械的运行过程，熟悉各类采摘机械的操作方法。

任务一　果蔬收获机械认知

任务描述

认识果品类和叶菜类收获机械。

任务分析

果蔬收获机械是一类非常重要的农业机械，对于提高果蔬采摘效率、解放劳动生产力有较好的促进作用。研究果蔬收获机械对减轻劳动强度、提高劳动生产效率、降低生产成本、保证新鲜果蔬品质，以及满足作物生长的实时性要求等方面都有着重要意义。

知识链接

一、果品类收获机械

果品采收机是利用气力或机械振动、机械撞击等方法使果实脱离果枝的机械。机械化采收的基本原理是用机械产生的外力，对果柄施加拉、弯、扭等作用，当作用力大于果实与植株的连接力时，果实就在连接最弱处与果柄分离，完成摘果过程。根据摘果作用力的形式不同，采收机主要有气力式和机械式两种。

1. 气力式采收机

利用风机产生的高速气流（约 44 m/s），通过两个或多个排气口从侧面吹向果树，同时由导向装置以 60～70 次/min 的频率不断改变气流的方向，使果实产生振摇，通过惯性力使果实脱离果枝。这种采果机用于收获柑橘，采果率可达 90%，对树干和大树枝不产生机械损伤；但损伤树叶和小树枝，且功率消耗大。

气力式采收机主要用于收获葡萄，有吹气式和吸气式两类。吹气式是利用高速脉动气流吹向果枝，使果枝产生顺气流方向的位移。当气流吹力减小或变向时，果枝反弹，使果实振摇而脱落。其主要工作部件是风机和气流控制器。气流控制器的作用是使风机产生的气流形成脉冲、调节脉冲频率和控制气流方向，它具有4个排气口的转筒，转筒内的风机出风口对准果树。转筒旋转至排气口对准出风口时，气流通过排气口吹向果树，排气口越过出风口时，气流中断。改变转筒的转速，气流吹出与停吹的变化频率随之改变，即调整了果枝的振动频率。吸气式采收机是利用气流的吸力将果实吸入采果装置，果实被吸气流拽下后经采吸口、吸风道进入沉降室，落到输送带上，树叶等轻小杂物经风机出口排出。

2. 机械式采收机

机械式采收机采摘果实的原理有切割、拉断和振动等。切割摘果是用割刀或旋转刀切断果柄；拉断摘果是利用垂直或水平旋转的钢丝滚筒，或用动力驱动的弹齿或摆动的指刷扯断果柄，摘下果实。目前，应用较多的是机械振动式采收机。根据产生振动的形式不同，振动式采收机可分为推摇式和撞击式两种。

(1)推摇式机械果品收获机

利用机械推摇果树，使果树振摇产生惯性力，从而对果柄施以弯曲、扭转、拉扯等作用，当惯性力大于果实与果枝的结合力时，果实就与果枝脱离掉落。摘果率的高低与惯性力有关，而惯性力的大小与振摇频率及振幅有关，振摇频率和振幅则取决于推摇器往复运动的频率、运动的行程和作用于树干的部位。振摇的频率高，产生的惯性力就大；振幅大，产生的惯性力也大。但是振幅过大会使树干和树枝变形过大，容易损伤果树，所以一般用提高振摇频率的方法获得较大的惯性力。

推摇器作用于树干的部位要低，采用的振幅要小，否则就容易损伤果树。但为了获得一定大小的惯性力，就要提高振摇频率，而且需要较大的作用力，所以作用部位过低，振幅过小，振摇效果差，也容易损伤果树。作用的部位过高，枝干柔软，缓冲、吸收振动的能力强，需要的振幅大。因此，选择好推摇器的振摇频率、振幅和作用部位，才能获得较好的振摇效果。推摇器的作用部位一般在树干高度的2/3处；振摇频率为每分钟800～2 500次，振幅为1～2 cm。振摇树枝的频率为每分钟400～1 400次，振幅为4～5 cm。机械推摇采果机主要由推摇器、夹持器和接载装置组成。

(2)撞击式机械果品收获机

撞击式采收机是用撞击部件直接撞击或敲打果实，多用于收获矮化栽培和篱壁式栽植的果树。撞击部件类型较多，有撞击棒式、桨叶式、指杆式、撞杆式等。作业方式可以是撞击部件直接伸入果枝之间，通过其自身的振动撞击果枝；也可以是撞击部件随立轴转动，以水平行程拨动果枝；或撞击部件随垂直于果树行方向的水平轴或倾斜轴转动，以垂直行程拨动果枝。如梨采收机，其工作部件是橡胶撞击棒，作业时由液压系统控制橡胶撞击棒做往复运动，敲打果树枝，使果实振落。

二、蔬菜类收获机械

蔬菜的种类多、生态差异大，尤其是食用部分的形态和生长部位的差别很大，其收获的方法也就不同。

对于地下根(茎)的收获，食用根菜(胡萝卜、萝卜等)和有些食用茎菜(洋葱、马铃薯等)生长于土壤中，收获的方法一般采用挖掘法和拔取法，其收获机械有挖掘式和拔取式两种。挖掘式收获机械收获过程的工序是先切除地面的茎叶，然后把土壤中的食用根、茎挖出，再分离土块和杂草等混杂物。按完成工序的方式分为一次完成收获的联合收获机和分段收获的茎叶切割机、挖掘收获机。拔取式收获机械收获过程的工序是先把根(茎)菜从土壤中拔出，然后分离非食用的茎叶和土块。多数为联合收获机，也有分段收获的拔取铺放机和捡拾机。

对于茎菜和叶菜的收获，食用茎菜和食用叶菜有结球(莴苣、甘蓝和白菜)和不结球(芹菜、菠菜)两种形态。结球蔬菜的收获有切割法和拔取法，不结球蔬菜都采用切割法，其收获机械也有切割式和拔取式两种。切割式收获机是将茎、叶切割下来并输送至菜箱中，根部留在土壤中。拔取式收获机是将结球蔬菜拔出后再切根和分离零散外叶。茎、叶蔬菜的收获机械多为一次性收获，结球蔬菜也有选择性收获的机械，但多为研制的样机，生产上应用尚少。

对于果菜的收获，果菜类蔬菜包括瓜、番茄、甜椒等。由于果菜的成熟期不一致，要求分次作业，选择性收获的难度较大，现在大多仅能作无选择性的一次收获，主要用于收获供食品厂加工罐装食品用的果菜，以减轻劳动强度，又可及时收获新鲜的果菜。其收获工序有两种，一种是不切割植株，收获机进入行间摘果，然后分离掉落的茎叶；另一种是先切割植株，送入机器内再摘果，并分离茎叶。无论哪一种方法，都采用一次性收获，然后再进行分选。分选工作一般由人工完成，也有采用机械分选法（利用型孔、型槽分选）、水选法或光电分选法。

（一）根茎类蔬菜收获机械

1. 机具结构及工作原理

根茎类收获机械化技术是指采用挖掘式或联合收获式机械将根茎类作物进行分段或联合收获的机械化技术。常用机型多数用于马铃薯的收获，少数机型也可用于挖收甘薯、萝卜、胡萝卜和洋葱等。

（1）挖掘式收获机

该机由机架、挖掘铲、分离-升运器、碎土器、振动筛，横向输送器和卸载输送器组成。振动筛装在由振动器带动的框架上，有 2 个按序列配置的筛子，一个筛子刚性地固定在框架上，另一个筛子则通过杆和动力机构与框架相铰连（图 7-1）。

图 7-1 挖掘式马铃薯收获机

工作时，挖掘铲挖掘出土垡，土垡进入分离输送机构，所挖出的带块根（茎）的土垡经土壤破碎器落入振动筛中，筛子同时破碎土块和分离出植物块根（茎），然后将块根（茎）输送到下一工作机构上。同时振动筛可直接将块根（茎）铺放在机器之后或输送到机器一侧的横向输送器上。在机器之后铺条时，回转筛利用动力机构和杆件在振动筛的纵向垂直平面上绕轴旋转一定角度。挖出的土垡与筛的倾斜面相遇时即被击碎，块根（茎）上则脱掉了土块杂物并铺放在地上。

（2）联合式收获机

①马铃薯联合收获机

各国生产的马铃薯联合收获机的工作过程大致相同，日本生产的主要为单行履带自走式联合收获机，行走与输送链采用 HST 无级变速，发动机为水冷 4 冲程柴油机（图 7-2）。

机器工作时，靠仿形轮控制挖掘铲的入土深度，被挖掘铲掘起的块根和土块送至升运链进行分离。在升运链杆条的下方设有强制抖动机构，以强化升运链的破碎土块及分离性能，将细小的夹杂物和泥土等筛落。在升运链的上升末端，茎叶在导向器的作用下，茎叶与杂草被排除机外，同时薯块下落到缓冲输送带输送至转筒式升运器，而后被升运到前进方向输送带继续向前运送，经过第二摘茎叶辐和小薯块分选辊，残留的茎叶和杂草再次被排除机外，形状较小的薯块则落入小薯储果箱。薯块分离茎叶和小薯块后，通过人工分拣平台，靠人工拣出夹杂在薯块中的大杂物和石块。薯块经过人工分拣以后，输送并装入薯箱（或卸入拖车）。该机适合于马铃薯、甘薯、芋头、短根胡萝卜的机械化收获，收获过程中需要 1 人驾驶操控，2～3 人分拣土块、叶子等其他杂物。

②胡萝卜联合收获机

由下列主要部件组成：机架、起拔架、挖掘机构、行走轮、纵向输送器、除叶器、横向输送器、液压系统

图 7-2 马铃薯联合收获机

和传动装置。

机器在作业时，扶茎器扶起倒伏的和倾斜的萝卜茎叶。当起拔架夹住茎叶时，挖掘铲在下面挖掘块根，破坏其与土壤的联系，而起拔架则从土中将块根拔出。

起拔皮带将块根传送到除叶器上，随着除叶器的复杂运动来整平块根头并除叶（使用揉挤法），将茎叶推出后再卸到地上。切下的块根落到小型的纵向输送器上，该输送器又将块根传送到装载输送器上。在这些输送器上清除块根上的泥土及其他的细小杂物，然后传送到并行的运输车辆上（图 7-3）。

图 7-3 胡萝卜联合收获机

(3)功能特点及应用范围

①挖掘式收获机

挖掘式收获机可一次完成挖掘、升运、清理、放铺等作业，大幅度缩短收获期，可以防止早期霜冻危害，减少损失，大大减轻劳动强度，适用于家庭式小地块使用。

②联合式收获机

a. 马铃薯联合收获机　能一次完成挖掘薯块，分离土壤、石块、茎叶、杂草，人工分拣，自行集果装车等功能。但机具价格较高，适用于大地块及农场使用。

b. 胡萝卜联合收获机　可一次完成胡萝卜扶禾挖掘、夹持输送、土块分离、去须、切秧、秧草抛离、集果等功能。但机具价格较高，适用于大地块及农场使用。

(4)操作规范

①准备

a. 作业前，必须检查各连接螺栓是否松动或脱落。如果螺栓松动、相关零部件不在正确位置工作，很快就会损坏。

b. 检查机器的润滑情况，有漏注润滑脂的要注足润滑脂。

c. 机器作业前，分别用小、中、大油门试运转 15 min，看安全保护装置是否已经安装好；检测机器是否运转平稳，有无挂碰、异常声音；螺栓等紧固件是否松动，如松动要重新旋紧。

②操作

a. 开始作业时，首先要检查挖掘深度，用规定速度作业一段，如果发现有漏挖或损伤的马铃薯，则需要重新调整。

b. 在高低不平的田地里工作时，尤其要注意适当提高机架前梁与地面之间的距离，并关闭提铲机构液压缸的油路，防止机器挖掘深度变动过大。

c. 通过调整机器提铲机构的液压缸，可以控制挖掘机构的高度。在机器越过沟坎，地头转弯，以及机器前部堵塞时，应提起挖掘铲。

③维护保养

a. 日常维护保养，每班作业后，机器上的土、杂物和易燃物质都要清理干净。

b. 每年作业结束后，要彻底清除泥土、茎蔓、杂草等杂物。

c. 掉漆部位重新涂漆。

d. 检修并更换失效的零件。

e. 需要润滑的部位要注足润滑脂。

f. 检查调整齿轮箱内齿轮啮合状况，更换润滑油。

g. 拆下传动链条，放入机油中浸泡。

h. 机器存放在干燥通风的库房内，露天存放必须用苫布罩严，防止雨淋。

④注意事项

a. 使用之前要检查各个部位的螺丝松动情况，如果发现松动，及时紧固。使用后需彻底清扫收获机，将收获机内外的泥土、碎秸秆、杂草杂物等清理干净。

b. 对收获机定期做全面的注油保养，防止收获机的链条等部位出现生锈、不顺畅等情况。

c. 在进行调整、排除故障、维修和保养等作业时，必须停车，拖拉机熄火并锁定液压升降阀后，方可按相应规定进行。

d. 每次使用完之后，要将刀片上的泥土拭擦干净，以防刀片生锈而再次使用不利。

(5)质量标准

①挖掘式收获机　明薯率≥96%，伤薯率≤1.5%，破皮率≤2%，生产率不低于设计值的 90%，挖掘铲静沉降(液压系统)≤10 mm，使用可靠性≥90%。

②联合式收获机　损失率≤4%，伤薯率≤4.2%，破皮率≤3%，含杂率为≤4%，生产率不低于设计值 90%，环境噪声≤89 dB(A)，驾驶员操作位置处噪声≤95 dB(A)，坡度停车要求可靠地停在 20%坡度的干硬坡道上，挖掘铲静沉降(液压系统)≤10 mm，使用可靠性≥90%。

(二)果菜类蔬菜收获机械

1. 4FZ—40 自走式番茄收获机机械组成

该机由上底盘、下底盘、驾驶员控制、采收群(割刀,梳或碟片)、切割群(镰刀片,锯齿刀或圆盘)、进料器、金属轮(或“静止器”)、振摇分离器、故障解决、交叉段的输送带、挑选带、电子色选仪、挑选带的脚凳卸料输送带群、采收底盘的移动、前后轴、刹车、液压油罐、液压传输、传输群、自动挑选带群、自动水平寻访、倾斜链等部分组成(图 7-4)。

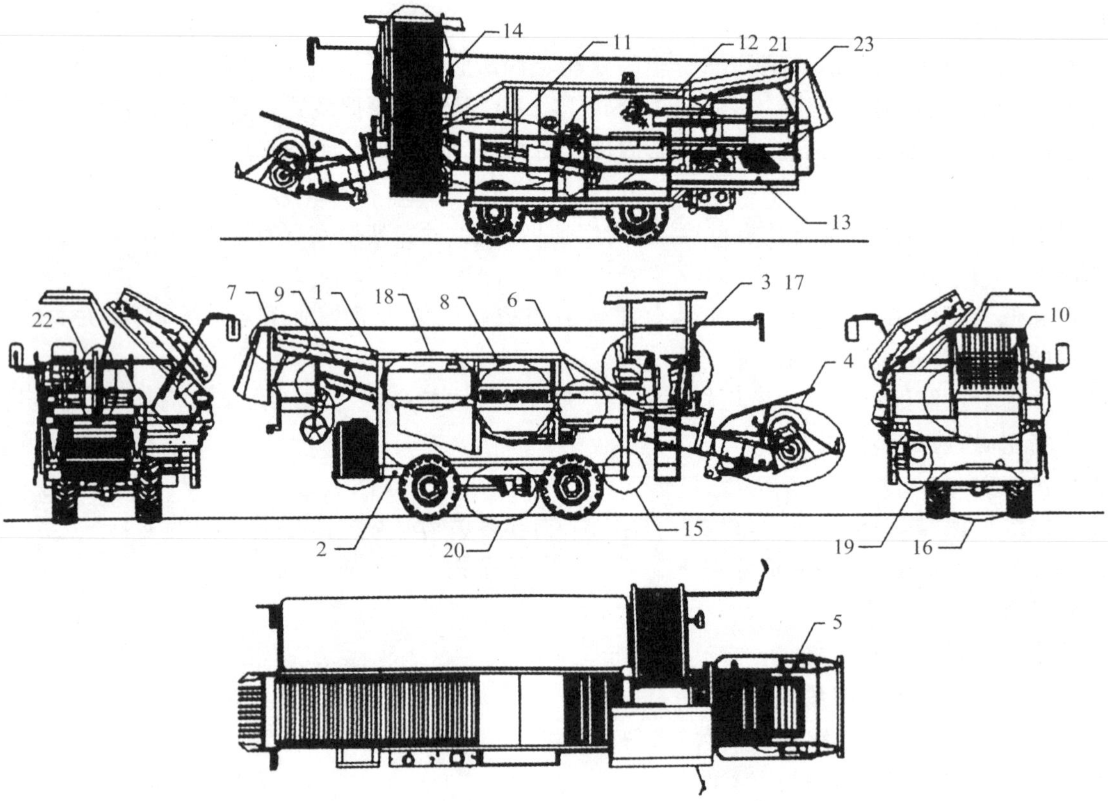

1. 上底盘　2. 下底盘　3. 驾驶员控制　4. 具有割刀和活动梳指的采收台单元
5. 锯齿割刀或镰刀柄　6. 进料器　7. 挖掘轮　8. 振动分离器　9. 故障解决
10. 交叉输送带　11. 挑选带　12. 电子色选仪　13. 平台挑选带　14. 卸料单元
15. 采收底盘移动　16. 前轴和后轴　17. 刹车　18. 液压油罐　19. 液压传输
20. 传输单元　21. 自动挑选带单元　22. 自动水平和弹簧水平　23. 倾斜链

图 7-4　4FZ-40 自走式番茄收获机总图

2. 作业前准备

(1)通常作业前至少需要两个工作人员,一个为驾驶员另一个在挑选带工作。聘用的操作员必须经过使用机器的培训,或直接来自生产商(保留使用过机器的人员报告)或曾经获得制造商培训的人员。

(2)在机器运动时,绝不要以任何理由将手指插到输送带的缝中。

(3)第三个人(检查员)进行以下检查工作。

①即使采收机速度很慢也不要离采收头太近,避免被机器的突出部撞到。

②从机器上下来时,清楚地形情况,避免损伤。

③根据番茄流量大小,其他人员可安置在挑选带区。这种情况,在挑选带区应装备适当的辅助设施

"捕获棒",这样紧急按钮能在挑选带各段起作用。

④检查人员或挑选带工作人员要引起驾驶员注意可使用适当的"喇叭"。

⑤每次机器启动前都要鸣笛示意,提醒挑选带,倾斜链即将运动。

⑥在有人员进行危险活动如将手指放到输送带缝隙或机器处于危险位置时,要鸣笛引起注意。

⑦在高位通路部分需要特别维护,必须对人行架、平台做调整,以便更好支撑操作者。

⑧使用滴灌带的耕地,要避免机器上元件被缠绕,在采收开始前将它移开,采收结束后再连续复原。或者将滴灌带埋进耕地下几厘米。

3. 作业

点火(使用钥匙)。

驾驶员首先检查机器的所有移动部分,确定没有插入物后按以下程序操作。

通过控制杆选择驾驶形式。

松开刹车。

通过开关选择输送速度,加快或降低色选仪速度。

检查机器前面是否有人,通知在旁边的人员,通过控制杆提升发动机转速,通过控制杆调整前进速度。

通过减速杆减速,踩脚制动器。

多次按喇叭,检查机器后面是否有人。在狭窄地带使用反光镜的帮助和地面人员的指导,保证正确操作通过开关,选择1挡液压输送,减低速度。收回操作杆,直到获得期望的速度。

通过操纵杆选择急转弯驾驶形式。

在地里将机器调整到工作状态,移除在公路或街道上行驶所加的固定物,打开挑选带的脚凳、遮棚等,插入自动水平寻访的来福线,先检查操作各单元,然后才能让操作人员进入。

将机器与要采收的番茄行排好。

使用按键选择底盘平移的前底盘和后底盘的位置,通常机器采收机平移到右侧,除非在地里采收从中间开始。

将发动机转速调到约1 000转/min,一定要以1挡速度慢调。

检查所有工作单元:采收群振动分离器,秤锤,挑选带和排杂装置,色选仪。

将发动机转速调到约1 800转/min。

调低采收单元保持低位操作(操作必须保持前部位置全互锁)。

运送番茄的拖车位于卸料臂下。

通过按键调整采收单元到适当高度,根据采收条件调整各单元相匹配的速度。

在番茄行的末端,升高采收单元。

采收结束后,完全清空。

每次降低和停止一个单元采收群、振动分离器、秤锤、携选带和排杂装置。

发动机熄火和存放时,清洁机器、关闭色选仪空气旋;安置固定装置;开回机器,拉好手刹;使用钥匙熄火发动机;断开位于柴油发动机区、采收机后部的总开关。

在长时间存放后,启动发动机时要按喇叭作为信号引起注意,开始前进时要按喇叭作为信号引起注意。不能在发动机和其他单元的电机没有停止工作前离开指挥台,不能在挑选带和卸料臂未停止工作前离开指挥台。采收机不能在大雨中点火,不能靠近明火,在正常工作时不能熄火。

4. 色选仪作业要求

如果采收机上不止一个色选仪,其中一个需被命名并识别,如取名"班长",班长是唯一的挑选带重新启动的执行者,其他操作只能跟随其后。"班长"带有适当的警报,其他操作员能冒险启动可以控制，但不能对色选仪进行改造而降低效率，例如损害番茄或降低挑选出土块、番茄藤等的效率。

色选仪在人工挑选带和色选仪输送带速度不正常时，必须给出信号，机器调节错误或前进速度太快也要给出信号。色选仪在任何时候都能通过按键（或控制杆）停止挑选带，停止后必须给出信号，避免堆积番茄。“班长”还有控制色选仪效率的任务，当驾驶员要重新启动输送带时必须注意以下事项。

(1)确认没有处于危险位置的人员。

(2)给合作人员和领班发送信号。

(3)运番茄的拖车在正确位置。

(4)不能在“班长”没有进行警报操作和控制紧急开关之前启动输送带。

倾斜链上工人作业要求如下。

(1)在倾斜链上的操作员有两个任务：检查机器是否处在采收番茄的正确位置；正确分选番茄和藤叶。

(2)在倾斜链的操作员，站在脚凳上（脚凳和倾斜链）从番茄流中剔出泥土、藤叶和其他杂物。在有不正常状况出现时，给色选仪“班长”发出信号，在转弯时通知驾驶员提升采收，调整几个单元的速度，检查格栅和风扇是否清洁，提醒降低采收机速度。

(3)在番茄流中去除挑选出来的植株，允许小于 5 cm 长的碎片植株出现，但频率不超过 10 个/s，允许小的碎片植株在番茄流上漂过。

(4)在拣出小杂物的操作上必须注意不要将手指插到输送带的缝中；不能在输送带未停或未停稳时将手指插入输送带链的缝中；不要试图拣出番茄流下面的或小于 5 cm 的植株碎片；要特别注意紧急指示点，该指示点指出有危险和禁止的行为；不要穿敞开服装工作，有可能被机器某部分缠绕。

5. 故障排除

4FZ-40 自走式番茄收获机常见故障及排除方法见表 7-1。

表 7-1　4FZ-40 自走式番茄收获机常见故障及排除方法

故障	故障原因	故障排除方法
锯齿刀弯曲切割	张力不适当，前进速度过快	重新调整割刀张力，降低前进速度
堵塞振动分离器进口	振动分离器转速不正确	加大分离器转速
堵塞振动分离器出口	振动分离器转速不正确	降低分离器转速
挖掘轮和盘在地上受阻	地面潮湿和土质较黏，未加清洁	加强清洁
平移受阻	滑动部分没有润滑	润滑平移滑道，将机器倾斜以利于平移
人工挑选带和排杂不工作	由于排杂带太倾斜	调整排杂带倾斜角度

三、叶菜类蔬菜收获机械

叶菜类蔬菜主要有甘蓝、大白菜、菠菜、芹菜等，可分为结球和不结球两种。相对来说，此类蔬菜比较容易实现机械化收获。其收获机械也有切割式和拔取式两种，这类机器有些已用于生产，有些正处于研制阶段，多为一次完成式收获机，也有选择式收获的机械。

切割式收获机械可用于结球和不结球蔬菜，它是将蔬菜的茎、叶切割下来并输送至菜箱，根部留在土壤中。工艺过程包括扶茎或导向、切割、修整和装运。拔取式收获机械用于结球蔬菜是将结球蔬菜拔出后再切根和分离零散菜叶。

收获茎菜和叶菜的切割式收获机一般由切割器、喂送装置和输送装置组成。切割器一般采用圆盘式割刀。结球蔬菜采用橡胶板喂送轮，茎叶披散的蔬菜（芹菜、菠菜等）采用杆条式扶茎器将茎叶扶起、收拢成束地喂送至切割器，由刷式喂送轮抛送至输送带，或利用切割圆盘的抛送作用抛送至输送带。输送装置一般采用橡胶杆条式输送。

1. 白菜类收获机

MCK-1 型需要白菜联合收获机为单行、半悬挂，生产效率大约为 0.18 hm^2/h，由一名拖拉机手和两名检查工人操作。收获机由喂入搅龙、平整搅龙、割刀、叶子分离器及输送装置等组成，可一次完成切割、除叶和装车等作业(图 7-5)。

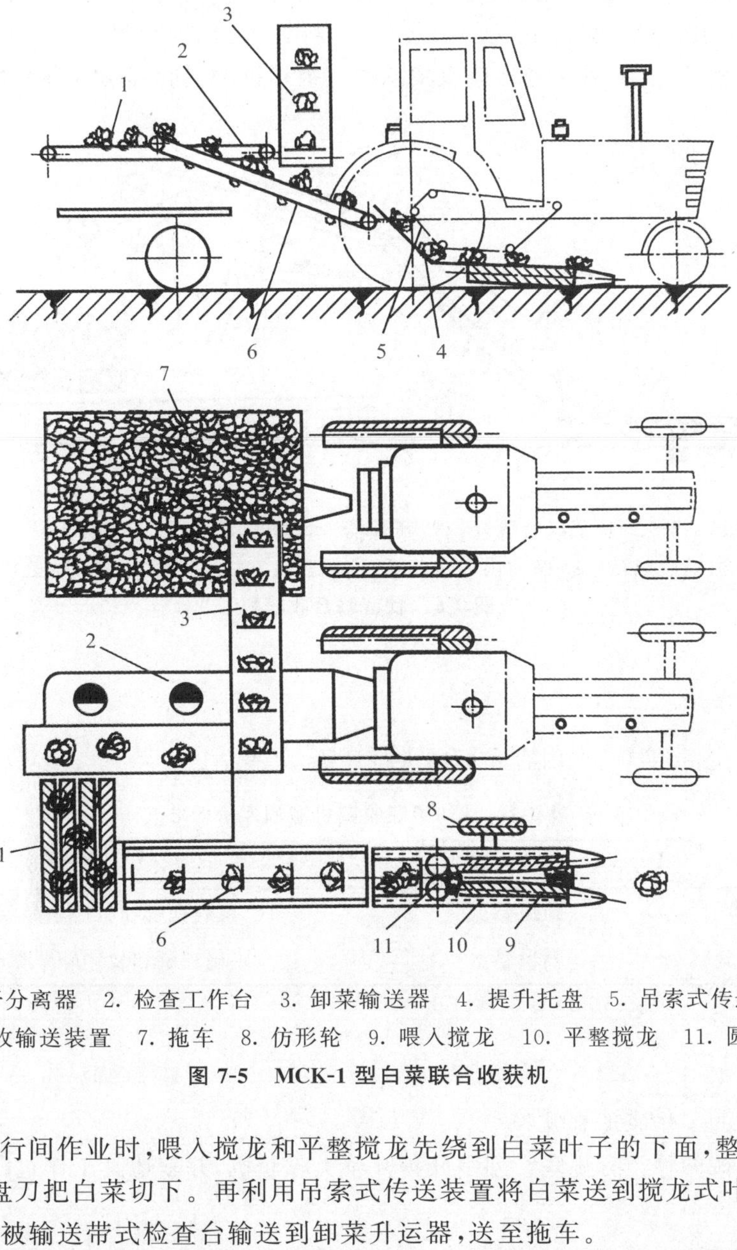

1. 叶子分离器　2. 检查工作台　3. 卸菜输送器　4. 提升托盘　5. 吊索式传送装置
6. 接收输送装置　7. 拖车　8. 仿形轮　9. 喂入搅龙　10. 平整搅龙　11. 圆盘刀

图 7-5　MCK-1 型白菜联合收获机

当联合收获机沿行间作业时，喂入搅龙和平整搅龙先绕到白菜叶子的下面，整平白菜，并把白菜引到圆盘刀的前面，圆盘刀把白菜切下。再利用吊索式传送装置将白菜送到搅龙式叶子分离器，分离出老叶或残叶。最后白菜被输送带式检查台输送到卸菜升运器，送至拖车。

在卸菜升运器的尾部装有可按高度调整的弹性托盘，以减轻向拖车上装载白菜时的撞击损伤。白菜联合收获机行距的允许误差为±3 cm，而在接行处行距的允许误差为±5 cm，白菜头部的中心应该在离每行基线±10 cm 的范围内。这种机型升运装置可靠性较差，现已进行了改进，使输送过程更加可靠。

2. 甘蓝类收获机

甘蓝联合收获机由两根旋转的倾斜螺旋轴、切刀、输送器和装载箱等组成。作业时结球甘蓝进入两螺旋轴，茎部被夹持在两轴中间，沿螺旋轴倾斜向上移动而被拔起，到达螺旋轴上端时由切刀将根茎和外叶切掉并排出机外。切下的结球甘蓝经输送器送入装载箱，装满后倾翻卸载，并利用打开的装载箱后板作为溜板滑下。

甘蓝联合收获机的结构如图7-6所示，该机主要由回转式拔取装置、顶部压紧装置、切根装置、夹持链和输送装置等组成。工作时，拔取装置进入甘蓝叶的下面把甘蓝从土壤中拔起，被拔起的甘蓝在输送装置的作用下向机组斜后上方运动，在顶部压紧装置的扶持下，切根器将根部切断。此后输送装置继续将甘蓝向上输送，在压顶装置的配合下，根部复切装置将甘蓝的老叶切除。切掉杂质的甘蓝从夹持链（输送带）的顶部落入斜板上，最后落进甘蓝收集箱中。被切掉的老叶等落入杂质出口。

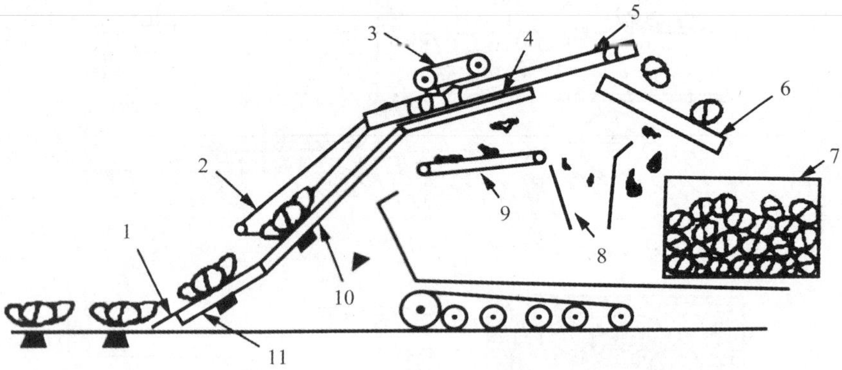

1. 拔取装置　2. 顶部压紧装置　3. 压顶器　4. 根部复切器　5. 夹持链　6. 斜板
7. 甘蓝收集箱　8. 杂质出口　9. 杂质输送带　10. 切根器　11. 输送装置

图7-6　甘蓝联合收获机

任务评价

以学习小组为单位，按照项目、内容和标准进行评价，见表7-2。

表7-2　认知果蔬收获机械的评价标准

评价项目	评价内容	评价标准
果品收获机的种类	知识要点	正确理解和叙述果品收获机的种类
叶菜类收获机的种类	知识要点	正确理解和叙述叶菜类收获机的种类

任务巩固

1. 果品收获机械的工作原理有哪些？
2. 叶菜类收获机械的种类有哪些？列举几种叶菜类收获机，并叙述其工作过程。

任务二　果蔬采摘机器人认知

任务描述

熟悉果蔬采摘机器人的工作系统；了解果蔬收获机器人的组成；了解果蔬收获机器人的工作原理。

任务分析

果蔬收获机器人是具有感知能力的自动化机械收获系统，它通过编程来完成果蔬的采摘、转运、打包等相关作业任务。果蔬收获机器人属于一类工作于非结构的、不确定的未知可变环境中的典型的复杂光机电一体化产品。研究和开发智能型果蔬收获机器人不仅有利于提高劳动生产效率、降低生产成本、保证新鲜果蔬品质、满足作物生长的实时性要求，而且还可以直接促进机械结构、机器人控制、轨迹规划、机器视觉、传感器、智能导航等众多相关领域技术的深入研究和应用，具有重要的现实意义和理论研究价值。

知识链接

一、果蔬收获机器人的组成

融合人工智能和多传感器技术，采用基于深度学习的视觉算法，引导机械手臂完成识别、定位、抓取、切割、放置任务的高度协同自动化系统，采摘成功率可达 90%以上，可解决自然条件下的果蔬选择性收获难题，是智慧农业的标志性产品。

果蔬采摘机器人由行走系统、视觉系统和采摘执行系统组成。行走系统结合路面情况，选取履带式、轮式或轨道式等行走机构满足多种应用场景，采用视觉、激光、磁导航和 SLAM 算法，集合超声、红外和激光等多种传感器，使其更能适应田间多种环境。视觉系统采用双目立体视觉定位技术，实现对果蔬大小、颜色、形状、成熟度和采摘位置的信息获取及处理。采摘执行系统采用多自由度机械手臂，通过合理的路径规划，完成抓取、采摘和放篮等多种任务。

1. 主要技术指标

利用多传感器融合技术和双目视觉定位系统，对采摘对象进行信息获取、成熟度判别、并确定收获目标的三维空间信息及视觉标定。利用多自由度机械臂和果实采摘专用柔性机械手引导机械手与末端执行器完成抓取、切割、回收任务的高度协同自动化系统，从而可以实现无人值守情况下，自动导航、自动识别、自动完成机械臂运动及机械手采摘。有多种控制模式，可实时反馈车速、电流等信息，还可自动避障、语音报警。识别成功率≥92%，采摘成功率≥90%，果实损伤率≤5%，具有一定的可扩展功能。

2. 功能特点

(1)果实精准采收

精准判别可采摘果蔬的大小、颜色、形状、成熟度和采摘位置。轻松完成路径规划、采摘和放篮多个任务；通过自适应控制完成果蔬采摘位置抓取，不伤果；可按照作物商品性特点，采用按个、按串或采收包装一体化等多种采收方式。

(2)环境智能感知与自主避障

环 360°雷达通过不间断扫描，可预先探测作业环境和障碍物信息，并根据所处环境及时调整行走策略，实现自主避障。

(3)多地形作业与导航

针对农业地形和材质的多样性，可以采用履带式、轮式或轨道式多种行走系统和驱动方式，满足不同场景要求；搭载视觉、激光或磁感应传感器完成路径规划和导航；辅以动力匹配、结构优化，轻松完成爬坡越障。

(4)智能充电系统

与不少于 70 A·h 的智能电池搭配使用，连续运行时间达 3 h；抽屉式安装使电池内嵌在机器人内部，输出线材进行增强防护和锁扣式连接，提升了安全性和更换方便性；电池强化了自均衡性，输出电压稳定一致，寿命较长久；结合室内定位系统，可以实现自主充电等功能扩展。

(5)农机农艺融合新模式

围绕选择性收获，结合作物品种，栽培模式和机器人的交互方式，构建针对作物的智慧栽培系统。

(6)标准配置

履带式行走底盘、机械臂、双目视觉系统、采摘机械手、遥控器。

(7)丰富配件(可单独选购)

超声避障系统、视觉导航、室内定位系统、激光导航、语音交互、柔性采摘机械手、自动充电系统、远程监控系统。除履带式外，还可选择轮式或轨道式行走底盘。

二、果蔬收获机器人的工作流程

一般来说，果蔬收获机器人要面对的工作环境和工作对象(位置、形状、颜色等)是随机的。收获机器人的工作流程可用图 7-7 表示。从图中可以看出，果蔬收获机器人在工作过程中主要解决三个问题：第一，怎样导航机器人在作物或果树间移动；第二，怎样识别和定位处于生长状态的果蔬；第三，怎样摘取已被识别出的果蔬。

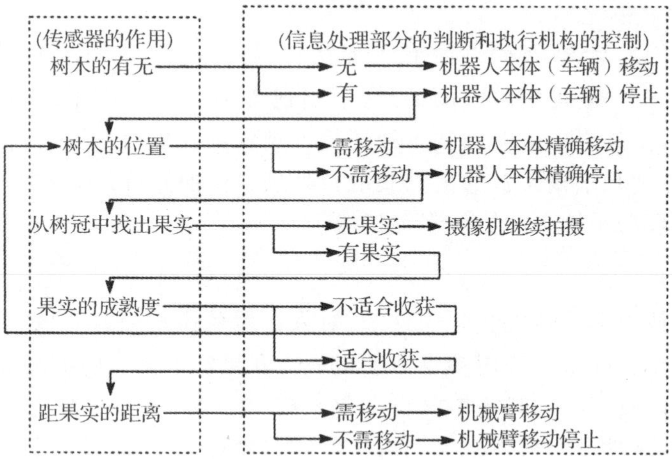

图 7-7　果蔬收获机器人工作流程

第一个问题涉及机器人的视觉导航技术。视觉导航主要包括无线引导和有线引导两种，主要以前者为主。一般机器人根据 CCD 摄像机对周围环境实时探测获得信息，规划出所需路径，并能够沿着该路径在没有人工干预的情况下，移动到预定目标。

第二个问题涉及机器人的识别和定位技术。这主要依靠视觉系统，一般首先获取果蔬的数字化图像，然后再运用图像处理算法，最后确定果蔬的位置。传感器是机器人视觉系统最重要的部件，包括图像传感器和距离传感器等。图像传感器有 CCD 黑白相机、彩色摄像机或立体摄像机等。

果蔬采摘机器人视觉系统主要为基于二维和基于三维的，但是无论哪种视觉系统，最基本的任务都是获取场景中各点的信息。基于二维的视觉系统一般采用一个摄像机和一个距离传感器来获得果蔬的位置；而基于三维的视觉系统一般使用两个相隔一定距离的摄像机同时获取场景图像，这一对场景图像存在的一定的差别称为视差，然后根据三角测距原理获得三维位置信息。

为了简化计算机视觉理解的任务，通常将其分为两个层次：低层的图像处理和高层的图像理解。低层计算机视觉技术通常指数字图像处理。一般的处理步骤如下：由一个传感器，比如摄像机，获取一幅图像并将其数字化，去除噪声；然后可以根据需要增强些必要的物体特征进行边缘提取，再进行图像分割等处理。高层的处理取决于知识、目标以及如何达到这些目标的计划，比如人工智能。目前应用在果蔬采摘机器人视觉系统中的计算机视觉理解属于低层视觉。

第三个问题涉及机械手的设计和控制。机械手又称操作机，它能代替人手做某些动作，是机器人赖以完成工作任务的机械装置。对于采摘机器人，机械手的主要任务就是将末端执行器移动到可以采摘的目标果实所处位置。机械手一般可分为直角坐标、圆柱坐标、极坐标、球坐标和多关节等多种类型。机械手的自由度是衡量机器人性能的重要指标之一，它直接决定了机器人运动的灵活性和控制的复杂性。果蔬采摘机器人往往工作于非结构性环境中，工作对象常常是随机分布的，因此在机械手的设计过程中，必须考虑采用最合理的设计参数，包括机器人类型、工作空间、机械臂数量以及机器人结构方式等。

三、典型采摘机器人的设计

黄瓜采摘机器人如图 7-8 所示。该采摘机器人系统由采摘信息获取系统、机械臂装置和机器人移动平台三大部分组成。其特征在于机器人本体在非结构环境下自主导航，利用近红外双目视觉传感器和末端彩色视觉传感器获取、识别、定位采摘对象，并最终控制机械手完成准确的黄瓜采摘。

图 7-9 所示为黄瓜夹持与割断过程。黄瓜果实表皮组织柔软、易损伤，且其形状复杂，生长发育程度不一，相互差异较大，由此决定了采摘机器人的末端执行器（即机械手）应具有较好的柔软性。

图 7-8　黄瓜采摘机器人样机

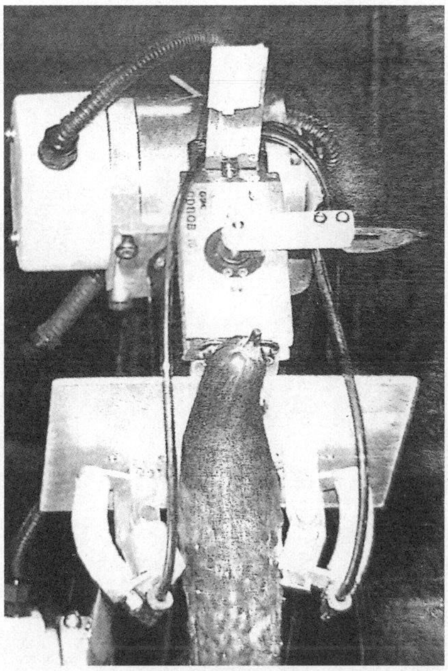

图 7-9　机械手夹持黄瓜

任务评价

以学习小组为单位，按照项目、内容和标准进行评价，见表 7-3。

表 7-3　认知果蔬采摘机器人的评价标准

评价项目	评价内容	评价标准
果蔬采摘机器人的系统组成	知识要点	正确理解、叙述果蔬采摘机器人的系统组成
果蔬采摘机器人的工作过程	知识要点	正确理解、叙述果蔬采摘机器人的工作过程

任务巩固

1. 果蔬采摘机器人的系统组成有哪些？
2. 怎样导航机器人在作物或果树间移动？
3. 怎样识别和定位处于生长状态的果蔬？
4. 怎样摘取已被识别出的果蔬？

项目二　设施园艺包装设备

【知识目标】

了解果蔬清洗机械的工作原理；了解果蔬分级机械的工作原理。

【技能目标】

能熟练运用清洗机械进行果蔬的清洗。

知识先导

由于蔬菜生产的季节性较强，很多蔬菜的收获期较为集中，而大多数蔬菜产品的含水量高、组织柔嫩，不耐贮运。蔬菜产品从生产基地到消费者手中尚需多个环节，如果不注意蔬菜的采后处理，蔬菜产品在流通、运输过程中，往往会造成大量变质、腐烂。所以蔬菜的采后处理技术，是蔬菜进入市场必须掌握的一门技术。同时，随着生活节奏的加快和蔬菜加工出口贸易的增加，蔬菜保鲜及加工已成为蔬菜产业升级、增加产品附加值的重要途径。

任务一　果蔬清洗分级设备认知

任务描述

对果蔬清洗分级机械的工作原理、清洗分级机械的种类进行认知。

任务分析

果蔬产品分级分选是食品加工中不可缺少的重要环节，针对不同的物料对象，正确地采取分级分选的工艺方法，合理地选用机械设备，可以保证产品的规格和质量指标，降低加工过程中原料的损耗，从而提高原料的利用率和降低生产成本，便于加工过程的操作，提高劳动生产效率，有利于生产的连续化和自动化。

知识链接

果蔬原料在生长、成熟、运输及贮藏过程中，经常会受到环境的污染，包括残留的农药，附着或混入的尘埃、沙土、微生物及其他污染物。因此，加工前必须进行清洗。清洗的目的是清除这些污染物，保证产品的质量。同时，果蔬产品包装容器，如各种罐装容器和原料贮箱等，也必须仔细清洗。因而，清洗机械包括原料的清洗和容器的清洗两部分。清洗机械分为连续式和间歇式，前者一般为大型连续化生产设备，后者常为中小型设备。

一、果蔬清洗机械

1. 鼓风式清洗机

鼓风清洗是在清洗槽内安置管道，在管道上开有一定数目的小孔，然后通入高压空气形成气泡，在空气对水的剧烈搅拌下，使物料在水中不断地翻滚，黏附在物料表面的污染物被加速脱离下来。由于剧烈的翻滚是在水中进行的，因此物料不容易受到损伤，是最适合果品蔬菜原料清洗的一种方法。

鼓风式清洗机的结构如图 7-10 所示，主要由洗槽、输送机、喷水装置、空气输送装置、支架、电动机、传动系统及张紧装置组成。

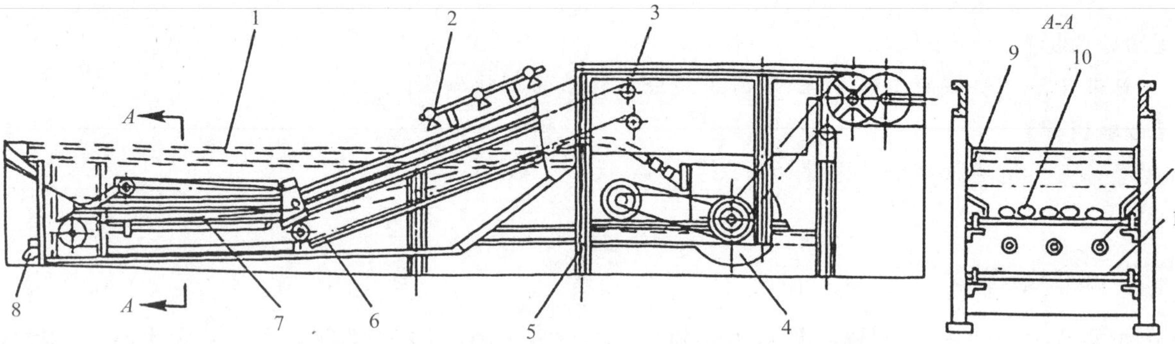

1. 洗槽　2. 喷水装置　3. 压轮　4. 鼓风机　5. 支架　6. 链条
7. 吹泡管　8. 排污水管　9. 斜槽　10. 物料　11. 输送机

图 7-10　鼓风式清洗机

清洗槽的截面为长方形，送空气的吹泡管设在洗槽底部，由下向上将空气吹入洗槽中的清洗水中。原料进入洗槽，放置在输送带上。输送带的类型视不同原料而异，如块状原料可选用金属网带，水果类原料常用平板上装有刮板的输送带。

原料的清洗程序分三段进行：第一水平输送段，该段处于洗槽之上，原料在该段上进行检查和挑选；第二水平输送段，该段处于洗槽水面之下，用于浸洗原料，原料在水中搅动翻滚，洗去泥垢；第三倾斜输送段，原料在这段上接受清水的喷洗，从而达到工艺要求的清洗目的。污水由排水管排出。

2. 刷洗式清洗机

刷洗式清洗机是一种以浸泡、刷洗和喷淋联合作用的小型洗果机，为中小型企业理想的果品清洗机，适用于苹果、柑橘、梨、番茄等果蔬的清洗，清洗效果较好，洗净率达 99%，对物料损伤不超过 2%，生产能力可达 2 000 kg/h。刷洗式清洗机效率高，清洗质量好，破损率低，结构紧凑，造价低，使用方便，是目前国内一种较为理想的果品清洗机械。

刷洗式清洗机的结构如图 7-11 所示，主要由洗槽、刷辊、喷水装置、出料翻斗、机架及传动装置组成。

工作时，物料从进料口进入清洗槽内，两个装有毛刷的刷辊相对向内旋转，一方面将洗槽中的水搅动形成涡动环流，使物料在涡流中得到清洗；同时，由于两刷辊之间水流流速较高而压力较低，在此压力差的作用下，物料自动向两刷辊间流动而被刷洗，物料被刷洗后向上浮起，由翻料斗翻上去，沿圆弧面移动，经水泵加压后的高压水喷淋冲洗，最后由出料口流出到集料箱中。

操作过程中，注意调整刷辊的转速使两刷辊前后造成一定的压力差，以迫使被清洗的物料通过两刷辊刷洗后能继续向上运动到出料翻斗处，被捞起出料。

3. 滚筒式清洗机

滚筒式清洗机具有结构简单，生产效率高，清洗彻底，对产品损伤小的特点，在食品工厂里多用于清

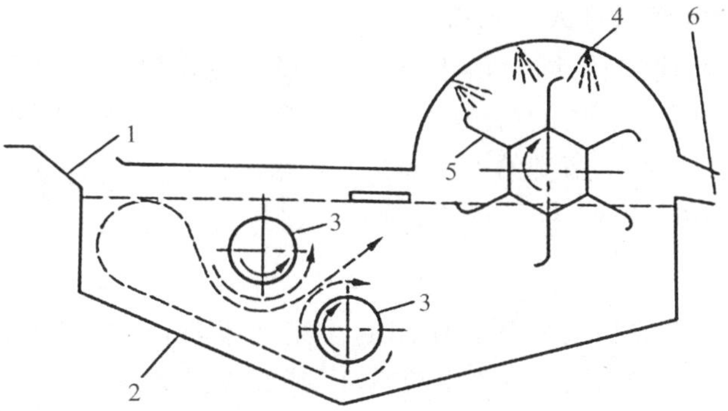

1. 进料口 2. 洗槽 3. 刷辊 4. 喷水装置 5. 出料翻斗 6. 出料口

图 7-11 刷洗式清洗机

洗苹果、柑橘、马铃薯、豆类等质地较硬的物料。滚筒式清洗机是将物料置于清洗滚筒中,利用清洗滚筒的转动,使原料不断翻转,同时利用高压水冲洗翻动的物料,达到清洗的目的。

滚筒式清洗机的结构见图 7-12,主要由水槽、喂料斗、栅条滚筒、出料口、传动装置、机架构成。

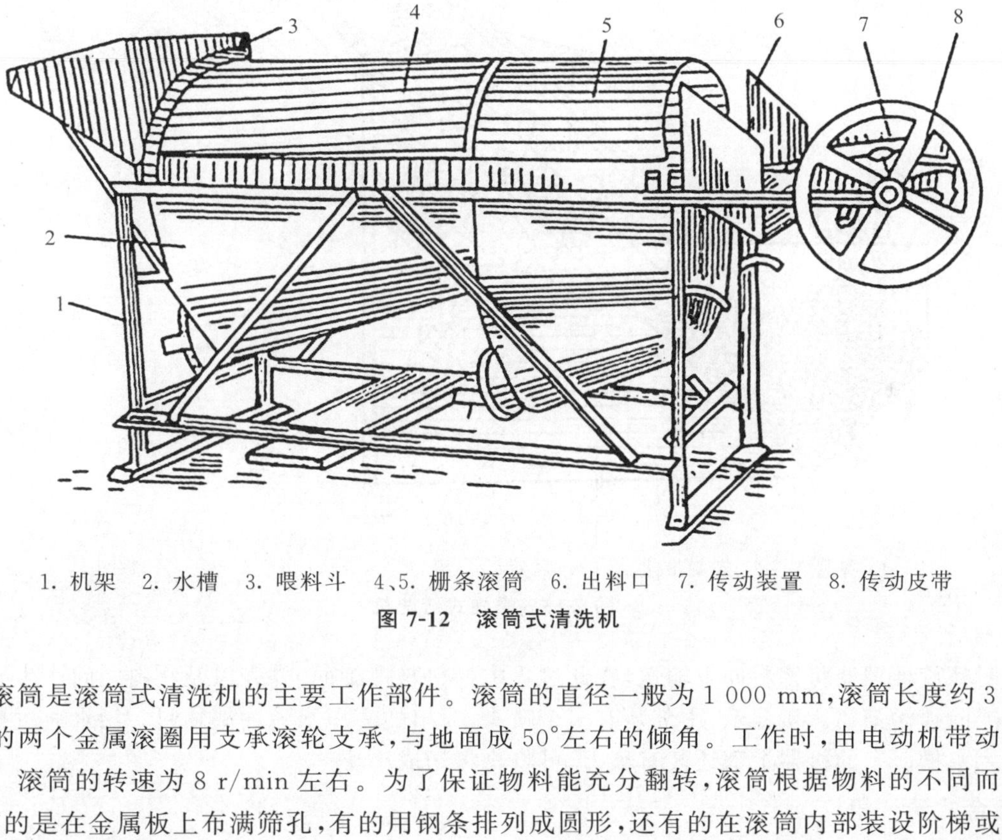

1. 机架 2. 水槽 3. 喂料斗 4、5. 栅条滚筒 6. 出料口 7. 传动装置 8. 传动皮带

图 7-12 滚筒式清洗机

栅条滚筒是滚筒式清洗机的主要工作部件。滚筒的直径一般为 1 000 mm,滚筒长度约 3 500 mm。滚筒两端的两个金属滚圈用支承滚轮支承,与地面成 50°左右的倾角。工作时,由电动机带动皮带轮和齿轮转动。滚筒的转速为 8 r/min 左右。为了保证物料能充分翻转,滚筒根据物料的不同而设计成不同类型,有的是在金属板上布满筛孔,有的用钢条排列成圆形,还有的在滚筒内部装设阶梯或制造成多角形。有的滚筒式清洗机为了增加对物料的摩擦,还在滚筒中部安置了上、下、左、右皆可调节的毛刷辊。

滚筒式清洗机一般都设有喷淋装置,喷水嘴一般沿滚筒的轴向分布,以使物料在整个翻转移动的过程中都能受到冲洗。一般喷头间距离为 150～200 mm,喷洗的压力为 0.15～0.25 MPa。

为使物料能较均匀地进入进料斗,要求所用带式运输机与滚筒式清洗机配套。滚筒式清洗机的工作过程:物料进入滚筒后,由于滚筒的转动使物料不断地翻转,物料与滚筒表面以及物料与物料表面,都相互产生摩擦。与此同时,由喷头喷射高压水来冲洗物料表面,清洗后的污水和泥沙透过滚筒的孔隙流入清洗机的底槽，从底部的排污口排入下水道。

物料在清洗过程中，不断地翻转，同时由于滚筒的倾斜，使物料受重力作用从高处向低处缓慢地移动，最后从出料口排出。物料在滚筒内的清洗时间决定于物料从进料口到出料口的流动速度，这个速度取决于滚筒的倾斜度。倾斜度越大，则清洗的速度越快。如果滚筒直径为 1 000 mm，筒身长 3 500 mm，倾斜角为 50°时，物料在滚筒内停留的时间为 1～1.5 min。

4. 螺旋式清洗机

螺旋式清洗机是一种以浸泡和喷淋联合作用的小型洗果机，适用于水果及块根、块茎蔬菜类的清洗。螺旋式清洗机构造如图 7-13 所示，主要由喂料斗、螺旋推运器、喷头、滚刀、泵、滤网及电动机组成。

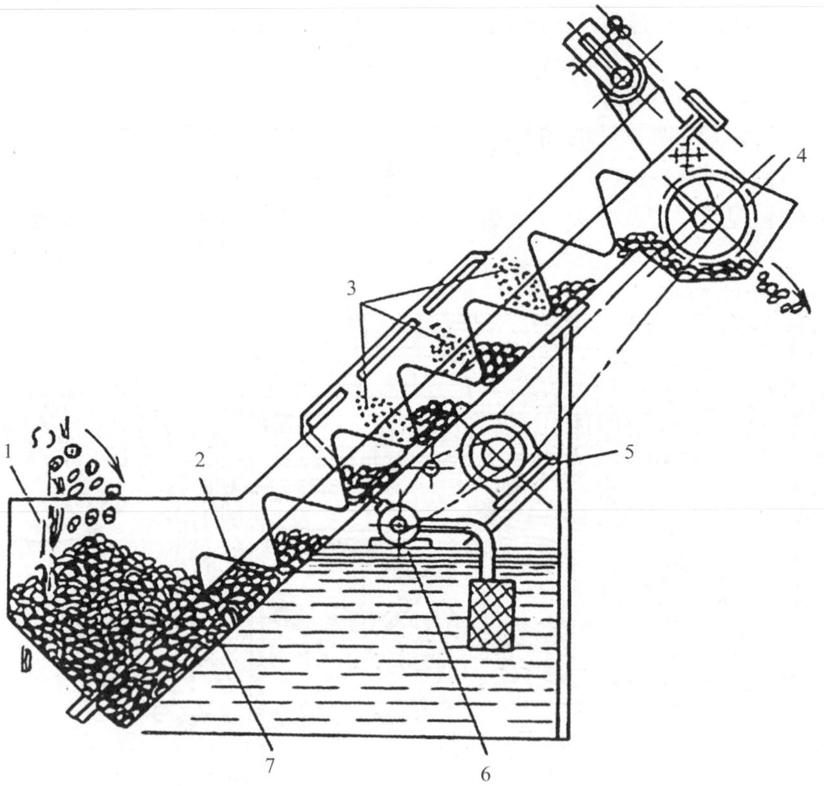

1. 喂料斗　2. 螺旋推进器　3. 喷头　4. 滚刀　5. 电动机　6. 泵　7. 滤网

图 7-13　螺旋式清洗机

工作时螺旋推进器将物料向上输送，在此过程中物料与螺旋面、外壳以及物料之间产生摩擦而使污染物松动或除掉污染物。机器上、中部装有多个喷头，喷出的高压水流冲洗物料。污水通过推进器下部的滤网漏入水槽。有的机器上部还装有滚刀，可将物料切成小块。

5. 组合式清洗机

最好的洗涤设备是将上述的洗涤装置中的两种或多种组合起来使用，且通常把洗涤程序与原料进入设备的运动相结合。例如，可把洗涤和提升结合起来。利用带有挡板的水槽，其中的水流把物料从一个工序输送到另一个工序的同时，还可以浸泡掉一部分污染物；把喷嘴与其他洗涤装置配合使用，通常可以提高清洗性能。

图 7-14 所示的组合式清洗机就采用 2 个浸泡工序、1 个喷水工序、1 个去水工序及 1 个干燥工序。在浸泡槽中可放入杀菌药品及能除去残留农药的药品，最后还可安装几排刷子为果品上蜡。

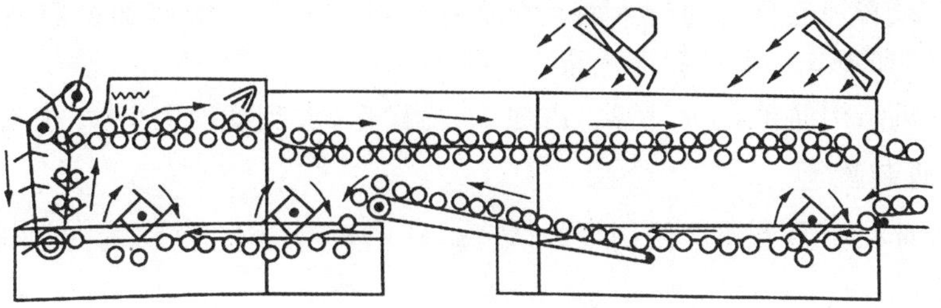

图 7-14 组合式清洗机

二、包装容器清洗机械

果蔬生产所用的玻璃瓶、马口铁罐等容器，在生产、运输及贮放过程中，都会受到各种物质的污染，特别是一些回收瓶，既要除去商标纸，又要将瓶内的剩余食品除去。因而在包装前必须对包装容器进行清洗。

1. 旋转圆盘式清洗机

旋转圆盘式清洗机是以热水冲洗和蒸汽杀菌联合作用的清洗机械，其结构如图 7-15 所示，主要由机壳、进罐槽、星形轮、蒸汽管道、喷嘴、出罐槽、排水管及传动装置组成。

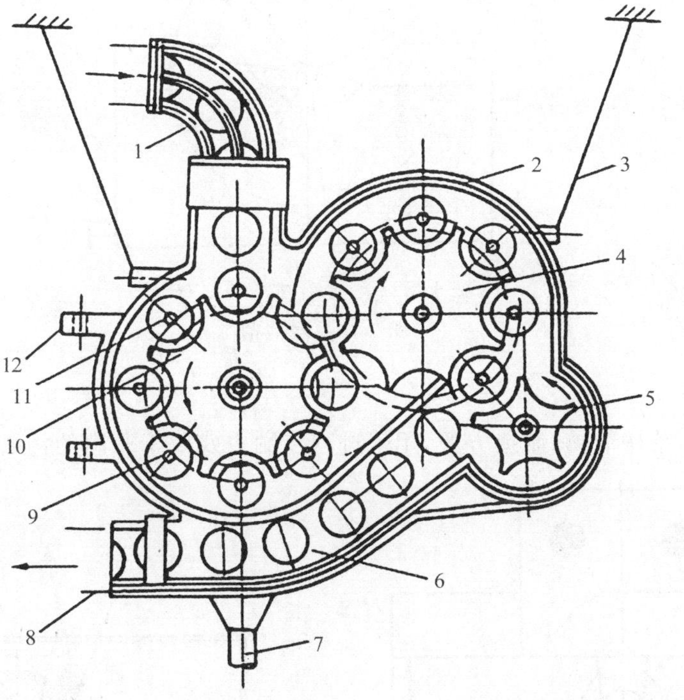

1. 进罐槽 2. 机壳 3. 连接杆 4、5、10. 星形轮 6. 下罐坑道
7. 排水管 8. 出罐槽 9. 喷嘴 11. 空罐 12. 固定盖的环

图 7-15 旋转圆盘式清洗机

工作时空罐从进罐槽进入逆时针旋转的星形轮(10)中，热水通过星形轮中心轴八个分配管把水送到喷嘴，喷出的热水对空罐内部进行冲洗。当星形轮转过约 315°时，空罐进入星形轮(4)中，同理各罐被通入蒸汽进行消毒。当星形轮(4)转过约 225°时，空罐又进入星形轮(5)，然后排入出罐槽。空罐在回转清洗中应有一点倾斜，以便使罐内水流出。污水由排水管排入下水道。空罐从进去到出来的清洗时间为 10～12 s 机壳由铸铁铸成，前面的盖固定在环上。

操作时应注意空罐必须连续均匀进入而且全部罐口对准喷嘴。摩擦部位应经常做好润滑工作,定期检查各封漏装置,随时调节送水量和送汽量。

旋转圆盘式清洗机结构简单,生产率高,占地少,易操作,水及蒸汽用得少,但对不同罐形适应差。

2. 半机械式洗瓶装置

半机械式洗瓶装置在小型果汁厂使用较为广泛。它主要由浸泡槽、刷瓶机、冲瓶机、沥干器等组成。每一部分都可独立使用。

(1)浸泡槽

浸泡槽是用来浸泡脏瓶的。在一定的温度(40~50℃)、一定浓度(4%~5%)的碱液中浸泡一定的时间后,碱液的化学能和热能软化、乳化或溶解了附着在其中的脏物,有利于后序工序的进行。

浸泡槽结构见图 7-16,在水槽上设一转轴,其上装有 5~6 个无底的转斗,瓶被放进转斗中,当转斗被装满后,用手将左边的转斗向下压,转斗转过一个角度,其瓶身也随斗浸入碱液中。同时将右边露出液面的转斗中的瓶子取出,倒出碱液。进入下道工序,空斗则被翻到左边,继续放瓶。随着洗瓶的延续,液体被瓶子带走的越多,液面将会下降到一定程度,需补充碱液。碱液的温度由通入的蒸汽来维持。也有一些厂家利用增加浸泡时间来代替对碱液加热。

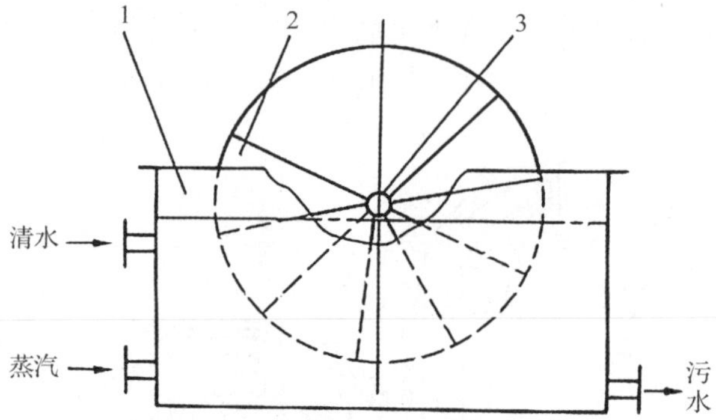

1. 碱水槽 2. 浸瓶转斗 3. 转轴

图 7-16 浸泡槽

(2)刷瓶机

刷瓶机见图 7-17,结构简单,制造方便,用来进一步刷去残留于瓶内的污染物。

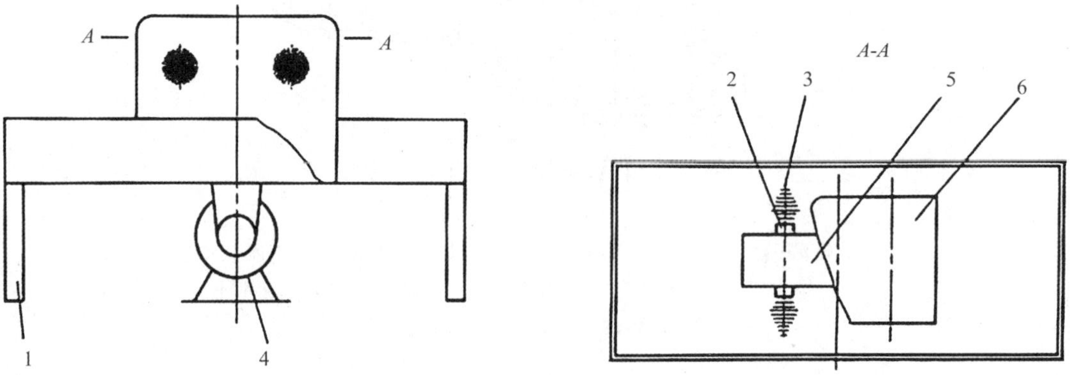

1.机架 2.转刷套 3.毛刷 4.电动机 5.转刷机头 6.防护罩

图 7-17 刷瓶机结构示意

在转刷机头的两边一般成对地安装毛刷,毛刷杆插入转刷套的孔中,然后用套杆上的螺钉将毛刷杆固定紧,从而固定毛刷。

刷瓶机上的防护罩是为保护操作人员而设置的。在刷瓶过程中，要求操作人员注意力必须集中，以防出现瓶子被甩出的情况。

(3)洗液槽

洗液槽主要是将刷洗后的瓶子再进行高锰酸钾、氯水浸泡。浸泡目的是消毒和去除刷下的污染物，浸泡时间较短。洗液槽为一短形槽的结构，在短形槽上设置进水管和排污管，并定时、定量地加入漂白粉或高锰酸钾。

(4)冲瓶机

冲瓶机结构如图 7-18 所示，主要是将瓶中的洗液冲净。

利用人工将瓶子倒置于冲瓶机圆盘架的锥孔中，喷嘴伸入瓶口部。冲瓶时，喷嘴与圆盘一起在电动机的带动下缓慢转动，并在分配器的控制下使喷嘴在一定的转动角度范围内，对瓶进行喷射冲洗。瓶子在冲洗干净后靠人工取出。

(5)沥干器

冲净的瓶子倒置于沥干器上，使瓶内残留水分控制在一定的范围内。沥干器结构比较简单，一般有两种形式。一种是输送式，水平输送机的传动链条上连接着瓶托，瓶子倒置于中间有锥孔的瓶托上，边输送边沥干。另一种是圆盘式，在一立柱上置一圆盘，圆盘上有与冲瓶机圆盘上相同的锥孔，圆盘在转动过程瓶子被沥干。圆盘转动可以由机械或人工充当动力。

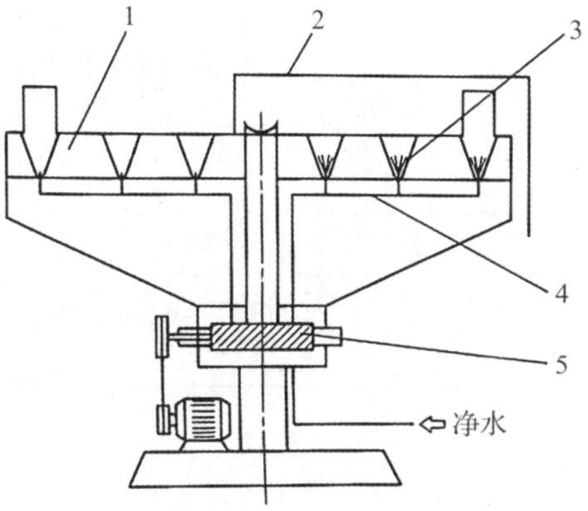

1. 转动圆盘 2. 防水罩 3. 喷头
4. 水管 5. 蜗轮蜗杆减速器

图 7-18 冲瓶机结构原理

3. 全自动洗瓶机

全自动洗瓶机是靠多次洗液浸泡和多次喷射，或者间隔地多次浸泡和喷射来获得满意的洗净效果，外形多为箱式。瓶子一般经过预浸泡、洗液浸泡、洗液喷射、热水喷射、温水喷射、冷水及净水喷射等过程清洗干净。

图 7-19 和图 7-20 分别为双端式和单端式全自动洗瓶机。双端式洗瓶机是指瓶子由一端进去从另一端出去，也叫直通式洗瓶机；单端式洗瓶机瓶子的进、出端都在洗瓶机的同一侧，也叫来回式洗瓶机。双端式洗瓶机需两个人操作，其瓶套自出瓶处回到进瓶处为空载，洗瓶空间的利用不及单端式充分；单端式洗瓶机只需一个人操作，但单端式的脏瓶与净瓶在同侧，距离较近，易造成净瓶的污染，影响洗瓶的质量。

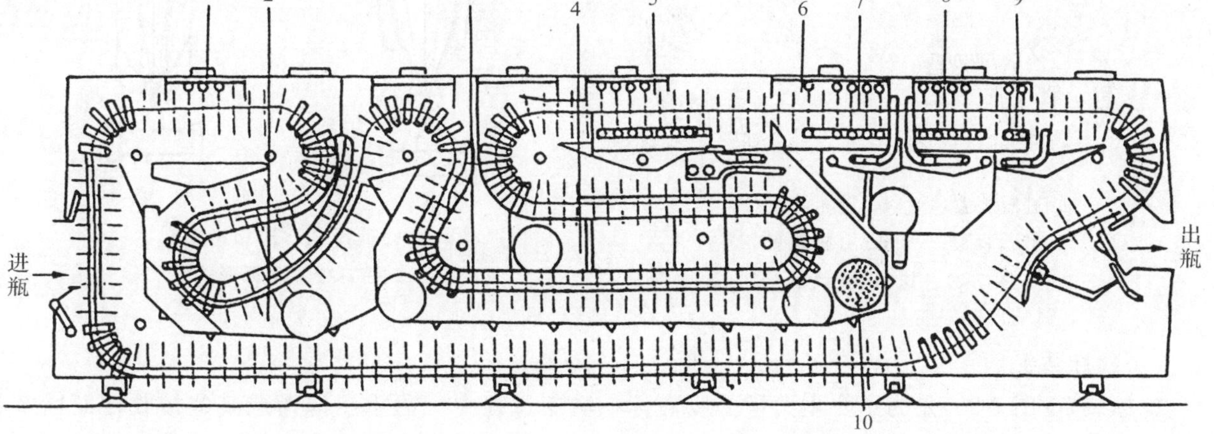

1. 预洗刷 2. 预泡槽 3. 洗涤剂浸泡槽 4. 洗涤剂喷射槽 5. 洗涤剂喷射区 6. 热水区预喷区
7. 热水喷射区 8. 温水喷射区 9. 冷水喷射区 10. 中心加热器

图 7-19 双端式全自动洗瓶机

全自动洗瓶机按照进瓶和瓶子在机器中的输送来分，又可分为连续式和间歇式两种类型。连续式全自动洗瓶机的输送带连续运动，无停止时间，这样所需驱动力低，同时能够避免间歇式运动造成瓶子在瓶罩内来回碰撞，从而减少瓶子母线的磨损及瓶子破裂，但其结构较为复杂。间歇式全自动洗瓶机指一排瓶套由链带带动进瓶时，有一个短时间的停留，在此静止时间喷头冲洗瓶子，这种洗瓶机结构简单，动作准确，但是由于瓶套的负荷重，运动时的冲击较大。

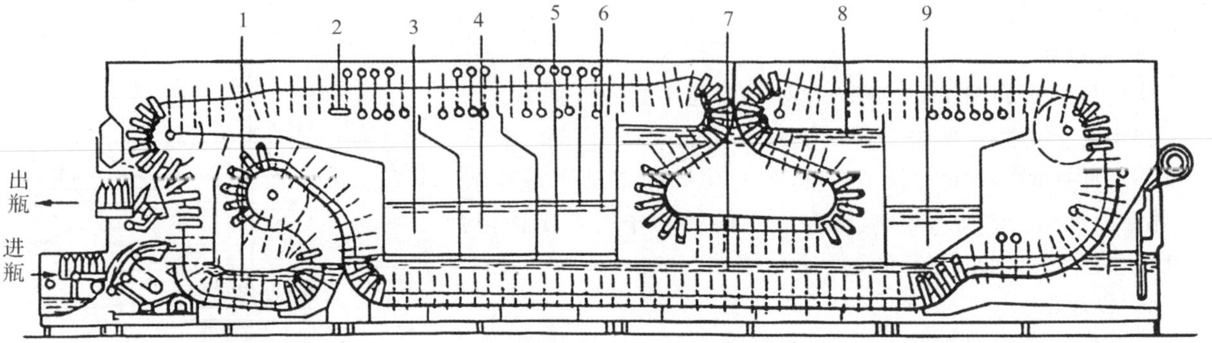

1. 预泡槽 2. 新鲜水喷射区 3. 冷水喷射区 4. 温水喷射区 5. 第二次热水喷射区
6. 第一次热水喷射区 7. 第一次洗涤剂浸泡槽 8. 第二次洗涤剂浸泡槽 9. 第一次洗涤剂喷射槽

图 7-20 单端式全自动洗瓶机

以单端式全自动洗瓶机为例，介绍其主要结构。

(1)进、出瓶装置

进、出瓶装置(图 7-21)的设立，可以有效地使输送带送来的瓶子平稳顺利、准确无误地进入瓶罩，或者使瓶子从瓶罩出来，没有冲击(或很少冲击)地进入输送带上，避免瓶子的损坏。

(2)瓶罩

瓶罩(图 7-22)有肩承式和口承式两大类，其作用是使瓶子在洗瓶机中运动时保持正确位置。

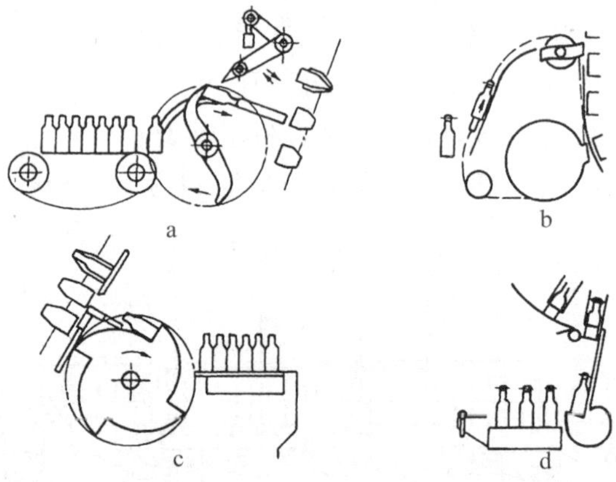

a. 进瓶装置(1) b. 进瓶装置(2)
c. 出瓶装置(1) d. 出瓶装置(2)

图 7-21 进、出瓶装置

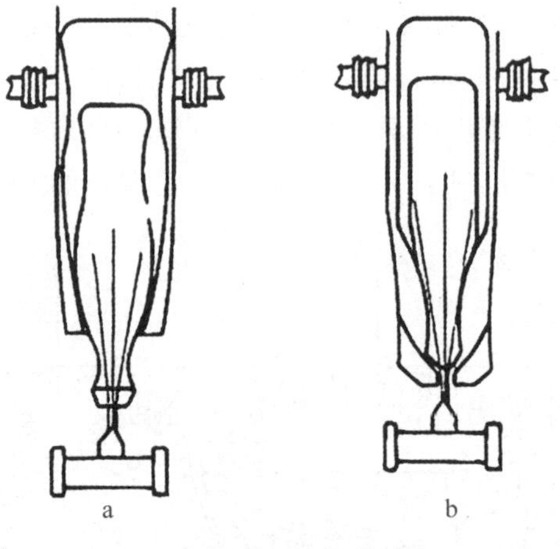

a. 肩承式 b. 口承式

图 7-22 瓶罩形式

(3)滤标装置

滤标装置(图 7-23)是为了防止大量的废商标在洗瓶过程中沉积于浸泡槽或某些接收槽而堵塞管道，影响洗瓶效果而设置的。

(4)水及热能的回收利用

在自动洗瓶机中，水的循环使用及热能的回收是非常重要的，要最大限度地降低水的消耗量及能源的消耗量,其利用率取决于该机器的水(洗液)分配及热量传送系统。洗瓶机的水及热能利用示意见图 7-24。

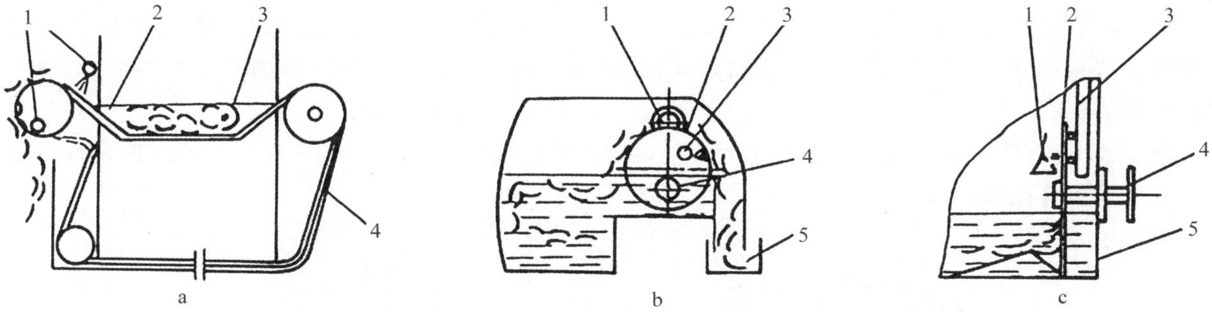

a. 带式滤标装置:1. 废标接收槽 2. 圆盘形滤网 3. 空气喷射管 4. 链带

b. 轮盘式滤标装置:1. 小齿轮 2. 大齿轮机圆柱形滤网 3. 空气喷射管 4. 洗液回流管 5. 废标箱

c. 转盘式滤标装置:1. 空气喷嘴 2. 浸泡槽 3. 废标 4. 滤网 5. 箱体

图 7-23 滤标装置

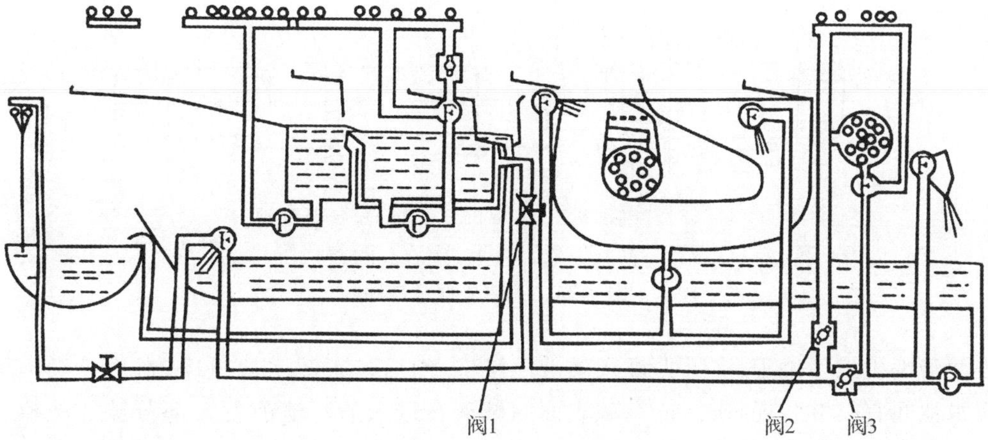

图 7-24 水及热能利用

水的循环使用一般是采用水与瓶子逆向的方法。净水从机外泵入,对瓶子进行最后喷射,回收后,作为冷水对瓶进行喷射。再回收进入热水池,经滤标处理及对瓶进行热水喷射后,一部分回收到预浸泡槽,另一部分仍回到热水池。浸泡槽两端的洗液,也是循环使用的。

热能的利用主要是通过需要冷却的瓶中的热量传给需加热的瓶子。如预浸泡槽中的热量主要来自热水池(预浸泡槽有溢流管通出机外),而热水池的热量主要来自瓶本身(第二次浸泡的槽的温度较高)。另外将两个加热器布置在机器的中心部,可以减少对周围的传热及辐射的热量损失。为保证各水池及浸泡槽的温度,一般都设有温度自动控制系统,保持机器的正常工作。

(5)外洗机

若回收的瓶外部太脏,且为一些不易除去的脏物,可以在洗瓶机前设置一台预洗机(外洗机),其结构示意如图 7-25 所示。

外洗机工作时,由输送机将脏瓶送入,上方的喷头对瓶冲洗,同时侧面的旋转刷不断地将脏物刷下。这种外洗机可利用洗瓶机的清洗水作为水源。

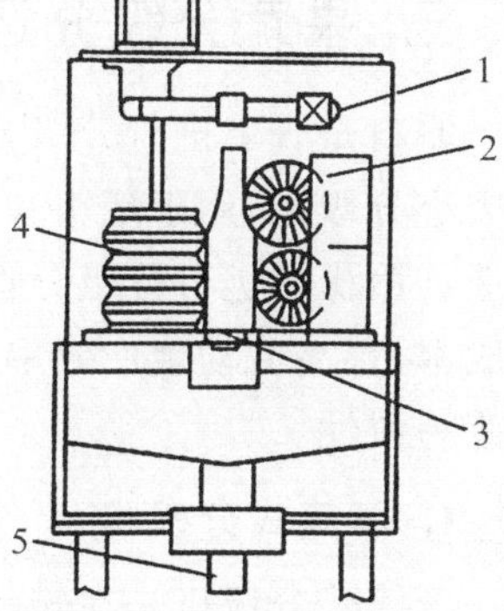

1. 喷嘴 2. 旋转刷 3. 固定导轨 4. 回转带轮 5. 污水排放管

图 7-25 外洗机结构

4. 实罐表面清洗机

实罐表面清洗机又称洗油污机，是罐头生产设备之一。装罐前空罐本身是干净的，但经过装罐、排气、封口和杀菌等工序后，实罐表面常常黏附很多油脂、汤汁及罐头的内容物，这些物质经过高压杀菌后会呈现暗黑色或黏性油腻的条纹和斑点。如果在杀菌过程中出现坏罐，其内容物及汤汁渗出会弄脏完好罐头的表面。

图 7-26 是一种带烘干机的实罐表面清洗机，主要由碱液池、清水池和烘干机等部分组成，由传动系统及输送装置连接成一体。

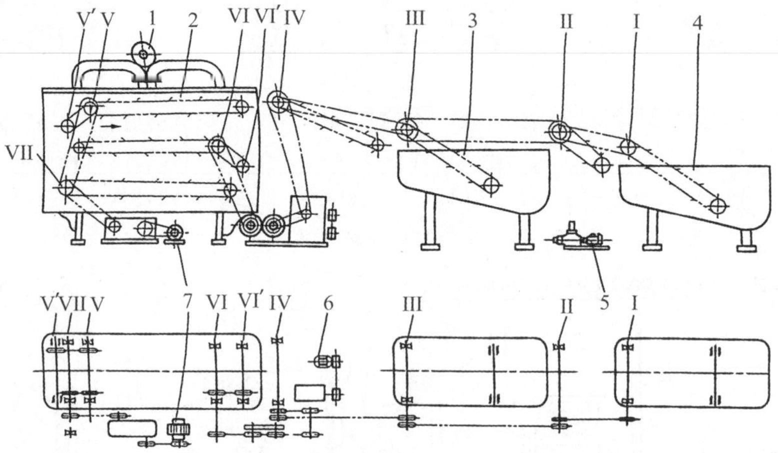

1、5、6、7. 电动机 2. 烘干机 3. 清水池 4. 碱液池

Ⅰ、Ⅱ、Ⅲ、Ⅳ、Ⅴ、Ⅴ′、Ⅵ、Ⅵ′、Ⅶ. 轴

图 7-26　实罐表面清洗机

实罐表面清洗机工作过程：实罐先进入碱液池浸洗，然后进入清水池过净，最后经烘干机烘干。在碱液池与清水池间有喷淋装置，来保证实罐表面的碱液在进入清水池前就大部分被冲洗掉。在清水池和烘干机之间设一个气吹装置，使罐头在进入烘干机前吹去表面上的部分水分，这样可有效提高烘干效率，减少烘干时间。

该机具有结构比较紧凑，操作管理方便，去污能力强，机械性能好，生产能力大，清洗过程连续化，改变罐型时调整比较方便，造价低等优点；缺点包括需要人工进、出罐，碱液浓度和温度不能自动控制、波动较大，烘干效率有待进一步提高等。

三、果蔬分级分选设备

原料是否要进行分级分选，应根据加工的目的和要求确定。一般用于果汁、果酱生产的原料不需要按大小分级，而用于罐头和一些果脯等产品生产的原料，则应按大小、重量、色泽等不同要求，进行分组分选。用机械进行分级分选后，能够降低产品加工过程中的原料损耗率，提高原料的利用率，降低产品的成本，提高劳动生产效率，并有利于生产的连续化和自动化，从而保证产品的质量标准和加工工艺的规范一致性。

1. 滚筒式分级机

滚筒式分级机是在转动的圆形筒上开有不同尺寸的孔眼，把进入的物料随滚筒转动并向出口移动，在移动中按滚筒孔眼尺寸大小实行分级。该机可用于青豆、蘑菇、枣、山楂、柑橘等果蔬原料的分级。

(1)结构与传动系统

滚筒式分级机见图 7-27，主要结构由机架、滚筒、摩擦轮、铰链和传动系统组成。其主要构件滚筒是用厚度为 1.5～2 mm 的不锈钢板冲孔后，卷成圆柱形筒状筛。为了制造方便，可将滚筒分成几节筒筛，筒筛之间用角钢作为加强圈。如用摩擦轮传动，则又作为传动的滚圈。滚筒用托轮支承在机架上，机架用角钢或槽钢焊接而成。集料斗设在滚筒下面，料斗的数目与分级的数目相同。

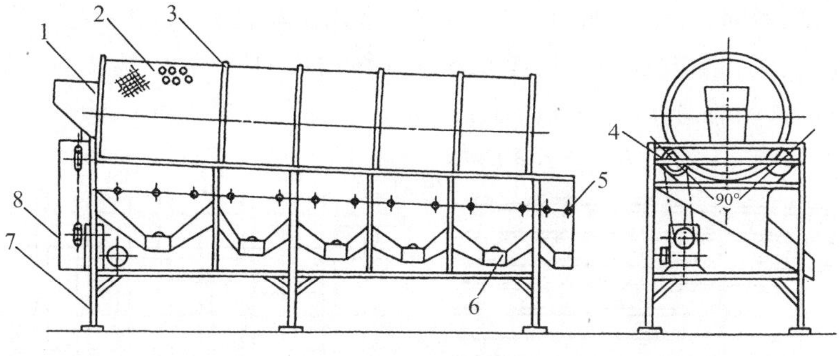

1. 进料斗　2. 滚筒　3. 滚圈　4. 摩擦轮　5. 铰链　6. 集料斗　7. 机架　8. 传动系统

图 7-27　滚筒式分级机

驱动滚筒转动包括中心轴式传动、齿轮传动和摩擦轮传动三种方式。由于摩擦轮传动方式简单可靠、运转平稳，因而目前采用较多就是该传动方式。摩擦轮传动工作时，由电动机将动力经过减速器、链传动至摩擦轮。摩擦轮装在一根长轴上，滚筒两边均装有摩擦轮，并且互相对称，其夹角为 90°，长轴一端(主支轴)与传动系统相连；另一端装有托轮，不与传动系统相连。主支轴带动摩擦轮转动，摩擦轮紧贴滚圈，因而摩擦轮与滚圈互相间产生摩擦力驱动滚筒转动。

物料在分级机中的移动方式因物料的滚动性不同而异。若物料的滚动性较差，可在滚筒内装置螺旋卷带来推动物料向出口移动；若物料为滚动性好的圆形或近圆形物料，则可将滚筒倾斜安装，使其向出口方向有一倾角。

在运转时，滚筒的孔眼往往被原料堵塞而影响分级效果。因而，常常在滚筒外壁安装木制滚轴，其轴线平行于滚筒的中心轴线，用弹簧使其压紧滚筒外壁，可将堵塞孔眼的原料挤进滚筒中，以提高机器的工作效率。

(2)滚筒分级机的优缺点

①优点：筒分级机工作时转速低，没有不平衡的运转部分，因此工作时很平稳。对物料的损伤小，产品质量好，生产效率高，适宜果蔬厂家使用。

②缺点：机器占地面积大，在同等生产能力时，其尺寸比平面筛大，相对金属耗量较大。机器调换筛筒较为困难，因而对原料的适应性差。滚筒筛面利用率低，因为物料升高主要靠滚筒转动和物料与滚筒内壁的摩擦力，因而升角只有 40°～45°。这样，滚筒直径虽大，但只利用 1/6～1/8 的面积。滚筒筛的筛孔易堵塞，需要及时清理。摩擦轮传动虽然好处多，但滚圈与摩擦轮之间因摩擦会产生铁屑掉入滚筒内，直接污染产品，设计时必须充分考虑这点。

2. 摆动筛

摆动筛又称为摇动筛，在食品工厂中常称为振动筛，属于外形尺寸分级机。它利用筛面孔径大小将物料分成若干级别。按其运动方式可分为摇动筛、振动筛、回转筛三种。

摆动筛结构见图 7-28，常用于圆形的水果和蔬菜的分级。食品工厂的摆动筛不同于选矿和粮食部门的振动筛，后者物料较坚固，可以在筛面上剧烈跳动，其振动频率较大，振动次数在 800～1 500 次/min；前者产品则不能损伤，物料在筛面以直线往复运动为主，而以振动为辅，一般振动次数在 600 次/min 以下。

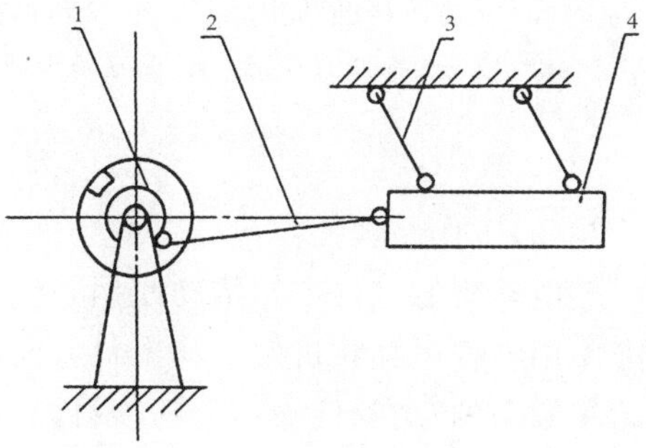

1. 曲柄　2. 连杆　3. 吊杆　4. 筛体

图 7-28　摆动筛结构

（1）摆动筛构造

摆动筛主要由机架、进料斗、筛体、振动摇摆机构、分级集料斗、传动装置组成。筛体是摆动筛主要的工作部分，设计的好坏直接影响分级效果。筛体一般有三种形式：一种是由一根根平行安置的具有一定断面的钢棒所制成，称栅筛，其结构如图 7-29a 所示，常用于马铃薯、洋葱、苹果等直径较大的物料；一种由耐腐蚀，有较好的强度和柔软性的金属丝或丝线编织而成的编织筛，其孔的形状有方孔和矩形孔两种，适用于大多数物料，其结构如图 7-29b 所示；还有一种是在薄钢板冲（钻）孔制成的板筛，常用于山楂、青豆等直径较小的物料，其结构如图 7-30 所示。

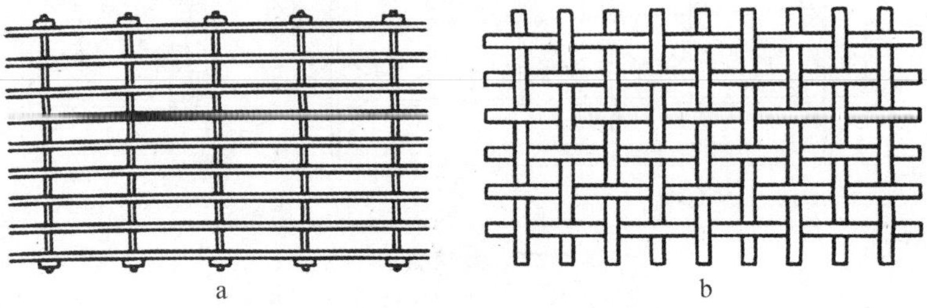

a. 栅筛　b. 编织筛

图 7-29　栅筛与编织筛

筛孔的形状有圆形、长圆形和方形等几种。为了减少堵塞孔的现象，把孔做成圆锥形最理想，孔由上向下逐渐增大，其圆锥角以 70°为宜。筛孔的尺寸应稍大于物料所需分级的尺寸，对于圆孔，是物料尺寸的 1.2～1.3 倍；对于正方形孔，是物料尺寸的 1.0～1.2 倍；对于长方形孔，是物料尺寸的 1.1 倍。

筛孔在筛面的排列方式最好交错成正三角形排列，其有效面积比正方形排列可增加 16%。有效面积系数指筛孔的总面积对整个筛面面积的比值，是评定筛子质量的重要指标，比值大则分级效率高，一般以 50%～60%为宜，过高会影响筛子的强度。正三角形排列还有一个好处是筛孔错开排列，物料在筛面上运动过程中过筛的机会多。

为了便于筛面上的物料向排料端移动，筛面通常设有一向下的角度，该角度一般为 10°～50°，倾角过小，物料移动速度慢，影响生产效率；倾角过大，物料移动速度快，降低分级效率。滚动性能差的物料，倾角取高限，相反则取低限。

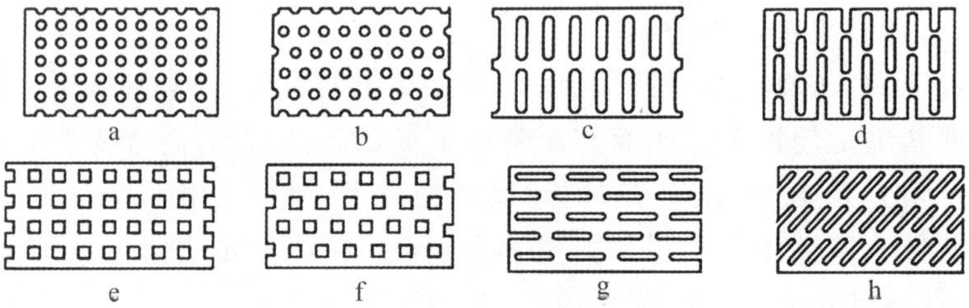

a. 正方形排列圆孔筛　b. 正三角形排列圆孔筛　c. 长方形排列长圆孔筛　d. 三角形排列横向长圆孔筛
e. 正方形排列方孔筛　f. 正三角形排列方孔筛　g. 三角形排列纵向长圆孔筛　h. 长方形排列斜长圆孔筛

图 7-30　板筛

（2）工作原理

电动机通过皮带轮传动使偏心轮回转，偏心轮带动曲柄连杆机构使筛体沿一定方向做往复运动。筛体用支杆吊挂在机架上与出料方向有一倾角，筛体的运动方向垂直于支杆的中心线。由于筛体的摆动和倾角的存在，使筛面上的物料以一定的速度向排料端移动。筛体是多层装置，各层筛孔根据物料的分级规格，由上至下缩小孔径，最大的物料留在最上层筛中，最小物料穿过各层落到底部集料斗，上面每层筛子留下的物料都属于同一级，从筛子末端排出分别进入各级集料斗中。

(3)影响筛分效果的因素

①原料的形状

原料的几何形状不同,影响其在筛面上的流动,因而分级效果也不同。一般球形物料比扁平、不规则的颗粒容易筛落;细微物料不如大颗粒物料容易筛分,如青豆比蘑菇的分级效果要好。

②料层厚度及筛落速度

料层越薄,筛下物料通过此层的时间越短,物料接触到筛面的机会越大,筛分效果就越好。物料被筛落的速度越快,筛下物料的百分数越高,筛分效果就越好。

③物料的含水量

物料的干湿程度对分级效果也有影响,特别是粉状物或细小的物料更是如此。因为湿的物料散落性差,易结成团堵塞筛孔,而影响自动分级。

此外,筛孔的形状、筛面种类、生产能力、筛分的运动方式、加料量及均匀程度都会影响筛分效果。

3. 三辊筒式分级机

三辊筒式分级机属于尺寸分级。它利用改变升降辊筒间距的方法获得不同大小的间隙,从而使物料分级,适用于苹果、柑橘、番茄和桃子等球形体或近似球形体的蔬果原料分级。三辊筒式分级机的结构如图 7-31 所示,全机主要由升降导轨、出料输送带、理料辊、辊筒输送链及机架等组成。

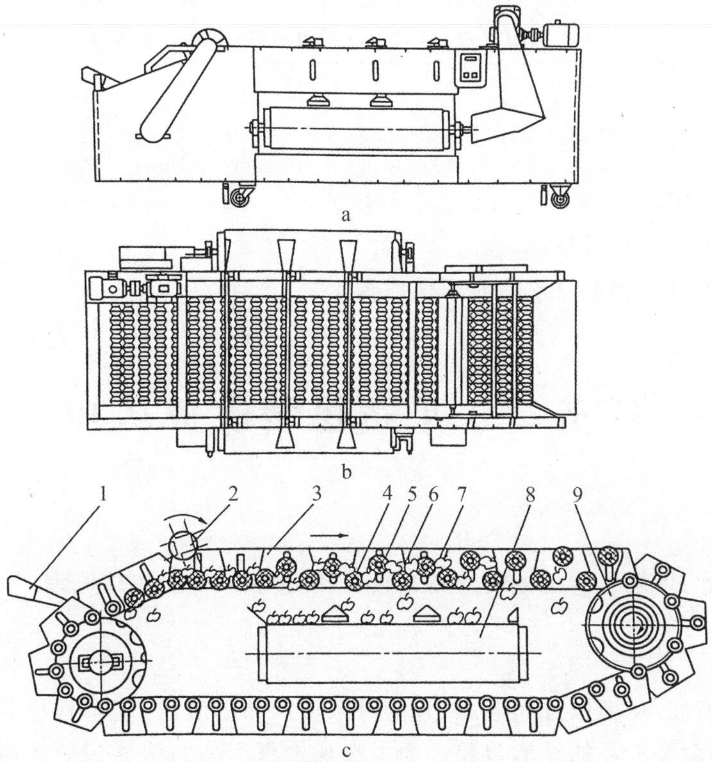

a. 主视图　b. 俯视图　c. 工作原理图

1. 进料斗　2. 理料辊　3. 驱动链　4、6. 固定辊筒　5. 升降辊筒　7. 物料　8. 出料输送带　9. 驱动轮

图 7-31　三辊筒式分级机

理料辊是一个带有四个 U 形叶片的辊轮,通常安装在进料输送带的上方,距进料入口稍有一段距离,其转动方向与输送带方向相反。理料辊的作用是把堆积的物料拨平,整理成单层,使之均匀排列在分级辊中,以提高分级效率。

分级结构是一条由轴向剖面带梯形槽的分级辊筒组合成的输送带。每两根辊筒之间设有一个升降辊，辊上带有同样的梯形槽，此三根辊轴形成两组分级孔，水果正处在此分级孔中的输送带上，各个辊都顺时针方向转动，每个水果都有机会把其最小尺寸对准辊轴之间的菱形孔。

工作时，水果进入输送带，最小的水果则从两相邻辊之间的菱形孔中落到集料斗里，其余水果通过理料辊被整齐地排列成单层进入分级段。在驱动链轮的牵引下，输送带上各辊因与轨道之间的摩擦作用而顺时针向前滚动，升降辊在上升轨道上逐渐上升，相邻辊之间的菱形孔也逐渐增大。每个孔中只有一个水果，水果在转动辊的摩擦带动下也转动，这样水果最小外径总有机会对准菱形孔，当水果外径小于孔时落下，并被出料输送带沿横向送出机外；而直径大于孔的水果继续随带前进，随着菱形孔的增大而在带的不同位置上落下，从而分成若干等级。若升降辊上升至最高位置而水果仍不能从孔中落下，则最后掉入末端的集果斗中，属于特大水果。这种水果分级机分级准确，水果损伤少，但结构复杂，造价较高。

任务评价

以学习小组为单位，按照项目、内容和标准进行评价，见表 7-4。

表 7-4 认知果蔬清洗分级设备的评价标准

评价项目	评价内容	评价标准
清洗机的种类	知识要点	正确理解、叙述清洗机的种类
分级机械的分类方法	知识要点	正确理解、叙述分级机械的分类方法

任务巩固

1. 清洗机的种类有哪些？
2. 分级机械的分类方法有哪些？
3. 分级机械中颜色分选装置设置的原理是什么？

任务二　果蔬包装设备认知

任务描述

了解果蔬包装技术；了解包装机械的分类方法；了解包装机械的工作原理。

任务分析

随着我国经济的发展，从健康方面考虑，人们对果蔬产品的质量、新鲜程度和食用安全的要求不断提高，逐渐开始看重果蔬类产品的外形包装。为了实现果蔬产品的快速包装及减少果蔬产品因与机械直接接触引起的二次污染，设计和研发可以独立包装的果蔬机械设备显得尤为重要。

知识链接

果蔬产品的含水量很高，表皮保护组织却很差，在采收、贮藏和运输中容易受机械损伤和微生物侵染。果蔬产品采收后仍然是一个活体，有呼吸和蒸腾作用，会产生大量的呼吸热，使周围环境温度升高，使产品失水，容易腐烂变质、丧失商品和食用价值。包装可缓冲环境对产品的不良影响，延长货架期，防止产品受到尘土和微生物的污染，减少病虫害的蔓延和产品失水萎蔫。在贮藏、运输和销售过程中，包装可减少产品间的摩擦、碰撞和挤压造成的损伤，使产品在流通中保持良好的稳定性，提高商品率。包装也是一种贸易辅助手段，可为市场交易提供标准规格单位。包装的标准化有利于仓储工作的机械化操作、减轻劳动强度，设计合理的包装还有利于充分利用仓储空间。

一、充填包装机

充填是指将固体物料或黏稠物料按一定质量规格的要求充入包装容器中的操作，主要工序包括食品的计量和充入，其中的核心是计量。固体食品或黏稠食品的形态复杂多样，其充填远比液体物料灌装困难，对于充填机中计量装置的要求比灌装机更复杂。尽管如此，仍然可以按照定量方式，将充填包装机分为容积式充填机、称重式充填机和计数充填机。

(一)容积式充填机

将产品以容积计量方式充填至包装容器内的充填机称为容积式充填机。这种充填机的计量基于物料的堆积密度均匀一致，即相同容积的物料具有相同的质量。其结构简单，计量速度快，造价较低，适于干料或半流体物料的充填。

1. 螺杆式充填机

螺杆式充填机如图 7-32 所示，主要由进料器、电磁离合器、电磁制动器、光电码盘、搅拌电动机、齿形带、计量电动机、计量螺杆、工作台、机架组成，适用于装填流动性好的颗粒状、粉末状、稠状物料，但不宜用于易碎的片状物料或密度较大的物料。

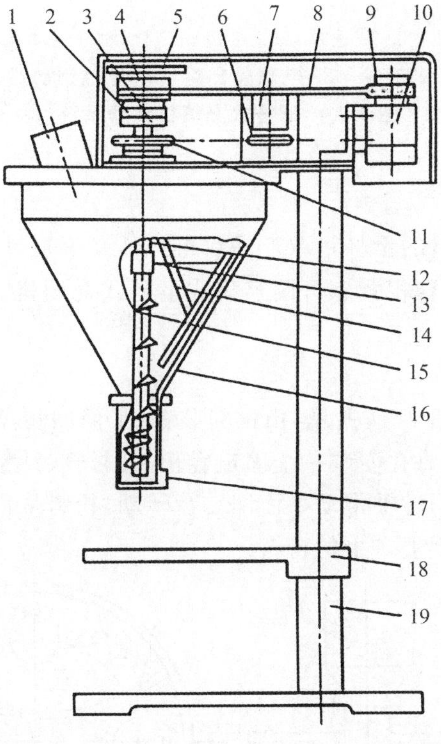

1. 进料器 2. 电磁离合器 3. 电磁制动器 4. 大带轮 5. 光电码盘 6. 小链轮 7. 搅拌电动机 8. 齿形带 9. 小带轮 10. 计量电动机 11. 大链轮 12. 主轴 13. 联轴器 14. 搅拌杆 15. 计量螺杆 16. 料仓 17. 筛粉格 18. 工作台 19. 机架

图 7-32 螺杆式充填机结构

螺杆式定量充填的基本原理是螺杆每圈旋转槽都有一定的理论容积，在物料堆积密度恒定前提下，控制螺杆转速就能完成计量和充填操作。由于螺杆转动次数由转动时间决定，所以控制螺杆转动次数可以通过控制转动时间来实现。

如图 7-33 所示，工作时，启动计量电动机，它通过小带轮带动大带轮转动，光电码盘同时转动。当计量开始时，电磁离合器接收信号，于是与螺旋轴连在一起的离合器与大带轮吸合，螺旋轴转动。当计量螺旋轴及光电码盘转过预定圈数满足计量要求时，对电气控制系统发出信号，电磁离合器与大带轮脱开，制动器同时制动，计量与充填过程结束，然后进行包装。当包装完毕后，再重复下一个同样的计量循环。

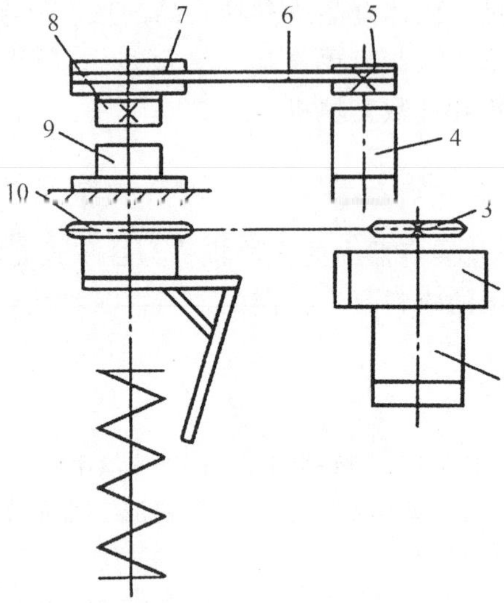

1. 搅拌电动机 2. 减速器 3. 小链轮 4. 计量电动机 5. 小带轮
6. 齿形带 7. 大带轮 8. 电磁离合器 9. 电磁制动器 10. 大链轮

图 7-33 螺杆式充填机传动系统

2. 量杯式充填机

量杯式充填机是采用已知容量的量杯量取产品后再将其充填到包装容器内的机器。根据量杯计量装置的容积是否可调，可分为固定容积式和可调容积式量杯式充填机。这种装置只适合于堆积密度非常稳定的物料。

(1)固定容积式量杯式充填机

固定容积式量杯式充填机如图 7-34 所示，由供料装置、平面回转盘、计量杯及活门底盖等组成。平面回转盘圆周上等分开有 4 个孔，每孔安装一个固定容积的圆筒状计量杯，回转盘平面上装有粉罩及刮板。工作时，在传动机构的带动下，转轴带动平面回转盘转动，粉料从供料仓送入粉罩内，物料靠自重装入计量杯内，回转盘运转时，刮板刮去多余的粉料。

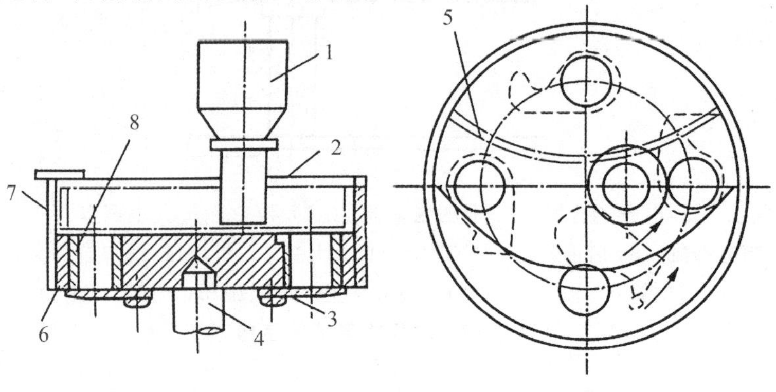

1. 供料装置 2. 粉罩 3. 活门底盖 4. 转轴 5. 刮板 6. 平面回转盘 7. 护圈 8. 计量杯

图 7-34 固定容积式量杯式充填机

已装好粉料的定量杯随圆盘回转到卸料工位时，顶杆推开定量杯底部的活门底盖，粉料自定量杯下面落入漏斗，装入容器内。活门底盖关闭，进入下一次计量分装。

(2)可调容积式量杯式充填机

如图 7-35 所示，可调量杯的杯体为组合结构，由直径不同的上、下量杯嵌套在一起，相叠而成。上量杯为固定量杯，由上转盘带动；下量杯为活动量杯，由下托盘带动，两者结合在一起，同步转动，通过调整装置改变上、下量杯的相对位置，即调节上量杯进入下量杯的深度，则下量杯剩余的容积发生改变，可以小范围调节进料体积。它的工作原理与固定容积式相同，只是增加了计量杯调整机构，调整方法有手动和自动两种，计量精度可达 2%～3%。

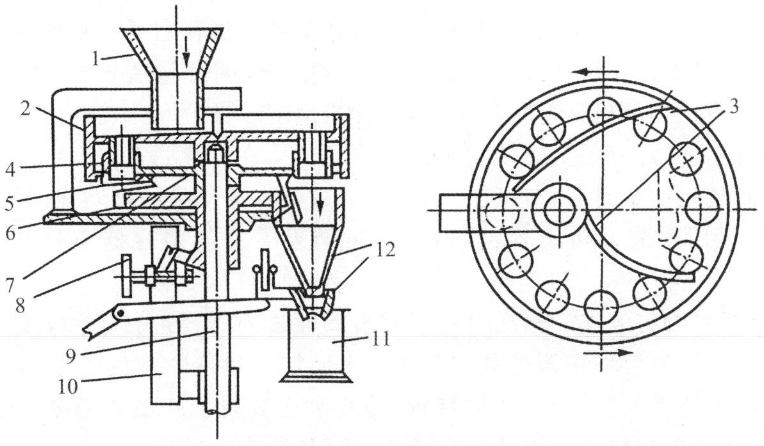

1. 料斗 2. 转盘 3. 刮板 4. 计量杯 5. 活门底盖 6. 导轨 7. 托盘
8. 计量杯调整机构 9. 转轴 10. 支柱 11. 容器 12. 漏斗

图 7-35 可调容积式量杯式充填机

3. 转鼓式充填机

转鼓式充填机是利用转鼓外缘与外壳之间所形成的容积进行计量的，如图 7-36 所示，主要由转鼓、调节螺钉、柱塞板和外壳组成，转鼓转 1 转，可以充填 2 次，充填速度与转鼓转速有关。转鼓的转速不能太快，否则容腔充填系数低。这种装置适合充填黏稠状流体和粉料。通过调节螺钉可以改变计量容腔中柱塞板的位置来调节装填物料的容量。

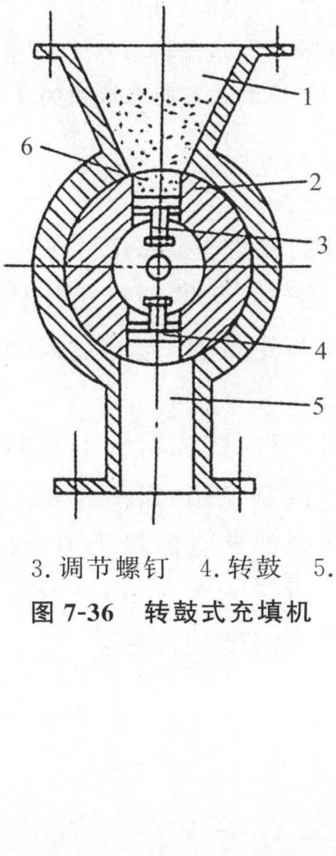

1.料斗 2.柱塞板 3.调节螺钉 4.转鼓 5.外壳 6.计量鼓腔

图 7-36 转鼓式充填机

4. 容积式充填机的使用维护

容积式充填机一般适合于粉末状或黏稠状、在充填过程中堆积密度变化较小的物料，使用时应根据不同的物料特点选择合适的设备，充填速度要控制在一定范围内，如果充填速度过快，堆积密度改变较大，计量精度会受到较大影响。当充填物料密度或品种发生改变时，要及时调整机构和充填量。

(二)称重式充填机

称重式充填机是将产品按预定重量进行计量并充填到包装容器内的充填机，主要使用应变传感器，把重物在传感器应变片上产生的形变转换成电压信号，实现称量。它易于用计算机来计量和控制，应用最为广泛。在自动包装机中，常用称重计量法计量各种堆积密度不稳定的松散物料及不规则形状的物料。称重计量的精度主要取决于称量装置的精度，一般的称量装置的计量精度可达 0.1%。相对于容积式充填机，称重式充填机计量精度较高，但计量速度较低。

称重式充填机按称量方法分毛重充填机和净重充填机。在充填过程中，毛重式充填机将产品与包装容器一起称量，达到规定质量时停止进料。由于包装容器本身质量的影响，计算精度不高。净重式充填机则首先将物料称量后再充入包装容器，由于称量结果不受包装容器质量变化的影响，称量较为精确。

连续式称重充填机在物料的连续输送过程中对瞬间通过的物料进行检测，并通过电子检控系统调节控制物料流量为设定值，最后利用等分截取装置获得所需的每份物料的定量值。连续式称重充填机的基本组成有料斗、可控给料装置、等分截取装置、物料载送装置和检测传感器等，可简化如图 7-37 所示。连续式称重装置按输送物料的方式分为皮带电子秤和螺旋电子秤。

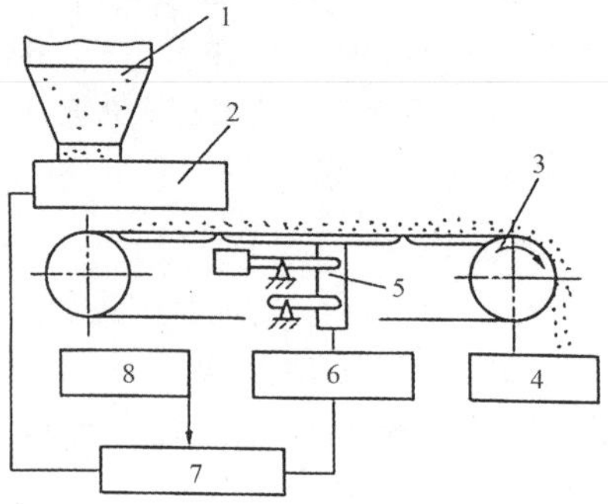

1. 料斗　2. 可控给料装置　3. 物料载送装置　4. 等分截取装置　5. 秤体
6. 检测传感器　7. 电子调节器　8. 重量给定装置

图 7-37　连续式称重充填机的基本组成

1. 皮带电子秤

图 7-38 为天平平衡盘式皮带电子秤的原理及结构图，它是由料斗、秤盘、差动变压器、阻尼器、Ω 弹簧、输送带、系统平衡砝码和微调砝码等构成。等臂杠杆承托秤盘，物料的质量由砝码控制。

工作前，根据需要充填物料的质量调节定量值，先通过砝码对质量进行粗调，再通过“质量校正”旋钮进行微调。

工作时，需要称量的物料连续流经自动秤，当皮带上的物料质量变化时，秤盘通过差动变压器将此质量变化信号转变为相应的电信号，经过控制电路，输出控制信号控制可逆电动机，调节闸门升降，控制皮带上的物料层厚度，从而保证皮带上物料的质量流量为恒定值。在皮带端部卸料漏斗下方，有一个作等速回转的等分格圆盘，它每次截取相等质量的物料，经圆盘分格下部漏斗将物料装入包装袋中，所以适当协调皮带和等分盘的速度，即能达到所需要的称量。

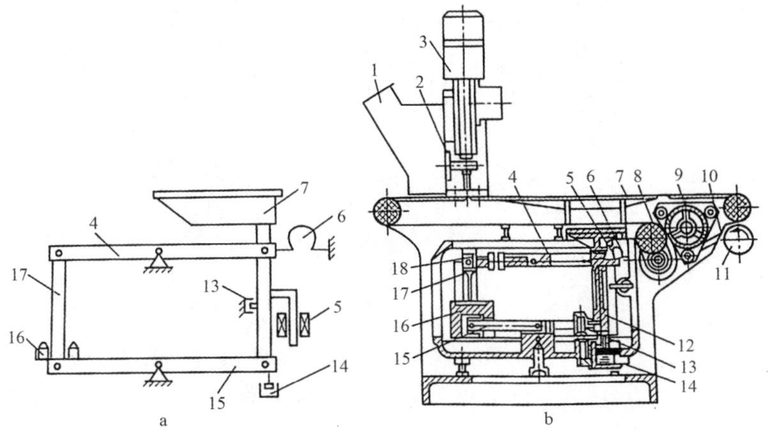

1. 料斗 2. 闸门 3. 可逆电动机 4. 横杆 5. 差动变压器 6. Ω 弹簧 7. 秤盘 8. 压辊
9. 主动带轮 10. 输送带 11. 圆毛刷 12. 前支架 13. 限位器 14. 阻尼器 15. 辅杆
16. 系统平衡砝码 17. 后支架 18. 微调砝码

图 7-38 天平平衡盘式皮带电子秤的原理及结构

2. 螺旋电子秤

螺旋电子秤的工作原理与皮带电子秤相似，其电子仪表系统与皮带电子秤一样，只是物料输送装置由皮带式改为螺旋式，是一个密闭式连续称量系统。此种秤的喂料旋转置于称重装置上，通过喂料螺旋转速调节质量，使计量螺旋内物料的流量保持恒定。

(三)多功能包装机

多功能包装机是指在一台整机上可以完成两个或两个以上包装工序的机器，通常由能完成的包装工序联合命名。

1. 袋成型-充填-封口包装机

袋成型-充填-封口包装机是一种用可热封的柔性包装材料自动完成制袋、物料充填、排气或充气、封口和切断等多功能的包装机。这类包装机应用范围很广，可装粉状、粒状、片状、块状固体物料，流体和半流体及气体物料。

(1)工作过程

立式袋成型-充填-封口包装机的成型、充填及封口工序顺序布置在一条铅垂线上，适用于流动性好的粉粒状或液体食品的包装。卧式袋成型-充填-封口包装机的成型、充填及封口工序顺序布置在水平直线上，适用于饼干、肉类等形状规则或不规则的流动性较小的食品的包装。

(2)主要工作部件

①制袋成型器

在袋成型-充填-封口包装机中，制袋成型器用来将平面状包装材料折合成所要求的形状。制袋成型器具有满足袋型需要、结构简单、成型阻力小及成型稳定性好的特点。常用的制袋成型器见图 7-39。

a. 三角形制袋成型器结构简单，通用性好，多用于扁平袋。

b. U 形制袋成型器是在三角形制袋成型器基础上改进而成。它在三角板上圆滑连接圆弧导槽及侧向导板，成型性能优于三角形成型器，一般用于制作扁平袋。

c. 缺口平板制袋成型器由缺口平板、导辊和双边纵封辊组成。它本身能将平张薄膜对开后又能自动对折封口呈圆筒形，常应用在立式连续联合包装机上。

d. 翻领制袋成型器由内外两管组成，其外管呈衣服的翻领形，内管横截面根据所需袋型而有不同

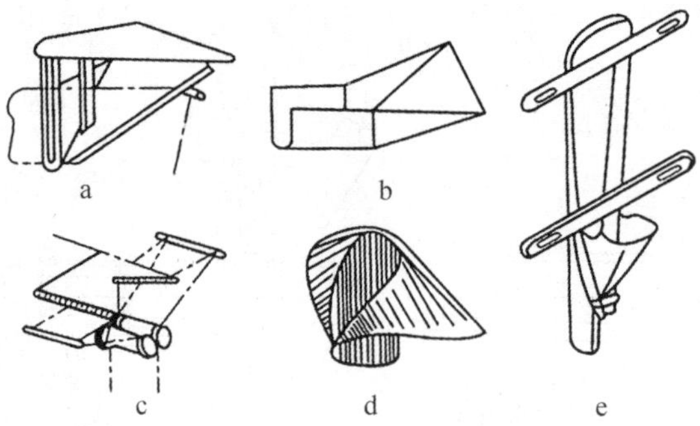

a. 三角形　b. U 形　c. 缺口平板　d. 翻领　e. 象鼻形

图 7-39　常用的制袋成型器

形状(圆形、方形、菱形等),并兼有物料加料管的功能。这种成型器成型阻力较大,容易造成拉伸等塑性变形,故对单层塑料薄膜的适应性较差;设计、制造和调试都较复杂,而且一个成型器只能适用于一种袋宽。但这种成型器成型质量稳定,包装袋形状精确。

e. 象鼻形制袋成型器成型过程平缓,成型阻力较小,对塑料单层薄膜的适应性较好,不但可制作扁平袋,还可制作枕型袋,但一个成型器只能适应一种袋宽。该成型器多用于立式连续袋成型－充填－封口包装机。

②封口装置

封口的方法通常有胶结和熔结两种。如果用塑料薄膜作为包装袋材料,要求其封缝严密、牢固,一般采用热封法。热封法有接触式和非接触式两大类,其中接触式应用最广泛。常用的热封装置有滚轮式热封器、辊式热封器、板式热封器、高频热封器和超声波热封器等。

a. 滚轮式热封器

有两个回转运动的滚轮,加热元件位于滚轮内部。滚轮表面加有直纹、斜纹或网纹。滚轮连续进行回转运动,对其间的薄膜加压加热,使其热封。滚轮式热封器一般用于纵封,同时还兼有牵引薄膜前进的作用。

b. 辊式热封器

属连续回转型,主要用于连续式横封。为适应不同的薄膜宽度,其辊筒较长,故称为辊式。图 7-40 为辊式横封器,辊筒内装有加热元件,两辊筒由弹簧保持弹性压紧。图中 A-A 为横断面剖视图。由于薄膜是匀速移动,故辊筒的线速度与之相等从而同步移动。

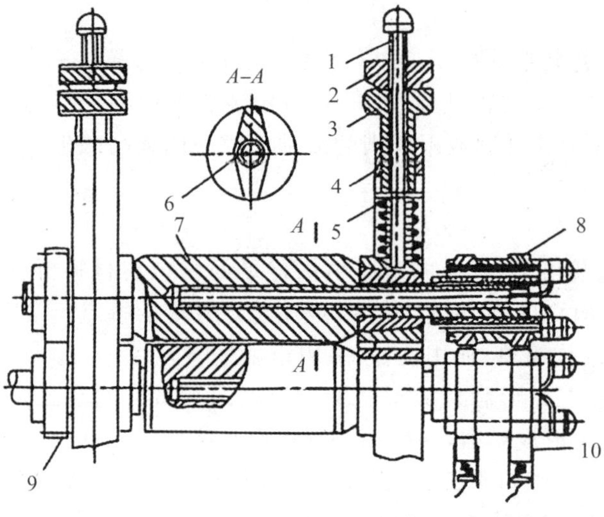

1. 支杆　2. 锁紧螺母　3. 套筒　4. 机架　5. 加压弹簧　6. 加热管　7. 横封管　8. 滑环　9. 齿轮　10. 碳刷

图 7-40　辊式横封器结构示意

c. 板式热封器

是结构最简单、使用最普遍的间歇作业的热封器。其加热元件为矩形截面的板型构件，一般采用电热丝、电热管使热板保持恒温。当被加热到预定温度后，热板将要封合的塑料薄膜压紧在支撑板的耐热橡胶垫上，即进行热封操作。这种板式热封器封合速度快，通常用于横封。

d. 高频热封器

是利用高频电流使薄膜熔合，属于"内加热"型。它有两个高频电极，相对压在薄膜上，在强高频电场的作用下，薄膜因有感应阻抗而迅速发热熔化，并在电极的压力作用下封合。这种"内加热"型热封器的加热升温快，中心温度高但不过热，所得封强度大，适用于聚氯乙烯等感应阻抗大的薄膜。

e. 超声波热封器

是一种非接触式热封器。它利用超声波的高频振动作用，使封口处的薄膜内部摩擦发热熔化而封口。它的主要工作部件是超声波发生器，常用压电式换能器将电磁波转变为超声波，再作用到需融合的封口处。超声波热封也属于"内加热"，中心温度高且封口速度快，瞬间即可完成。封口质量好，特别适用于热变形较大的薄膜的连续封合，但设备投资较大。

③切断装置

物料充填成型并封合后，由切断装置将其分割成单个的小袋。图 7-41 为滚刀切断装置，通过滚刀与定刀相互配合完成切断操作。滚刀刃和定刀刃成 1°～2°夹角，保证两刀刃工作时逐渐切断，降低切断时的冲击。两刀刃间留有微小间隙，避免在无薄膜时产生碰撞。此间隙通过调节螺栓调节定刀来实现。

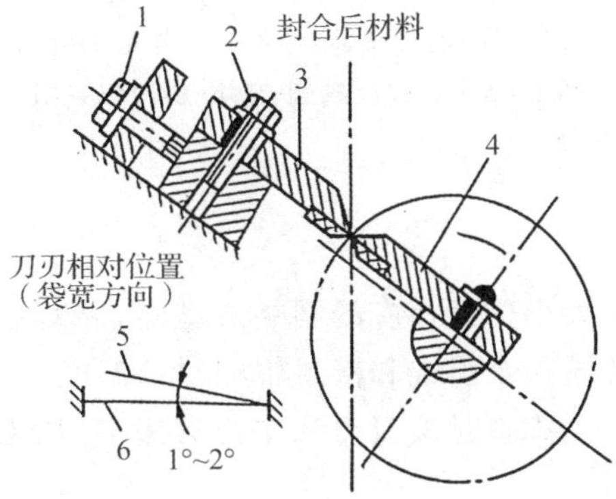

1. 调节螺栓 2. 固定螺栓 3. 固定刀 4. 活动刀 5. 活动刀刃口线 6. 固定刀刃口线

图 7-41 滚刀切断装置

2. 立式袋成型-填充-封口包装机

(1)工作原理

立式袋成型-填充-封口包装机的包装原理如图 7-42a 所示。图 7-42b 为立式袋成型-填充-封口包装机的外形。该机适用的包装袋为三面封口式，主要适用于颗粒状食品的包装。卷筒薄膜在纵封辊轮的牵引下，经导辊进入象鼻形制袋成型器对折成型，形成管状。纵封辊轮在牵引袋筒的同时对其进行封合，成卷筒形。随后由封辊闭合，压住底边加热封口，容杯中的给料盘将计量好的颗粒状物料充入袋子中，横封辊转开，袋子又被纵封牵引辊拉下，横封辊又转回，加热加压封顶边，完成横向封口，最后由切断器切断成单件产品，从出料槽送出包装机。同样，每次封口操作可同时完成上袋的下口和下袋的上口封合，并切断分离。物料的充填是在袋筒受纵封牵引下行至横封闭合前完成的。如果薄膜发生伸长或缩短，使包装材料上的色标发生断裂或错位，由光电装置检测并发出电信号，使控制系统相应加快或减慢薄膜输送速度，或者停机检查。这是一种广泛采用的机型，因其包装原理的合理性和科学性而成为较多采用的设计方案，根据这一包装原理可设计出多种袋型。

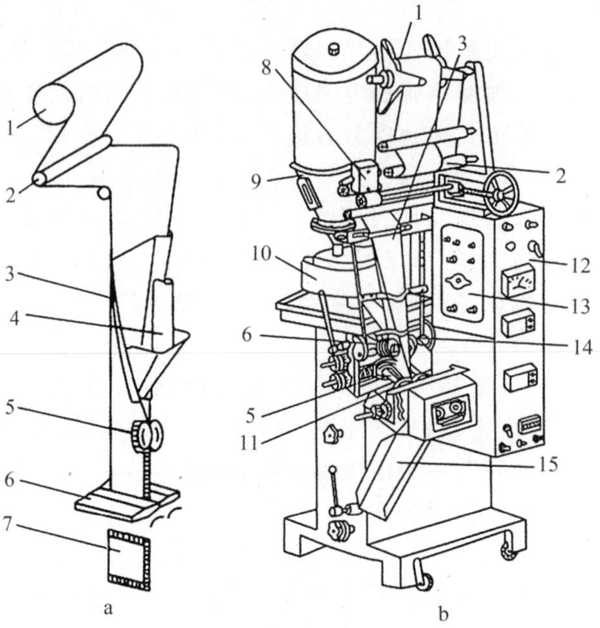

a. 原理图　b. 外形图

1. 卷筒薄膜　2. 导辊　3. 象鼻形成型器　4. 加料器　5. 纵封辊轮　6. 横封辊　7. 成品袋　8. 光电装置　9. 贮料斗　10. 容杯式给料盘　11. 横封辊测温传感器　12、13. 电光控箱　14. 纵封辊测温传感器　15. 出料槽

图 7-42　立式袋成型-充填-封口包装机

(2)使用维护

①包装机调整

工作前,应根据包装物料体积大小更换相应的制袋成型器,并对量杯式计量装置进行相应的调整。根据包装材料封结温度要求,调节纵封牵引辊和横封辊的封结温度。转动横封器,检查滚刀刃与定刀刃之间是否留有微小间隙,以避免在无薄膜时滚刀刃和定刀刃碰撞,如无间隙,调整固定刀调节螺栓进行调整。

②包装机的使用

包装机使用过程中,应严密监视机器的运行情况,如有故障应立即检查排除。

③包装机的维护

对传动装置的张紧程度要定期检查、调整和润滑,切断器的刀刃应保持锋利。

3. 热成型-充填-封口包装机

热成型-充填-封口包装机是在加热条件下,对热塑性片状包装材料进行深冲,形成包装容器,然后再进行充填和封口的机器。在热成型-充填-封口包装机上能分别完成包装容器的热成型、装填、热封、裁剪、修整等工序。

(1)包装材料

热成型-充填-封口包装材料应满足对商品的保护性、成型性、真空包装的适应性和封合性等基本条件的要求。常用热成型-充填-封口包装材料为可热成型及热封合的单片或复合材料,如硬质聚氯乙烯薄片、聚苯乙烯薄片、聚丙烯薄片、聚氯乙烯/聚偏二氯乙烯复合膜等。

(2)工作过程

热成型-充填-封口包装机的包装工艺过程如图 7-43 所示,整机采用连续步进的方式,由下卷膜成型,上卷膜封口。工作时,将成型膜送入热成型器内,成型膜被加热后,由模具将加热的成型膜冲成所要求形状(如圆形、方形等)的容器,再对容器进行冷却。冷却后容器进入装填区,由定量灌装装置向容器内灌入物料,然后进入热封区。在热封区,上卷膜经导辊覆盖在成型盒上,视包装需要可抽真空或充入保护气体,然后进行热压封合。最后经横切、纵切及切角修边形成包装成品,完成热成型-充填-封口。

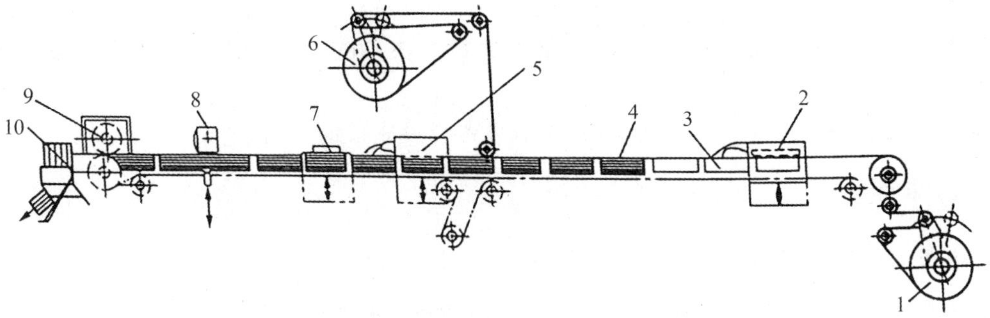

1. 底膜卷 2. 热成型 3. 冷却 4. 充填 5. 热封 6. 盖膜卷
7. 封口冷却 8. 横向切割 9. 纵向切割 10. 底膜边料引出

图 7-43 热成型-充填-封口包装机包装工艺过程

(3)使用维护

①加热温度的选择

使用前,应根据使用的包装材料,选择合适的加热温度。容器成型时的加热温度对成型质量有很大的影响,温度太高,封口会熔化;温度太低,封口不牢固。

②使用维护

a. 使用前后,应对物料灌装系统进行清洗消毒,包装机在运转过程中所产生的灰尘残留物、油渍等,会影响机器的正常工作,应经常进行擦拭和清理,以免机器发生故障。

b. 横、纵向切断装置的刀刃应及时更换,并调整定、动刀刃间隙。各运动部件应定期进行润滑。

c. 调整光电检测控制系统,光线太强太弱都会妨碍光电传感器的工作,可通过调节传感器的灵敏度、灯的位置和遮住外界光线等方法使光电控制系统正常工作。

d. 各运动零件都要高度正确,特别要注意各零件的停顿位置、冲程长度或圆周行程中各零件间的动作配合等。紧固件一定要拧紧,螺纹松动会产生振动,使机器工作不当甚至失效。注意保持各阀门、管路的灵敏畅通。

实训 蔬菜的贮藏技术

一、目的与要求

了解贮藏与蔬菜特性之间的关系;了解蔬菜贮藏与商品特性;理解蔬菜贮藏保鲜的原理;掌握影响果品贮藏质量的因素及果品贮藏方式。

二、材料与用具

常见的蔬菜,冷库。

三、方法与步骤

1. 安排学生考察贮藏库的结构和贮藏能力。

2. 查询资料,关键词:萝卜、胡萝卜、番茄、马铃薯、花椰菜、贮藏保鲜。学生通过老师发布的关键词查找相关资料,并进行总结与整理。

3. 根据撰写的采收方案,进行小组讨论,将每个学生的好思路、好想法补充完善,形成一个完整方案,作为可实施的方案。

4. 依据萝卜、胡萝卜、番茄、马铃薯、花椰菜等贮藏方案,在冷库分别进行这几种蔬菜的贮藏保鲜训练。

5. 教师组织发动全班学生进行每个环节的小结和阶段成果的交流。

任务评价

以学习小组为单位,按照项目、内容和标准进行评价,见表 7-5。

表 7-5 认知果蔬包装设备的评价标准

评价项目	评价内容	评价标准
果蔬包装的意义	知识要点	正确理解、叙述果蔬包装的意义
不同果蔬的包装方法	知识要点	正确理解、叙述不同果蔬的包装方法
果蔬包装机械的分类方法	知识要点	正确理解、叙述果蔬包装机械的分类方法
果蔬包装机械的特点	知识要点	正确理解、叙述果蔬包装机械的特点

任务巩固

1. 为什么要进行果蔬包装?
2. 根据不同的果蔬包装要求如何采取不同的包装方法?
3. 果蔬包装机械的分类方法有哪些?
4. 果蔬包装机械的特点有哪些?

参考文献

[1] 许太白. 园艺机械与设施[M]. 北京:中国农业出版社,2016.
[2] 武春成,狄文伟. 工厂化育苗设施农业科学与工程专业[M]. 北京:科学出版社,2016.
[3] 丁为民. 园艺机械化[M]. 2 版. 北京:中国农业出版社,2011.
[4] 别之龙,黄丹枫. 工厂化育苗原理与技术[M]. 北京:中国农业出版社,2019.
[5] 李式军,郭世荣. 设施园艺学[M]. 2 版. 北京:中国农业出版社,2011.
[6] 刘涛,于运祥,李斌. 应用蔬菜育苗移栽机械的探索与实践[J]. 现代农业科技,2015(18):120-121.
[7] 姜凯,王秀,张骞,等. 温室智能装备系列之三十七:2TJ-800 型蔬菜自动嫁接机研发[J]. 农业工程技术,2012(6):36-37.
[8] 周彦,马明光. 蔬菜机械化生产技术及其发展[J]. 农机使用与维修,2019(7):84-85.
[9] 刘洋,杨传华,刘明普,等. 蔬菜钵苗自动取苗技术发展[J]. 中国科技信息,2019(21):42-44.
[10] 张凤娇,杨宏图. 收获机械构造与维修[M]. 北京:北京理工大学出版社,2022.
[11] 李慧,张双侠. 农业机械维护技术:大田种植业部分[M]. 北京:中国农业大学出版社,2018.
[12] 杨立国,李小龙. 现代农业机械化技术粮经作物机械化技术及装备[M]. 北京:中国农业科学技术出版社,2020.
[13] 胡霞,刘方洲,刘旺. 农业机械安全使用技术[M]. 北京:化学工业出版社,2021.
[14] 汪小昆. 农业机械学[M]. 北京:中国农业出版社,2023.
[15] 王家胜,张梅,高春凤,等. 茄科蔬菜自动嫁接机关键机构设计与试验[J/OL]. 农业机械学报:1-9[2024-03-26]. http://kns.cnki.net/kcms/detail/11.1964.s.20230420.1507.014.html.
[16] 田志伟,马伟,姚森,等. 卧式蔬菜苗嫁接机设计与试验[J]. 中国农机化学报,2022,43(11):32-37.

附　录

任务评价表

姓名		任务名称				
评价项目	分值	评价项目、内容、标准	自评30%	互评30%	教师40%	得分
专业知识	40分					
任务完成情况	40分					
职业素养	20分					
评语总分		教师：　　年　　月　　日				

任务单一 | 设施类型结构调查

项目名称:设施类型结构调查

学习目标:

1. 参观智能温室,了解智能温室结构、建造特点、功能、设施设备;
2. 参观植物工厂,了解植物工厂结构、建造特点、功能、设施设备;
3. 参观日光温室,了解日光温室结构、建造特点、功能、设施设备。

工作任务:

根据实训基地的设施情况,进行农业生产设施类型的调查,完成设施类型、规格、尺寸、基本配套设施、使用效果调查等实训任务。

1. 以实训教师讲解为主,调查智能温室、植物工厂结构、配套设备、工作情况。
2. 学生分组进行主要设施规格尺寸的测量与观察记录。
3. 观察记录智能温室、植物工厂的配套系统工作情况。
4. 将测量和调查结果填入记录单。

园艺设施调查表

设施类型	外形尺寸/m			基本配套设施				使用效果	
	长	宽	高	温度	湿度	光照	其他	优点	缺点
智能温室									
植物工厂									
日光温室									

智能温室调查表

温室类型			面积	
规格/m	长度		脊高	
	内部跨度		后墙高度	
墙体材料			覆盖材料	
骨架材料			后屋面材料	
配套设备	加温设备		保温材料	
	补光及照明设备		遮阳设备	
	加湿设备		通风设备	
	其他设备			
生产作物品种				
主要优缺点	优点： 缺点：			

植物工厂调查表

温室类型			面积	
规格/m	长度		脊高	
	内部跨度		后墙高度	
墙体材料			覆盖材料	
骨架材料			后屋面材料	
配套设备	加温设备		保温材料	
	补光及照明设备		遮阳设备	
	加湿设备		通风设备	
	其他设备			
生产作物品种				
主要优缺点	优点： 缺点：			

日光温室调查表

温室类型			面积	
规格/m	长度		脊高	
	内部跨度		后墙高度	
墙体材料			覆盖材料	
骨架材料			后屋面材料	
配套设备	加温设备		保温材料	
	补光及照明设备		遮阳设备	
	加湿设备		通风设备	
	其他设备			
生产作物品种				
主要优缺点	优点： 缺点：			

实训任务实施：(工作步骤、注意事项及工作记录)

问题分析处理：

学习心得：

评价考核：(态度、工作速度与质量、发现处理问题能力)

任务单二 基质理化性质测试

项目名称：基质理化性质测试

学习目标：

1. 掌握基质理化性质测试步骤和注意事项；
2. 熟悉常见基质理化性质。

工作任务：

根据实验室提供的基质情况，选择测试工具，分组开始操作

1. 以实训教师讲解为主，了解基质理化性质测试步骤和注意事项。
2. 学生分组进行操作并观察记录。
3. 将步骤和结果填入记录单。

基质理化性质实操

基质类型	容重	孔隙度	粒径	EC	pH
蛭石					
珍珠岩					
草炭					
其他					

实训任务实施:(工作步骤、注意事项及工作记录)

问题分析处理:

学习心得:

评价考核:(态度、工作速度与质量、发现处理问题能力)

任务单三 温汤浸种

项目名称：温汤浸种

学习目标：

1. 了解温汤浸种目的和意义；
2. 熟悉温汤浸种流程和注意事项。

工作任务：

根据实验室提供的蔬菜种子情况，选择温汤浸种方式，分组开始操作

1. 以实训教师讲解为主，了解温汤浸种目的和意义。
2. 学生分组进行操作并观察记录。
3. 将步骤和结果填入记录单。

温汤浸种实操

种子类型	浸烫温度	浸烫时间	操作步骤	浸种后处理措施	育苗方式	7 天后出苗率
黄瓜						
西红柿						
辣椒						

实训任务实施：（工作步骤、注意事项及工作记录）

问题分析处理：

学习心得：

评价考核：（态度、工作速度与质量、发现处理问题能力）

任务单四 设施园艺生产流程及常用设备

项目名称：设施园艺生产流程及常用设备

学习目标：

1. 了解设施园艺生产流程和重点环节；
2. 参观生产实训室，了解设施园艺各生产环节常用设备类型。

工作任务：

根据实训基地的设备情况，进行设施农业生产环节和设备调查，完成设备类型、功用、使用效果调查等实训任务。

1. 以实训教师讲解为主，调查设施生产装备实训室生产设备，了解各生产设备的作用和使用效果。
2. 学生分组进行主要生产设备功能、应用等观察记录。
3. 将测量和调查结果填入记录单。

设施生产设备调查表

设备类型	应用环节	工作原理	基本组成				使用效果	
			动力部件	传动部件	执行部件	其他	优点	缺点
基质搅拌、填充机								
针式播种机								
滚筒式播种机								
平板式播种机								

实训任务实施：（工作步骤、注意事项及工作记录）

问题分析处理：

学习心得：

评价考核：（态度、工作速度与质量、发现处理问题能力）

任务单五 设施园艺蔬菜嫁接实操

项目名称:设施园艺生产流程及常用设备

学习目标:

1. 了解设施园艺蔬菜常用嫁接方法;
2. 应用各种嫁接方法进行蔬菜嫁接。

工作任务:

根据设施蔬菜种类及苗龄情况,选择合适的嫁接方法进行蔬菜嫁接。

1. 实训教师讲解示范。
2. 学生分组进行蔬菜嫁接操作。
3. 将嫁接情况及后期管理、成活情况填入下表。

设施园艺蔬菜嫁接实操

嫁接蔬菜种类	嫁接方法	工作原理	嫁接后管理内容	嫁接苗成活情况	

实训任务实施：（工作步骤、注意事项及工作记录）

问题分析处理：

学习心得：

评价考核：（态度、工作速度与质量、发现处理问题能力）

任务单六 | 植物工厂生产流程及常用设备

项目名称:植物工厂生产流程及常用设备

学习目标:

1. 了解植物工厂生产流程和重点环节;
2. 参观生产实训室,了解植物工厂各生产环节常用设备类型。

工作任务:

根据实训基地的设备情况,进行植物工厂生产环节和设备调查,完成设备类型、功用、使用效果调查等实训任务。

1. 以实训教师讲解为主,调查植物工厂实训室生产设备,了解各生产设备的作用和使用效果。
2. 学生分组进行主要生产设备功能、应用等观察记录。
3. 将测量和调查结果填入记录单。

植物工厂生产设备调查表

设备类型	应用环节	工作原理	基本组成	使用效果	
				优点	缺点

实训任务实施：（工作步骤、注意事项及工作记录）

问题分析处理：

学习心得：

评价考核：（态度、工作速度与质量、发现处理问题能力）